▲里に移植されたミツバツツジの風景（第4章）

▶ミツバツツジとキヨスミミツバツツジの中間型．雄しべの数が，ミツバツツジの5本，キヨスミミツバツツジの7～10本に対し，6本ある

▲キク科の多年生草本カワラノギク（第15章）．関東地方と中部地方の一部の丸石河原に生育するとされている

▲アツモリソウ濃色個体(栽培個体,岩手県).希少植物の保全や再生のためには,人工繁殖技術の確立が急務とされるが,安易な野外への植え戻しは厳禁である(第5章)

▲コアツモリソウ.茎は高さ約10cm,花径は約1cm.栽培は困難である

◀レブンアツモリソウのプロトコーム.種子を2カ月間の低温処理後に,20℃において3カ月間の培養を行い形成されたもの

▲カワラノギクは流域周辺の市民にとって自然保護のシンボル的な存在であり,多摩川,相模川,鬼怒川では,個体群の保全・復元活動が続けられている

▲斜面樹林化工法では,木本種子の発芽率を1週間前後で検定する「早期発芽力検定法」を採用している(第9章)

高速道路緑化における地域性苗木を使用したユニット苗の施工例
（法面の上の部分）（第7章）

▲施工前（1995年）

▲竣工時（1996年）

▲施工4年後（2000年）

▲施工7年後（2003年）

自然復元のための管理事例

◀千葉県立中央博物館生態園では、水鳥の定着を図るという趣旨を明示して、池の周辺への来園者の入場を時間と人数で制限したり、橋の中央にロープ柵を渡して、池側（写真右側）への立ち入りを禁じている（第16章）．

Handbook of Revegetation for Biodiversity Conservation
New Approach of Planning and Technique for
Ecologically Sustainable Landscape

生物多様性緑化
ハンドブック
豊かな環境と生態系を保全・創出するための計画と技術

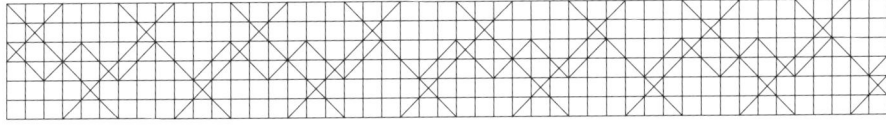

亀山 章［監修］
小林達明・倉本 宣［編］

地人書館

巻　頭　言

　生物多様性保全は時代のキーワードである．

　前世紀から今世紀にかけて，人間活動はとどまるところなく地球にインパクトを与えつづけ，その存亡が危うくなるような危機的な環境改変をもたらしてきている．

　そのような問題に対して，わが国では，1992年にブラジルのリオデジャネイロで開催された「環境と開発に関する国連会議」における「生物多様性条約」の締結に前後して，「絶滅のおそれのある野生動植物の種の保存に関する法律」（1992年）の制定，政府の「生物多様性国家戦略」（1995年）の決定，「環境影響評価法」（1997年）の制定，「新・生物多様性国家戦略」（2002年）の決定，「自然再生推進法」（2002年），「特定外来生物による生態系等に係る被害の防止に関する法律」（2004年）の制定と，生物多様性保全に関する制度や施策が数多く打ち出されてきた．

　これらの制度や施策は，生物の種やその生育地，さらには生態系を保護・保全・再生することを目的としているが，それを実現するためには技術の確立が必要である．自然の保護や再生は，緑化技術によって実現化されることが多く，動物の生息地の保全においても，生息環境は緑化技術を用いて整備される．そのため，生物多様性保全に関する緑化技術は生物多様性緑化という技術の分野にまとめて，体系化することが時代の急務だと考えてきた．

　そのようなときに，編集の小林達明・倉本宣両氏から本書の企画について相談を受けた．もとより必要を感じていたところであったので，高い志に意気を感じて応援したく，監修を引き受けたものである．本書の内容は時代の先端を行く最新の技術を網羅しているが，同時に体系的に編集されているところがご理解いただけるであろう．

　本書は生物多様性保全に役立つものであり，その内容に賛同してこの分野に参入していただける方々を歓迎したい．

亀　山　　章

CONTENTS ●生物多様性緑化ハンドブック・目次

巻頭言　亀山　章　iii

プロローグ　植物を動かすことを考える　倉本　宣　1

第一部　生物多様性緑化概論

第1章　生物多様性保全に配慮した緑化植物の取り扱い方法
―― 「動かしてはいけない」という声に応えて　小林達明・倉本　宣

1.1　緑化は常によいことか　13
1.2　生物多様性に関わる緑化植物の問題　14
　　1.2.1　基本的な用語の定義　14
　　1.2.2　植物の導入がもたらす生物多様性への影響　15
　　1.2.3　侵略的外来種をつくる生態系の要因　16
　　1.2.4　侵略的外来種になる植物側の要因とWRA　18
　　1.2.5　雑種形成と浸透性交雑　20
　　1.2.6　種内の多様性　21
1.3　植物を移動させてもよい地域の範囲　22
　　1.3.1　植物の取り扱いにおける地域の考え方　22
　　1.3.2　進化の歴史を守るという自然保護観と遺伝学的単位　25
1.4　侵略的外来種をどのようにチェックするか　26
　　1.4.1　外来生物法における「特定外来生物」の考え方と課題　26
　　1.4.2　緑化の現場における外来種の使用指針　30
1.5　地域性をどのように把握するか　33
　　1.5.1　生物相から見た国土区分　33
　　1.5.2　遺伝的特性を考慮した地域区分は可能か　35
　　1.5.3　自然保護の地域制度と植物取り扱いに関する地域区分との関係　44
1.6　生物多様性を向上させる緑地計画・設計はどうあるべきか　45
　　1.6.1　緑地の計画　45
　　1.6.2　緑地の設計　46
1.7　地域性種苗をどのように供給するか　47
　　1.7.1　種苗供給の現状　47
　　1.7.2　侵略性のない種苗の供給　49
　　1.7.3　地域性種苗の生産と供給　50

CONTENTS

  1.7.4 委託生産 51
  1.7.5 現場産資源の再利用 52
  1.7.6 野生植物資源の利用における倫理 53
  1.7.7 その他の大切な点 53
 1.8 生物多様性緑化の基本指針8カ条 54

第2章 緑化ガイドライン検討のための解説
――植物の地理的な遺伝変異と形態形質変異との関連 津村義彦

 2.1 はじめに 59
 2.2 遺伝的変異の創出要因と維持機構 60
 2.3 地理的な遺伝変異とその形成要因 60
  2.3.1 種および生態的特性による違い 60
  2.3.2 気候変動に伴う集団サイズの縮小または拡大 64
  2.3.3 地理的隔離と遺伝子流動 67
  2.3.4 浸透性交雑 68
  2.3.5 地理的な遺伝的変異を阻害するその他の要因 69
 2.4 遺伝的変異と形態形質との関連 70

第二部 生物多様性緑化の実践事例

第3章 遺伝的データを用いた緑化のガイドラインとそれに基づく三宅島の緑化計画 津村義彦・岩田洋佳

 3.1 はじめに 77
 3.2 遺伝的攪乱の少ない種子源の探索方法 78
 3.3 分子マーカーを用いた遺伝構造の評価結果の応用 80
 3.4 分子マーカーによる評価を遺伝的分化の指標とすることの是非 81
 3.5 三宅島の治山緑化のための種子源の探索と緑化計画 84

第4章 ミツバツツジ自生地減少の社会背景と庭資源を用いた群落復元
小林達明・古賀陽子

 4.1 房総のミツバツツジ類の地域的特性 91
 4.2 房総山地におけるミツバツツジ類自生分布域の変化 93
 4.3 ミツバツツジ類の山採りの社会背景 95

   4.3.1　町の変化　95
   4.3.2　村と山の変化　97
 4.4　山採りの実態　98
 4.5　ミツバツツジ保護運動の展開　98
 4.6　苗木生産と市場流通による山採りの抑制効果　99
 4.7　庭資源利用の問題と里山再生の課題　101

第5章　アツモリソウ属植物の保全および再生のための種子繁殖技術の可能性と問題点　三吉一光

 5.1　はじめに　105
 5.2　アツモリソウ属植物の栽培と増殖の現状　105
   5.2.1　アツモリソウ属　105
   5.2.2　絶滅の危機にあるアツモリソウ属　106
   5.2.3　アツモリソウ属植物の栽培　106
   5.2.4　人工繁殖の現状　108
 5.3　ラン科植物における種子からの人工増殖　109
   5.3.1　研究の歴史　109
   5.3.2　非共生発芽法によるアツモリソウ未熟および完熟種子からの繁殖　109
   5.3.3　アツモリソウ完熟種子からの発芽促進　110
   5.3.4　ランの植え戻し　112
   5.3.5　完熟種子からの増殖方法がもたらすもの　114

第6章　地域性種苗のためのトレーサビリティ・システム　松田友義

 6.1　はじめに　117
 6.2　トレーサビリティ・システムとIPシステムにおける識別問題　118
 6.3　地域性種苗の供給とIP機能に重点を置いた
   トレーサビリティ・システム　122
 6.4　おわりに　126

第7章　地域性苗木の生産・施工一体化システム
——高速道路緑化における試み　上村惠也

 7.1　はじめに　129
 7.2　道路緑化用樹木の苗木の区分と適用　130
 7.3　地域性苗木の生産システム　131

CONTENTS

    7.3.1　高速道路建設の流れと法面樹林化の検討　131
    7.3.2　地域性苗木の生産　133
  7.4　地域性苗木の植栽施工　135
  7.5　地域性苗木のさらなる技術開発　138
    7.5.1　苗木の生産効率の向上　138
    7.5.2　播種による緑化技術の開発　139
  7.6　おわりに　140

第8章　地域性苗木の適用事例と今後の供給体制　　高田研一
  8.1　地域性苗木の必要条件　141
  8.2　地域性苗木を使った緑化事例　141
    8.2.1　安房峠道路緑化　142
    8.2.2　王滝村ダム浚渫土法面緑化　143
    8.2.3　神流川ダム原石山跡地緑化　145
    8.2.4　地域性苗木の適用事例から得たいくつかの留意点　147
  8.3　地域性苗木の入手確保の問題　147
    8.3.1　地域性苗木の入手確保　147
    8.3.2　地域性苗木の入手と適用にあたっての課題　148
  8.4　生産者側から見た地域性苗木　151
  8.5　まとめ　154

第9章　在来種の種子を用いた法面緑化工法　　吉田　寛
  9.1　はじめに　155
  9.2　播種工による法面緑化の特徴　156
  9.3　厚層基材吹付工を応用した斜面樹林化工法　157
    9.3.1　在来種の種子の採種　158
    9.3.2　在来種の種子の調整・貯蔵　159
    9.3.3　木本種子の早期発芽力検定　160
    9.3.4　厚層基材吹付工2層吹付システム　162
  9.4　播種工による木本群落の形成事例　164
    9.4.1　常緑広葉樹林　164
    9.4.2　落葉広葉樹林　167
    9.4.3　常緑落葉混交林　167
  9.5　おわりに　169

第10章　埋土種子を用いた耕作放棄水田における湿生植物群落の再生
中本　学・関岡裕明
- **10.1**　取り組みの概要　171
- **10.2**　湿生植物群落の再生に必要な維持管理　172
  - 10.2.1　維持管理作業の実施方針と実施内容　172
  - 10.2.2　休耕田管理の効果と課題　173
  - 10.2.3　維持管理作業の工数　176
- **10.3**　耕作放棄水田の埋土種子試験　177
  - 10.3.1　埋土種子試験の必要性　177
  - 10.3.2　試験方法　178
  - 10.3.3　試験結果　179
  - 10.3.4　現地試験と埋土種子試験の比較　183
- **10.4**　まとめ　184

第11章　緑化における森林の土壌シードバンクの利用　細木大輔
- **11.1**　森林表土利用緑化工法の概要　187
- **11.2**　土壌シードバンクとは　188
- **11.3**　暖温帯林の土壌シードバンクの一般的性質　189
- **11.4**　森林表土で法面を緑化した際に成立する植物群落　190
  - 11.4.1　FM唐沢山における研究事例　190
  - 11.4.2　山梨県大月市における研究事例　192
- **11.5**　施工における留意点と今後の課題　196

第12章　表土ブロック移植技術を用いた森林生態系の移植とその効果　河野　勝
- **12.1**　はじめに　201
- **12.2**　表土ブロック移植の考え方　201
- **12.3**　表土ブロック移植の手順　203
  - 12.3.1　表土ブロック移植調査　203
  - 12.3.2　表土ブロック移植計画　204
  - 12.3.3　表土ブロック移植施工　205
  - 12.3.4　モニタリングと維持管理　206
- **12.4**　表土ブロック移植を用いた「森のお引越し」　207
  - 12.4.1　「森のお引越し」の考え方　207
  - 12.4.2　高速道路の建設における「森のお引越し」　207

CONTENTS

  12.5 「森のお引越し」の効果　210
  12.6 おわりに　212

第13章　根株や多年生植物ソッドを用いた植生復元　養父志乃夫
 13.1 はじめに　215
 13.2 根株を用いた植生復元　216
 13.3 多年生植物の表土ソッドを用いた植生復元　220
  13.3.1 湿地の植生復元　220
  13.3.2 雪田草原と池塘での植生復元　221
  13.3.3 土手草地の植生復元　223
  13.3.4 表土ソッドの生産と利用　225

第14章　水辺緑化と水辺植物の地域性種苗
  ――植生護岸技術と種苗生産から維持管理まで　辻　盛生
 14.1 水辺緑化の必要性　229
 14.2 植生護岸の形成に向けて　230
  14.2.1 水辺緑化における一年生草本　231
  14.2.2 植生護岸を形成する植物の条件　232
  14.2.3 使用する植物苗　233
  14.2.4 工法の選定　234
 14.3 水辺植物の生産　235
 14.4 水辺緑化における地域性種苗　236
  14.4.1 地域性種苗の必要性　236
  14.4.2 地域性種苗の入手　236
 14.5 水辺植物の委託生産　237
  14.5.1 委託生産作業の概要　237
  14.5.2 委託生産コストの試算結果　239
  14.5.3 生産期間および対応可能植物種　239
  14.5.4 委託生産における課題　240
 14.6 カルス培養によるヨシの種苗生産技術　241
 14.7 水辺緑化における維持管理　241
  14.7.1 維持管理の目的　242
  14.7.2 維持管理の担い手　243
  14.7.3 維持管理の省力化に向けて　243

14.8　まとめ　244

第15章　カワラノギクの生態・遺伝と個体群の保全・復元における市民活動
倉本　宣

15.1　はじめに　247
15.2　カワラノギクの特性　248
　15.2.1　保全生物学の研究対象としてのカワラノギク　248
　15.2.2　種内レベルの多様性に関わるカワラノギクの特性　248
　15.2.3　危機にあるカワラノギク　249
15.3　カワラノギクの繁殖生態学　250
　15.3.1　ポリネータ　250
　15.3.2　部分的自家不和合性　251
　15.3.3　地理的変異　252
　15.3.4　ボトルネック　253
15.4　人工個体群問題と市民　254
　15.4.1　人工個体群問題　254
　15.4.2　局地個体群の発達および衰退の指標の調査　255
　15.4.3　生育地　256
　15.4.4　人工個体群問題を市民活動との関係から検討する　257
　15.4.5　新しい局地個体群の発見　259
15.5　カワラノギクの野生のあり方をめぐる最近の課題　260
15.6　まとめ　261

第16章　自然復元のための整備と管理
──千葉県立中央博物館生態園の事例　大野啓一

16.1　自然復元の考え方　265
16.2　自然復元の二つの段階と二つの立地　266
16.3　生態園とは　267
16.4　整備段階の課題　268
16.5　管理段階の課題　272
　16.5.1　時の経過を待つ　272
　16.5.2　管理方針の策定──自然の過程を尊重する　276
　16.5.3　日常管理の立案と実施　279
　16.5.4　スタッフと作業内容　283

CONTENTS

   16.5.5 種の導入と除去 287
   16.5.6 在来種の多様化を図るための工夫 291
  16.6 まとめに代えて 297

コラム1 **予防原則** 小林達明 19
コラム2 **外来植物によって得られる便益評価の難しさ** 小林達明 58
コラム3 **生物多様性・景観のリージョナリズムと植物利用のグローバリズム** 小林達明 116
コラム4 **エコロジカルインベントリーの重要性** 小林達明 186
コラム5 **雑草（weed）とは** 小林達明 214
コラム6 **園芸植物と野生植物** 倉本　宣 264
コラム7 **除草の文化** 小林達明 300

あとがき 小林達明 301
用語解説 小林達明 303

事項索引 309
生物名索引 318
執筆者一覧 322
口絵写真提供者一覧 323

プロローグ

植物を動かすことを考える

倉本　宣

　親しみを持ってこの本の試みを理解していただくために，この本に書かれていることの一部を考えるようになったきっかけを記したい．これは，実務と学問の関係の一例になるかもしれないからである．

　話は20年以上前にさかのぼる．当時，研究者の卵であった私は，伊豆大島の現場で半世紀にわたって植物を扱ってきた東京都大島公園事務所の太田周さんと出会った．その後，太田さんとのやりとりを通じて私は，大島公園で起こった植栽に関する問題を，緑化工学や造園学という学問の一部としてある程度まとめることができた．このような島にあっても，実務における問題と真剣に向き合うことで，学問的な発信ができることは私にとって驚きであった．緑化工学や造園学といった応用学においては，実務は学問と一体のものである．この本を読んでくださる読者の中で現実の問題に関わっている方は，問題を解決するとともに学問の発展にも貢献するという意識を，ぜひ持っていただきたい．

　私が植物の移動によって生じる生物多様性の問題について取り組むようになったのは，1983年に東京都大島公園事務所に赴任してからである（図0.1）．私は物質生産の研究で知られた東大理学部の生態学研究室を大学院の博士課程2年で中退して，東京都庁に造園技術職で奉職した．最初の職場が大島公園事務所であった．

　それまで研究室で，多摩川の植物種の多様性がなぜ高いのかを検討するために，河川の横断面における分布調査や初期成長の一斉試験を行っていた私は，指導教官の佐伯敏郎先生から，「大島に行っても多摩川のことを考えることはできるから，いつも考えなさい」と励まされて，大島の東の端

プロローグ

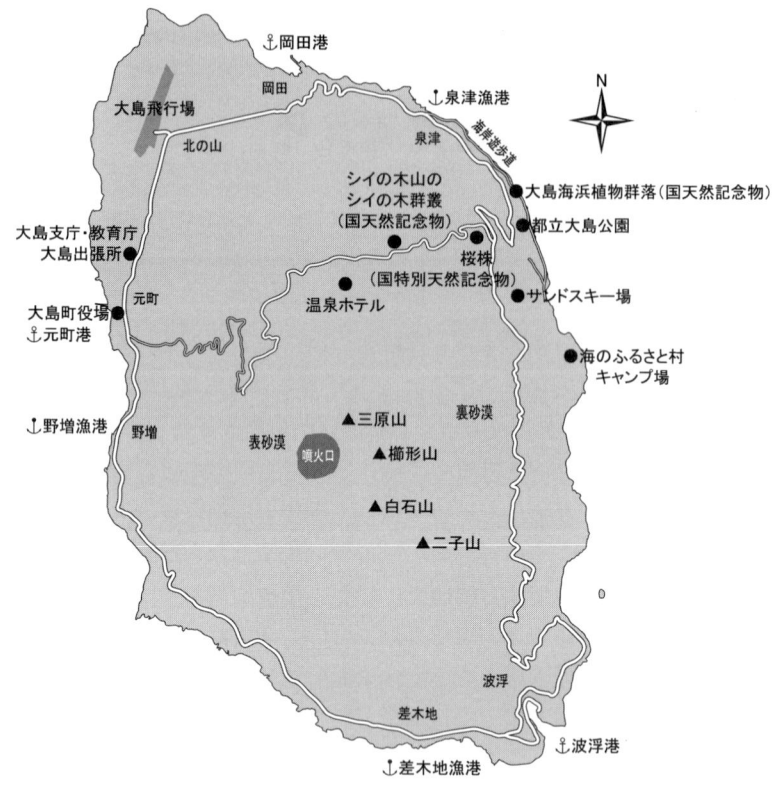

図0.1　伊豆大島の概略図（1980年代半ば）

の公園で仕事をするようになった．今になってみると，多摩川のことは忘れて大島のことを調べたほうが時間と地の利を有効に使えたようにも思われるが，私は佐伯先生の言葉を守って多摩川の調査を続け，それと合わせて大島の調査も行うことにした．

　私は，普遍的な法則を求められる理学系の研究室ではうまくいきそうもないと判断し，ニリンソウの保全活動などを通じて市民とのかかわりの中で，個別の自然保護の舞台において生態学を活用していくことなら自分にできると気づいて，造園学の技術者，研究者として再出発することをめざしていた．また，その頃の私は，「板橋区の花」として新潟県から購入され

て区民に配布されたニリンソウを見て疑問を感じていた．

　再出発の場となった伊豆大島のフロラは，ハチジョウイボタ，シマホタルブクロなど，島の植物の約10%が固有種ないしは準固有種で，しかも地史的に見れば最近進化した新固有の種が多い．また，種まで分化していなくても，本州の植物と比べて葉が厚く大形の植物が多い．大場達之博士が大島で開催された国際シンポジウムの講演の中で，「庭先の植物にこんなに固有種の多い場所は珍しいので，この固有種を生かしていくべきだ」と言った通りである．

　しかし，1980年代の大島は公共事業に依存していて，開発圧力が高いのに，自然を守る勢力が全くなかった．そこで，1983年の終わりに，吉田三喜男先生と杉山武久先生と私の3名が呼びかけ人になって，大島自然愛好会という自然保護団体を結成した．大島自然愛好会は大島の植物図鑑を作ったり，1986年の噴火後の自然の変化を10年間調査したりして，大島の自然の大切さを島民に知ってもらうことに努めてきた．

　固有種の多い伊豆大島においても，当時すでに外来種は多かった．大島公園のサンドスキー場はシナダレスズメガヤの草原になっていたし，オオキンケイギクは遊歩道沿いの明るい場所を占領していた．これらは自然分布域を越えて導入された侵略的外来種が起こしていた問題である．

　大島公園事務所は，戦前からつくられてきた動物園と椿園と海岸遊歩道の管理とともに，国立公園の集団施設地区のキャンプ場を造成している事務所であり，東京都の総合実施計画の一部として海のふるさと村事業を担っていた．

　1983年，キャンプ場に園芸品種の花木を植栽しようとした大島公園事務所は，当時の環境庁から「郷土種」を植栽するように指導を受け，伊豆大島に自生する種であるシャリンバイを植栽することに変更した．しかし，植えられたシャリンバイは本州の系統を購入したものであり，同じ種ではあるものの伊豆大島の系統ではなかった．果たしてこれでよいのかは私には疑問だった．伊豆大島の系統のシャリンバイを用いることが最も望ましいように思えた．

　また，1980年頃，この工事とは別に，国指定の天然記念物大島海浜植物群落の保全のための植栽工事が行われ，トベラなどが植えられた．大島海

プロローグ

浜植物群落は伊豆大島の北東部の海岸に位置し，大島公園事務所が管理していた．海岸から内陸に向かって海浜植物群落の帯状分布が見られ，海側からオオシマハイネズ，スカシユリ，ハマカンゾウなどが，その内陸側にクロマツやトベラが生育していた．この植栽工事の後，太田周さんは，「天然記念物の植物群落におかしな木が植えられているから，自分は二度と海浜植物群落には足を踏み入れない」と怒っていた．私は太田さんの怒りを実証しようと考えて，大島海浜植物群落に植栽されたトベラの葉の形態を

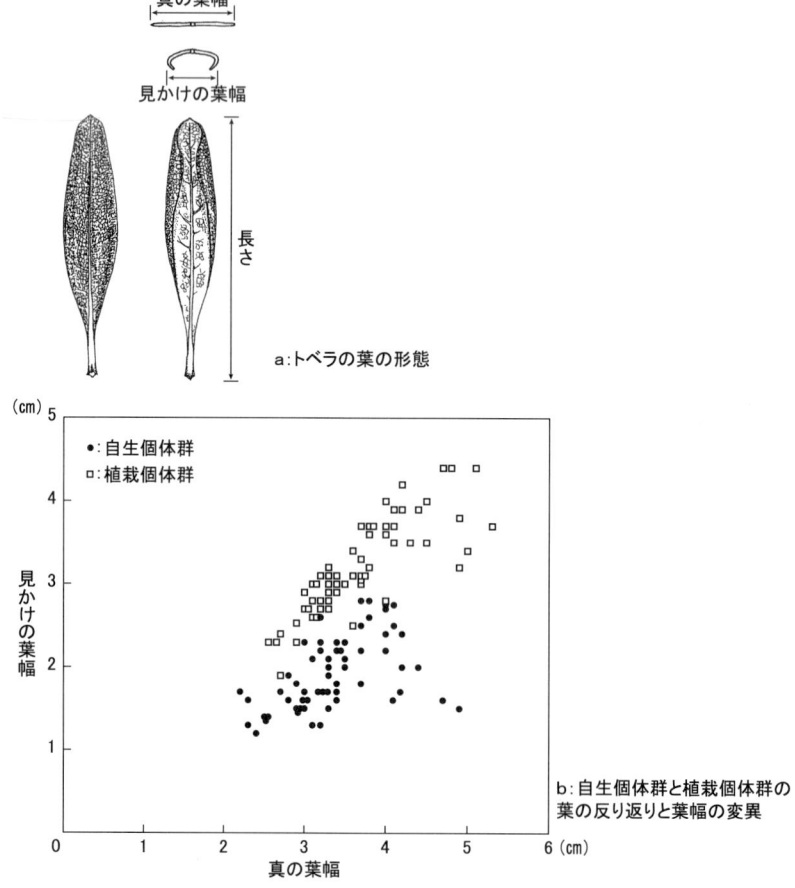

図0.2　大島海浜植物群落におけるトベラ自生個体群と植栽個体群の葉の形態の変異

調査した（倉本，1986a）．

　調査の結果，自生個体と植栽個体とでは，葉の反り返りの程度と，葉の幅が異なっていた．葉の反り返りは，真の葉幅に対する見かけの葉幅の比で決まり，見かけの葉幅の比が小さいほど反り返りが強い．自生個体は葉の反り返りが強く，葉の幅が狭かったのに対し，植栽個体は反り返りが弱く，葉の幅が広かった（**図0.2**）．

　この調査が，自生の系統を用いた植栽を考えるきっかけになった．そこで，日本自然保護協会の機関誌『自然保護』にミニ特集「植栽した樹種との交雑で地域特有の植物が失われる」を組んでもらい（1987年8月号），大場秀章先生，井上健さんといっしょに掲載された．これは，自然分布域の中ではあるものの，系統の異なる植物を植栽したことによる遺伝子レベルの攪乱の問題である．

　同じ頃，大島公園事務所の高橋千賀良さんからは，自分の家の庭に変わったツツジが生えてきたことを教えられた．開花期に観察したところ，高橋家の庭には自生種のオオシマツツジと園芸品種のオオムラサキがあり，両種が交雑して，変わったツツジが生まれていることが示唆された（倉本，1986b）．雄しべの数はオオシマツツジが5本，オオムラサキが10本であるが，雑種には5本，10本のほか，7本のものも認められた（**図0.3-b,c**）．この点以外にも，中間的な形質を持った個体が認められた．これは園芸品種が近縁の自生種との間で雑種を形成したという問題である．さらに，この象形散布図を見ると，典型的な雑種と母種の中間の形態を持った個体が存在するので，浸透性交雑（第1章1.2.5参照）が起きている可能性もあった．

　自生種のオオシマツツジとオオムラサキなどのツツジの園芸品種が雑種を作る可能性があるという視点で伊豆大島を見ると，自然保護上重要な場所にもツツジの園芸品種が植栽されていた．例えば，三原山のカルデラの縁にもツツジの園芸品種が植えられていた（倉本，1986b）．まとまった面積でツツジの園芸品種が植えられていないのは，伊豆大島の東岸で大島集団施設地区のキャンプ場を含む区域だけであった（**図0.4**）．しかも，ここは裏砂漠と断崖によって人家を寄せ付けない地域に位置するので，系統を保存することが適切だと考えた．そこで，キャンプ場の植栽を，自生種で，しかも大島の系統を用いて行うことを提案し，予算要求で本庁と折衝して

プロローグ

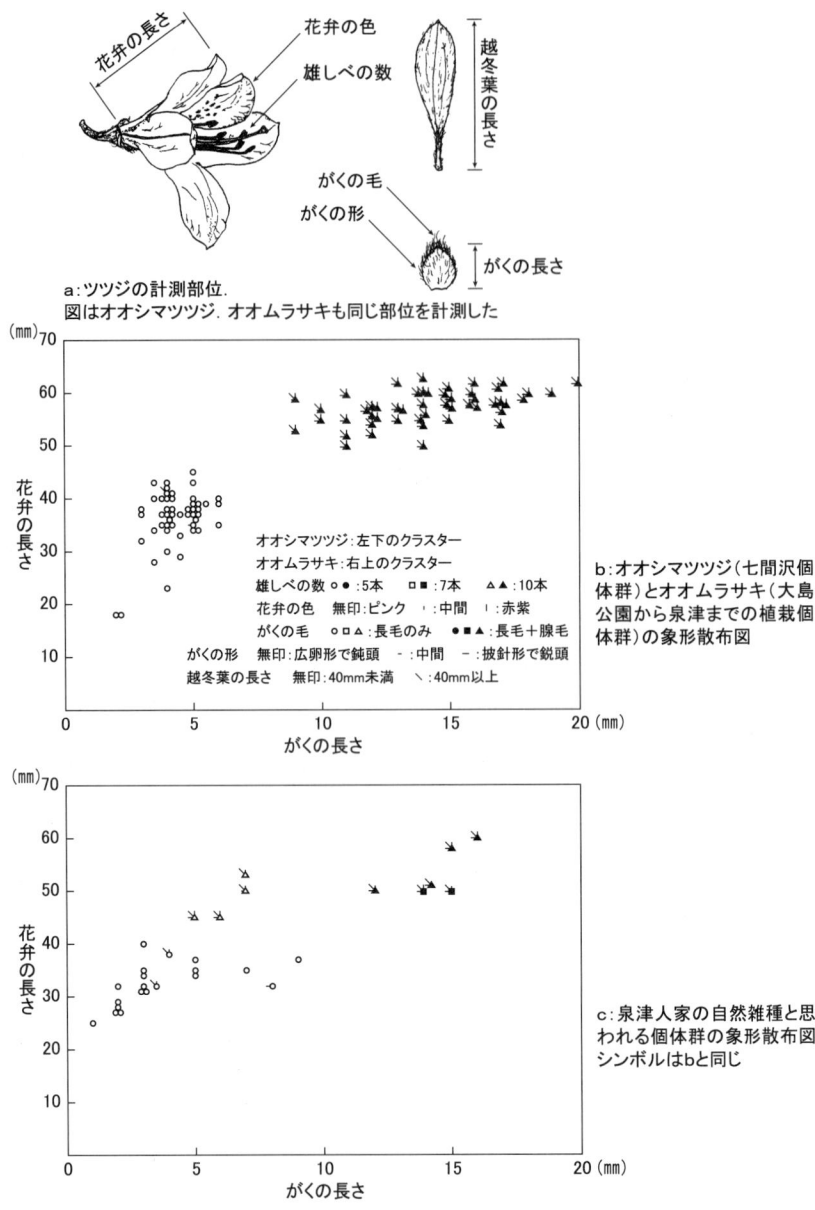

図0.3　オオシマツツジとオオムラサキおよび雑種の花の形態の変異

実現することができた．大島公園苗木栽培委託は様々な困難を伴っていたが，造園における種の取り扱いの問題として，「生きもの技術としての造園分科会」（亀山ほか，1988）などで取り上げてきたので，造園学会の関係者にはよく知られるようになった．

このように，1980年代の伊豆大島は固有のフロラを有しているにもかかわらず，「侵略的外来種」の問題，「雑種形成と浸透性交雑」の問題，「遺伝子レベルの攪乱」の問題という，三つの生物多様性を損なう問題が引き起こされていた．

大学院生だったときには，お酒が好きな佐伯先生と麦焼酎を飲みながらよくディスカッションした．佐伯先生は物質生産という分野を開拓した生態学者で，オリジナリティーとは何かということをよく考えておられた．佐伯先生は，オリジナリティーの種類にもいくつかあり，一番オリジナリティーが高いのは，後で聞いてみればそんなことなら自分にもできるというようなことなのだけれども，誰も思いつかないことだとおっしゃっていた．

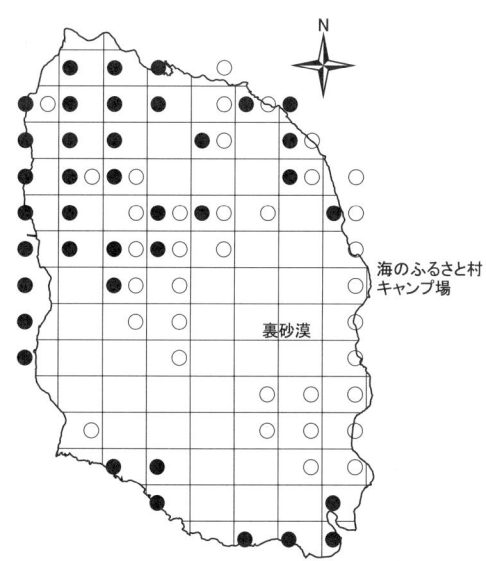

図0.4　伊豆大島におけるオオシマツツジ（○）とツツジの園芸品種（●）の分布
メッシュは標準三次メッシュ．ツツジの園芸品種はオオシマツツジと開花期の重複するもののみ記録した．

プロローグ

　大島における植栽問題をもっと掘り下げることができれば，佐伯先生の言うオリジナリティーの高い研究になると考えて，学位論文にしようと思った．高速バスに乗って，信州大学農学部の亀山章先生のところに相談に行ったが，亀山先生のお返事は，「もっと建設的なことでドクターをとってもらいたい」ということだった．

　当時の私は，「日曜の生態学者」として研究をしていたので，形態を調べることしかできず，始まったばかりの遺伝子レベルの研究はできなかった．そのため，植栽問題の検討を国家レベルの関心にまで深めることはできなかった．それでも私は1987年の植物学会第52回大会（筑波大学）で，植栽による攪乱を防ぐためのガイドラインを提案するポスター発表を行った．しかし，それは理想論であって，現実と理念の折り合いをつけることは全く意識していなかった．

　この問題に再び関わるようになるのは21世紀になってからである．それは，生物多様性条約の締約によって，国際的な関係の中に外来種が引き起こす問題が位置づけられるとともに，この本でも取り上げている遺伝子レベルの研究が進展したことによるものである．大島空港予定地のスダジイの集団の対立遺伝子頻度をアロザイム分析した結果から，植栽による攪乱を防止するための方策を，日本緑化工学会の「生物多様性保全のための緑化植物の取り扱い方に関する提言」（2002）にある程度対応する形で提案することができた．このとき，現実と理念の折り合いをつけることを意識して，初めて，応用学としての学問の発展があることを体験した．

　読者の皆さんには，この本から応用学の実例をぜひ読み取っていただきたい．

引用・参考文献

井上健（1987）植物の種内変異とは何か，自然保護，**303**（8月号）: 14-15.
亀山章・養父志乃夫・倉本宣（1988）生きもの技術としての造園 その1.「種」に対するとらえ方，造園雑誌，**52**: 21-24.
倉本宣（1986a）伊豆大島のフロラ特性とそれに対応した植栽手法，応用植物社会学研究，**15**: 17-24.
倉本宣（1986b）伊豆大島におけるオオシマツツジの保全，人間と環境，**12**: 16-23.
倉本宣（1987a）植栽した樹種との交雑で地域特有の植物が失われる―余計な攪乱をおこ

さないために，自然保護，**303**（8月号）: 10-11.

倉本宣（1987b）植栽による遺伝子構成のかく乱とその防止，日本植物学会第52回大会研究発表記録，pp.137.

大場秀章（1987）緑の優先と遺伝子保存—倉本氏の指摘について，自然保護，**303**（8月号）: 12-13.

第一部

生物多様性緑化概論

第1章

生物多様性保全に配慮した緑化植物の取り扱い方法
―「動かしてはいけない」という声に応えて

小林達明・倉本　宣

1.1　緑化は常によいことか

　私たち緑化に携わる者は，「緑化は地球を救う」と考えてしごとをしてきた．地球温暖化対策・地域環境の改善・災害防止など，様々な場面で，緑化はこれからもますます大きな役割を果たさなくてはならないだろう．しかし，多くの市民に支持されてきた緑化にもいくつかの問題がある．

　各地で広範に緑化が行われるようになった結果，緑化植物として導入した外来種が逸出して地域の侵略的外来種になり，在来の植物を駆逐するなど生態系を攪乱する問題が生じている．例えば，播種緑化で多用されてきたトールフェスク（オニウシノケグサ）などの外国産牧草類は，河川敷や農地の周辺などに逸出して分布を広げている．荒廃山地の復旧にかつて使われていた北米産のニセアカシアも逸出して，近年，河川敷に林を形成して在来種を駆逐している．大気汚染などに強いことから1960年代以降に各地で植栽されてきた中国原産のトウネズミモチは，鳥散布種子で分布を著しく拡大してきた．自然を守るはずだった緑化という行為が，在来の生態系にダメージを与え，実は自然を脅かしている例がいくつも指摘されている（例えば，日本生態学会，2002）．

　このような侵略的外来種の問題を避けるために，在来種の利用が試みられている．しかしその際に，国内産種子の供給難などの理由から外国産の種子が利用されることがある．一例としてコマツナギは，日本国内に分布するものと中国大陸に分布するものの学名は同一であり，同じ種であると考えられるが，中国産の種子を導入して緑化に用いると，在来の系統との

間で草丈などの形態に明瞭な差が見られる．ひとことで言うと大形で，緑化地を単独で優占してしまい，わが国のものとは全く異なる景観が形成されてしまう．在来種緑化のつもりが「こんなはずではなかった」という結果を導く例である．最新の分子遺伝学的研究によって，中国産とわが国在来の集団では，種レベルに近い違いがあることがわかってきた（阿部ほか，2004）．すなわち，現時点では在来種と同種と認められていても，実は侵略的な性質を持った別種の可能性があるのである．

　日本国内に分布する在来種の間でも地理的変異が見られることがある．日本列島の中で，ブナの葉形に地理的勾配（クライン）があることはよく知られている（萩原，1977）．このような個体群を相互に移動させると，次第に交配による形質の浸透が起きて，その本来の葉形が乱されることが危惧される．

　緑化によって，砂礫地や岩角地などの本来，植生に覆われていない立地を植生で覆ってしまう問題が挙げられる．これは，極端に言えば，地域在来の農村景観に商業的な看板が乱立するような問題とつながる．景観を改善していると思っていた緑化が，不自然な，場違いな景観をつくり出しているという指摘である．

　いずれにしても，緑化は常に善であり，そのためには何をしてもよいという考え方は改められなくてはならない．問題を起こさない適正な緑化のあり方，特に生態系に関わる問題について，本書では考えていこうと思う．

1.2　生物多様性に関わる緑化植物の問題

1.2.1　基本的な用語の定義

　まずは，生物多様性を構成する生物種の存在を脅かす問題のありかについて考える．最初に基本的な用語を定義しておきたい．

外来種：地域または生態系に，人為の結果として持ち込まれた自然分布範囲外の種，亜種，またはそれ以下の分類群．「外来」には国外からの「国外来」と国内における「地域外来」があり，本書では両者を外来種と呼ぶ．しかし，2004年に制定された「外来生物法」（1.4.1参照）では，法の規制対象は「国外来」に限定している．また，外来の時期は明治

以降に限定されている．
移入種：外来種と同義．
侵略的外来種（侵略種）：自然植生や，人為と自然の力が平衡している半自然植生に定着した外来種で，生物多様性を変化させ，脅かすもの．くわしくは1.2.2，1.2.3，1.4.1参照．
在来種：自然分布している範囲内に分布する種，亜種またはそれ以下の分類群．
自生種：その地に自然生育している植物種．在来種と似た概念だが，本書16章では，自然生育する外来種も含めている．
生物多様性：すべての生物の間の変異性を言う．遺伝子，個体，個体群，種，群集，生態系など，すべての生物的レベルを対象とし，様々な空間的スケール，時間的スケールの変異性によって成り立つ．
生物多様性緑化：地域在来の生物多様性を保全・再生しつつ，生態系の効用と機能を維持し，さらには高める緑化方法．開発や植物採取などの人為的要因に対処するのはもちろんのこと，生物種の侵略による生態系の攪乱，交雑による遺伝的攪乱，種内の遺伝的構造の攪乱などの生物学的課題にも積極的に対処する．
地域性系統：在来種のうち，同一の系統地理学的系譜を共有する系統，またはある地域の遺伝子プールを共有する系統．遺伝型とともに，形態や生理的特性などの表現型や生態的地位にも類似性・同一性が認められる集団をさす．くわしくは1.3.2，1.5.2参照．
郷土種（郷土植物）：地域に自生分布する植物．ただし厳密な定義はなく，上記定義の「在来種」をさす場合，「地域性系統」をさす場合など多義的に用いられてきた．そのため混乱を招いた経緯があるので，ここでは原則として用いず，用いる場合は括弧書きとする．

1.2.2 植物の導入がもたらす生物多様性への影響

外来種がすべて侵入先で大きな影響を引き起こすとは限らない．それは，帰化植物図鑑に掲載されている種の中で，問題になっている種がどの程度の割合かを見ればわかるだろう．しかし，激烈な影響を及ぼす外来種が存在することも事実である．外来種は一つの生態系を構成して長い年月の歴

史をともにしてきた種とは異なるので，何が起こるか予想できない面がある．

したがって，すでに地域に侵入した外来種に対しては，その特性や地域の事情に応じて現実的な対応をとることになるが，これから入ってくる外来種に対しては，影響の予測が難しいので，予防を原則にして慎重に対処すべきである．

影響の主要なものは，生態系に大きな影響を与える侵略的外来種の問題である．本書ではそのほかに，緑化植物をよそから持ち込む場合に生じる問題として，次の二つも生物多様性を脅かす問題としてとらえる．すなわち，雑種が親との交配を繰り返して種の独自性を損なったり新たな強害種の形成を促す種間交雑の問題，種内の遺伝的変異の地理的分布が変わってしまう遺伝子レベルの攪乱の問題である．

1.2.3 侵略的外来種をつくる生態系の要因

理想的に考えれば，侵略的外来種の問題を解決することは，排除の対象となるような生きものが増えすぎた根本的な原因を取り除くことであろう．しかし，実際にはその原因が解明できていない場合が多く，原因が推定できても改善が難しく，改善に取り組めたとしても長い時間を要することが多い．

生態的侵略が初めて体系的に論じられた『侵略の生態学』の中で，Elton (1958) は，生物の多様性が群集の安定性をもたらすという仮説を述べている（多様性−安定性仮説）．構成種が単純化された農耕生態系，特に殺虫剤などの濫用によって有効な捕食者が失われてしまった農地などでは，害虫の大発生が起こりやすい性質がある．

外来種は，在来種によって使われていない空きニッチに侵入してくるという仮説もある．遷移の極相のように，多数の在来種によって緻密に生態系の利用が行われている場では，外来種は在来種に置き換わらないと侵入できないので，より侵入しにくくなる．また，余った資源があると外来種が侵入しやすくなることが知られている．これを「余剰資源仮説」と呼ぶ．

セイタカアワダチソウは，原産地の北米ではたいした雑草ではないと言われる．日本に侵入する際に，セイタカアワダチソウの天敵は一緒に入っ

てこなかったので繁茂しているという,「天敵不在仮説」が唱えられた.そこで,自生地と侵入先の成長を比較して,天敵に対する防衛のためにエネルギーを使っていないか検討された.その結果,天敵のいない侵入先で必ずしも成長がよいとは限らず,成長量はケースバイケースであることが判明したので,「天敵不在仮説」は一般的には成り立たないことが明らかになった.

　生態的侵略を,地域の生物群集の中の相互作用から考えると,捕食者・競争者・資源と外来種との複雑な関係から成り立っている(図1.1).競争者は外来種の増殖に負の効果を持つ.捕食者は外来種を減らすが,その競争者も減らす.よって,外来種に特異的な捕食者がいない新しい環境では,外来種は増殖しやすい.資源が豊富だと外来種を増やすが,競争者を増やすことによって外来種を減らすこともある.そのバランスは,外来種と競争者の資源利用能の優劣によって決まる.光・水・養分など様々な資源のどれかの利用能に相対的に優れた外来種が侵入すると,その種は増殖して

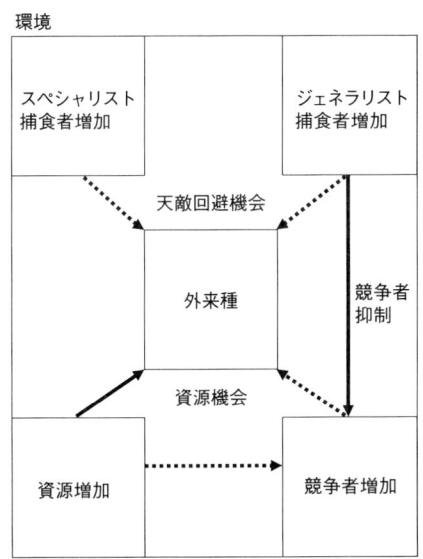

図1.1　群集生態学的相互作用から見た生態的侵略の概念図
資源機会や天敵回避機会が増加すると,外来種の個体数の増加が起きる.実線の矢印は外来種の増殖に正の効果があり,点線の矢印は負の効果がある(Shea & Chesson, 2002を改変)

侵略的に振る舞う可能性がある．

　一般に，成熟した生態系では，その環境に適応した在来種の種数，量ともに豊かであり，外来種は増殖しにくいと，最新の群集生態学は主張している（Shea & Chesson, 2002）．一方，環境が変化し，そこに生じた新しい生態系に在来種が十分適応できていない場合，侵略は起きやすくなる．地球温暖化や都市化などの環境変動による侵略的外来種の増加が危惧されるゆえんである．

1.2.4　侵略的外来種になる植物側の要因とWRA

　侵略的外来種になる植物にはいくつかの共通の特性がある．よく言われるのは，繁殖力の高い種，ジェネラリスト，分散力の大きい種などである．
　植物の侵略性に関わる特性を10項目挙げると以下のようになる．（Rejmanek, 2000），
　①個体群が幅広い環境に対応する安定した増殖力を持っていること（個体の可塑性と個体群の遺伝的な多様性によって決まる）
　②攪乱された立地では，同じ属の中で，世代時間が短いこと，種子サイズが小さいこと，葉面積比が高いこと，幼植物の相対成長速度が大きいこと
　③攪乱された立地の木本では，種子重が小さいこと，稚樹期間が短いこと，なり年の間隔が短いこと
　④多くの木本では，脊椎動物によって種子散布が行われること
　⑤草本種では，もともとの自生分布域が広いこと
　⑥栄養繁殖はハビタットへの適合性を増すこと
　⑦在来種を含む属よりも，在来属とは異なる特性を持った外来属のほうが侵略的であること
　⑧種特異的でない相互作用（根の共生，ポリネータ，種子散布者）に依存している種は新しい環境に適応しやすいこと
　⑨攪乱を受けていない植物群落は背の高い植物種の侵略を受けやすいこと
　⑩外来種の拡散は人間活動の影響を強く受けること
　外来種問題では予防原則が重要とされるが，問題がなく有用な外来種を導入し，問題を起こす外来種を導入しないためには，導入した際に起こる問題を事前に予測する必要がある．そのための手法として，雑草リスクア

予防原則

　ある空間の生物の集団は，一般にロジスティック曲線と呼ばれる増加プロセスをたどる（**図A**）．すなわち，当初は少数の集団だったものが，ネズミ算的に急激に個体数を増やしていく．そしてある程度の段階に至ると，餌や生息空間などの環境収容力の限界に従って，増加率が減少し，一定の数に落ち着く．

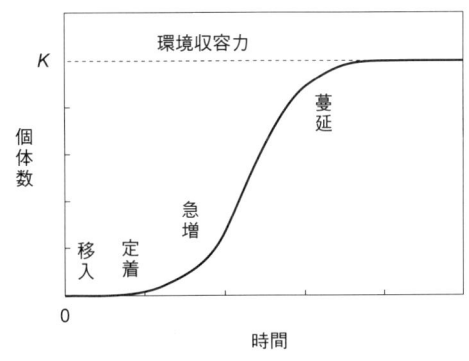

図A　個体群成長のロジスティック曲線と外来植物の移入定着過程（Hobbs & Humphries，1995を参考に描く）

侵略的外来種の定着・増加も同じような経路をたどると言われる（Hobbs & Humphries, 1996）．すなわち，まず導入があって，野外への逸出があり，地域に個体群を形成する．侵略的外来種が増えた第一の要因は，モノ・ヒトの世界的移動が格段に増えたことによる，外来種の導入機会の増大である．次に，拡散によって分布域を拡大・急増し，社会的に問題化する．この段階で制御できないと，大問題となってしまう．

　このような生物を制御するためには，個体数が多いほど，分布域が広汎なほど，より高いコストが必要になる．よって，侵略的性質を持つ外来種は，個体数が少なく，生育も特定の地域に限られている段階で対策を講じる必要がある．最もよいのは導入段階で検疫を行い，導入を阻止することである．

　環境政策における予防原則は，もう少し広い意味で用いられる．すなわち「科学的な予測確実性の不足は，環境対策を先延ばしする理由として用いられてはならない」というもので，酸性雨対策に関するEU政策で初めて国際的に用いられた．生物多様性条約第5回締約国会議では，「社会的・経済的な環境リスクに関する科学的確実性の不足は，侵略の可能性がある種の導入に対する予防措置をとらない理由として使われるべきではなく，侵略の長期的な影響に関する予測確実性の不足は，撲滅・封じ込め・制御措置を先延ばしする理由として使われるべきでない」としている．こうした考え方を外来種対策における予防原則と言う．

（小林達明）

セスメント（Weed Risk Assessment; WRA）がある．WRAは，外来種を導入した際の，侵略的外来種となる可能性と侵略性の程度を定量的に予測することであり，現在も活発に研究が進められている（1.4.1参照）．しかし，植物の特性についての既存の知識は十分ではない．特に，植物の侵略性を植物の個々の特性に分解して理解することは難しく，植物の特性の組み合わせの問題でもあるので，侵略した実績を加味して検討することが多い．それには，既存の知識は不足しており，専門性のある研究者が必要である．

1.2.5 雑種形成と浸透性交雑

雑種ができると生物多様性が高まってよいことではないかという考え方がある．しかし，雑種ができることは生物多様性を高めることにはならない．雑種は母種の遺伝子の一部分を引き継いでいるだけで，オリジナルな遺伝子のセットを持っているわけではないからである．

種の定義は，主として動物に当てはまるように考えられてきたので，植物にはきれいに当てはまらない．生物学的種概念では，交配可能性を種の定義としているものの，植物には雑種ができやすい分類群が存在することが知られている．プロローグで述べたツツジ類もその一つである．

植物にはもっぱら栄養繁殖で増殖する種もあるので，雑種が長い間存在し続けるということも起こりうる．また，樹木などの寿命が長い植物では増殖はしなくても，雑種個体が長時間存在し続けることになる．これらの事柄も，生物多様性に対して影響があると考えられる．

浸透性交雑（introgression）は，雑種が母種と戻し交雑を繰り返して種の中に別の種の形質が紛れ込んでしまうことである（**図1.2**）．よってこれは，直接的に生物多様性を低下させる．浸透性交雑が生じるためには雑種が交配可能であることが前提条件になるので，雑種形成よりは稀な現象である．

雑種が新種の形成につながる場合もある．世界の侵略的外来種ワースト100にも挙げられている *Spartina anglica* は塩湿地の強害雑草であるが，北米産種の *Spartina alternifolia* がイギリスに非意図的に導入されてイギリスの在来種 *Spartina maritima* と交雑し，不稔性雑種 *Spartina × townsendii* を形成して，それが倍数進化して生まれたと言われている（Gray *et al*., 1991; Wittenberg *et al*., 2001）．

1.2.6 種内の多様性

一つの種として扱われている植物であっても，それぞれの個体は均一とは限らず，地域や生息環境により変異が見られる．天野によるホタルブクロの研究（天野，1998）を例に考えてみよう．

従来，本州のホタルブクロの集団は，亜種または変種レベルでヤマホタルブクロとホタルブクロに区別され，伊豆諸島の集団は毛が少ない，花が小さいなどの特徴でシマホタルブクロとして亜種または変種レベルで区別されている．大島公園にも路肩の裸地にホタルブクロの仲間が生育している（プロローグ参照）．

本州の集団を見ると，中部地方の山地にはヤマホタルブクロの特徴を持つ個体のみから成る集団が分布し，関西地方や東北地方にはホタルブクロの特徴を持つ個体のみから成る集団が分布している．中間に位置する関東地方南部などには，両者の特徴を様々な組み合わせで持つ個体が混生する集団が見られる．そのため，ヤマホタルブクロとホタルブクロを分類群として区別することは難しい．シマホタルブクロは，ホタルブクロ（類）にとって有力なポリネータであるマルハナバチ類がいないという伊豆大島の生態系の特徴に適応したものであり，生殖に関わる性質でもホタルブクロと異なっている（Inoue & Amano, 1986）．

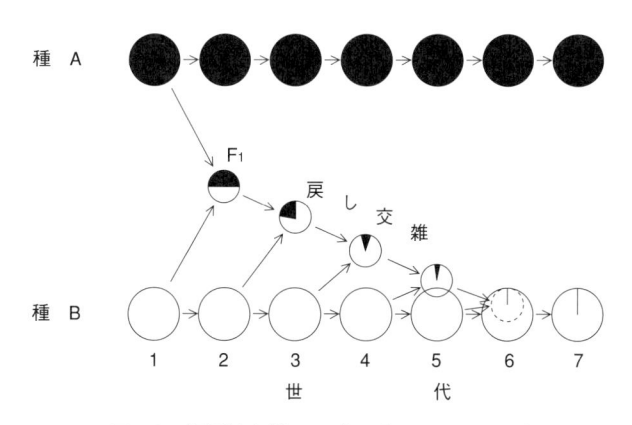

図1.2　浸透性交雑のモデル（Benson, 1962）
種Bに種Aの形質が紛れ込んでしまっている．

ホタルブクロとシマホタルブクロの集団間と集団内の変異は，アロザイム（1.5.2，第2章，第3章参照）分析によっても調べられている（Inoue & Kawahara, 1990）．様々な形質を持つホタルブクロとシマホタルブクロを人工交配した結果，どの組み合わせでも発芽能力のある種子が得られている．したがって，他の地域の個体を導入することによって，遺伝的攪乱を引き起こす可能性がある．

このような遺伝的攪乱の危険を未然に防ぐには，種内の遺伝的構造を解明することが欠かせない．そのためには，アマチュアを中心に生態学や分類学への取り組みがもっと活発に行われる必要がある．それは法則を見つけるような生態学や分類学ではなく，自然誌を博物学的に明らかにしていくことである．対象とする種の集団内部の遺伝的構造を明らかにすることは，種の数だけ対象があるので，専門家の力だけでやり遂げることは難しい．そのため，アマチュアの植物愛好家とプロの植物学者が協働して研究を進めることが有効である．地域の愛好会と専門の研究者のネットワークこそが，地域の植物の遺伝的構造の解明を通じて日本の植物の真の姿を明らかにしていく原動力になるのである．

1.3 植物を移動させてもよい地域の範囲

1.3.1 植物の取り扱いにおける地域の考え方

伊豆諸島にどんぐりのなる樹種は分布しないにもかかわらず，どんぐりによく似た実をつけるスダジイが分布するのはなぜか，というよく知られた研究課題がある．この課題に対して，海水に対する耐性の違いが分布の差異に関係している可能性があるのではないかと考えて，スダジイの実とコナラのどんぐりを海水に浮かべて浮遊日数を比較してみた．どちらも，虫が食ったどんぐりは海水に浮き，虫が食っていても発芽した．海水に浮かべておいた日数とどんぐりの生存の関係を調べてみると，コナラもスダジイもあまり差がなかった（奥津・倉本，未発表）．どんぐり浮遊実験の結果からは，コナラもスダジイも本州から伊豆諸島に渡れそうだという結論が得られた．

そこで，スダジイの伊豆大島の集団と対岸の本州の集団とで遺伝子流動

があるのか調べるために，アロザイム分析を行った（奥津・倉本，1999）．伊豆大島では，大島空港の拡張が計画されていた愛宕山，大島公園，波浮港，本州では真鶴岬，鎌倉から，スダジイの冬芽をそれぞれ40個体から採集してアロザイム分析した．

その結果，分化の程度は高くなかったが，全く同じ対立遺伝子頻度を持っている集団はなかった（**図1.3**）．その事実に基づいて，大島空港拡張の際にスダジイの植栽はどうあるべきかについて考えた．スダジイを大島公園の集団から愛宕山に移植すると，愛宕山の集団が本来持っていなかった対立遺伝子を持ち込むことになる．別の集団から個体を移動させると対立遺伝子の頻度が変化する．ここでは，対立遺伝子の頻度に着目しているが，進化のプロセスを守るという観点に立つと，対立遺伝子頻度の変化の中には，進化のプロセスのうえでは同じ系統に属する軽微なものと重大なものがある．このことについては次節でくわしく述べる．

同じ集団で，個体を増殖したらどうだろう．その場合でも，ある対立遺伝子の構成比が増加する可能性がある．日本緑化工学会の「生物多様性保全のための緑化植物の取り扱い方に関する提言」（以下，「提言」）について議論した際に，最も遺伝子頻度を変えないのは，植栽基盤はつくっても植栽をしないことであるという結論が得られた．

次に，例えば，一般の農林業地域のように，すでに多くの植物が地域外から持ち込まれた歴史を持つが，安定した生態系もまた維持されてきた場所では，植栽に在来種を用いていれば，侵略的外来種の問題や浸透性交雑の問題が生じないと考えられるので，それが推奨される．このような場所では，必ずしも地域性系統に限定する必要はないだろう．

さらに開発の進んだ地域においては，侵略的外来種の問題や浸透性交雑の問題を起こさなければ外来種を用いてもよい地域が存在する．ただし，このような地域は，前述したもっと厳密な取り扱いを要する地域と隔離されている必要がある．

ここで述べた地域区分を厳密な順に並べると，以下のようになる．
①遺伝子構成保護地域……植栽基盤のみ造成．あるいはその場所の集団から増殖
②系統保全地域……同じ地域性系統の集団から導入

③種保全地域……在来種を植栽
④外来種管理地域……外来種の植栽も可

このような植物の取り扱いで空間を分けることは，これまで行われてこなかった．このような地域区分は，自然公園や自然環境保全地域などの自

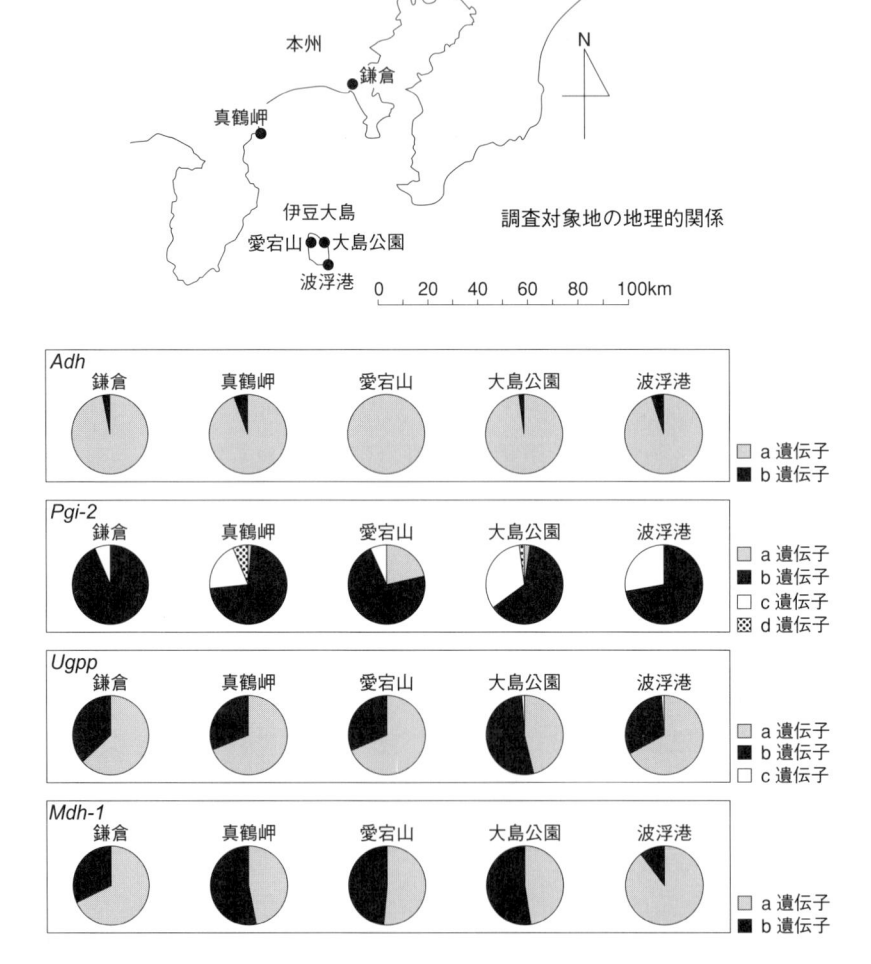

図1.3 スダジイの各遺伝子座における伊豆大島集団と本州集団の対立遺伝子頻度
（奥津・倉本，1999を改変）酵素の種類をアルファベットで表し，*Adh*, *Pgi-2*, *Ugpp*, *Mdh-1*は酵素の遺伝子座を表す．

然保護の空間区分とも厳密には対応しないし，人と自然との関係とも対応しない．しかし，この考え方は，植物の取り扱いを考える際に避けて通れない視点であり，国土をこの観点から分類してみることは意義のあることだと考えられる．

1.3.2　進化の歴史を守るという自然保護観と遺伝学的単位

2002年に出した日本緑化工学会の「提言」では，遺伝子レベルの攪乱を避けるために遺伝子の交流のない，あるいは少ない集団間の個体の移動を慎むべきだと述べた．この場合の個体の移動には，種子や花粉も含む．これは，遺伝子レベルの変異の分布を守り，もし種分化が起きつつあるなら，それをそのまま進行させようという意図が込められている．

遺伝子レベルの攪乱という視点は，欧米の保全生物学の教科書にも従来はほとんど触れられていなかった．日本で1990年代半ばに発行された3冊の保全生物学の教科書（鷲谷・矢原，1996；樋口ほか，1996；プリマック・小堀，1997）にもほとんど触れられていない．

しかし，2002年にイギリスで出版された『Conservation Biology』（『保全生物学—生物多様性のための科学と実践—』）には，遺伝子のスケールと生物地理学的なスケールから検討した種内変異の括り方として，Ryder（1986）の「進化的重要単位（evolutionary significant unit; ESU）」が紹介されている．進化的重要単位とは，共通の進化の歴史を持つ一連の集団内において，個々の集団それぞれが識別可能となるような単位のことである．

括り方の実際の手法には複数の考え方が存在する．Ryder（1986）は，「異なる技術によって得られたデータ間で一致する，あるいは適応的な差異を示す集団」とし，Waple（1991）は「ほかの集団から生殖的に隔離されていて，特有もしくは他と異なる適応を示す集団」とし，Moritz（1994）は「ミトコンドリアDNA対立遺伝子がそれぞれ単系統で，対立遺伝子頻度が明らかな分岐を示す集団」としている．この立場に立つと，距離的には近くの集団であっても，氷河期のレフュジアを異にすると別のESUに属するということになる．なお，レフュジアとは退避場所のことだが，ここでは，気候変化により広い範囲で種の絶滅が起きた氷河期に，比較的気候変化が少なく，他地域では絶滅した種が生き残った地域のことを示す．

さらに，Moritz（1994）は，他の集団から独立して管理できる「管理単位（management unit; MU）」を提唱している．例えば，英国の種の集団の大部分は北西ヨーロッパを網羅する一つの進化的重要単位に属しているが，現在隔離されていることからヨーロッパ大陸とは区別できる管理単位とみなされる．

平川・樋口（1997）は，種にはその歴史に裏づけられた固有性があり，失われると再び取り返すことが難しいとして，これを歴史的価値と位置づけている．遺伝子レベルの攪乱は進化の歴史を刻んだ対立遺伝子頻度を人間が攪乱してしまうことであり，歴史的価値を損うものである．したがって，進化のプロセスを保全することに意義を感じる保全生物学者にとっては，遺伝子レベルの攪乱は予防すべきことなのである．

1.4 侵略的外来種をどのようにチェックするか

ここまでは，生物多様性を低下させない緑化の基礎になる考え方について述べてきたが，ここからは生物多様性に配慮した緑化はどのようなものであるべきか，具体的に考えてみることにする．

1.4.1 外来生物法における「特定外来生物」の考え方と課題

2004年，「特定外来生物による生態系に係る被害の防止に関する法律」が成立した（2005年6月1日施行）．以後，本法律を「外来生物法」と略称することにする．ここで言う「特定外来生物」とは，先に述べた侵略的外来種にほぼ相当する概念である．

外来生物法は，侵略的外来種による生態系などの被害を防止し，生物多様性の確保，人の生命や身体の保護，農林水産業の健全な発展に寄与することによって国民生活の安定向上に資することを目的にしている．具体的には，特定外来生物として侵略的外来種を指定し，その飼養・栽培・保管または運搬・輸入その他の取り扱いを規制するとともに，それらの防除などの措置を講ずることを定めている．検討対象には緑化植物を含むあらゆる有用高等生物が含まれる．違反した場合，個人に対しては3年以下の懲役もしくは300万円以下の罰金，法人に対しては1億円以下の罰金を科すとい

う，たいへん厳しい法律である．

　特定外来生物にはすでに侵略性が明らかになっている生物が指定されるが，未導入の生物のうち，侵略的外来種と生態的特性が似たものは，「未判定外来生物」として，種や属・科のレベルで指定される．指定された未判定外来生物を輸入する場合は，その旨を国に届け出る．国はその侵略性について検討し，被害の恐れなしと判定されたものに限って輸入を許可する．なお，本法では，生物多様性に関わる問題のうち外来種の侵略性と種間の交雑について扱うが，種内系統の移動は取り扱わない．

　このような法律が成立した背景には，いったん自然界に導入されると，コントロールが困難になるという性質を生物が普遍的に持っているからである．例えば，紫色の花が美しいホテイアオイは，原産地の南アメリカから鑑賞目的で世界各地に導入されたが，自然の水系で大繁殖して，いまや世界最悪の植物と呼ばれている．わが国でも池沼や水路を埋め尽くして厄介者になり，防除にはたいへんなコストがかけられている．

　このような侵略的外来種の影響を防止するためには，①侵入の予防，②侵入の初期段階での発見と対応，③定着した生物の駆除・管理の3段階で必要な対策を行うとされているが（環境省編，2002），後者ほどよりコストがかかると言われている．そのため，侵略的外来種の防除は予防的観点に立つのが重要とされる（生物多様性条約第6回締約国会議，2002）．外来生物法では，現場における防除とともに，主に国境（すなわち，空港や港湾）の税関業務の中で，特定外来生物の輸入を阻止することで予防を図る仕組みとなっている．

　では実際には，どのような判断を行って規制の優先順位を付けるのかが問題となるが，その考え方の基礎になるのがリスク分析である．生物多様性条約締結国会議による指導原則によれば，外来種問題におけるリスク分析とは，「①科学に基づいた情報を用いて，外来種の導入による影響とその定着の可能性を評価すること（リスク評価），②社会経済的・文化的側面も考慮して，これらのリスクを低減もしくは管理するために実施できる措置を特定すること（リスク管理）」とされている（生物多様性条約第6回締約国会議，2002）．参照）．

　わが国の外来生物法では，過去（明治以降）に導入された生物も規制対

象になるから，すでに導入された生物と未導入の生物では，リスク評価の考え方も若干異なる．既導入生物では，データによって把握された定着状況を基礎に対策がなされるのがよく，特に初期定着過程で抑えることが有効となる．そのためには，全国各地にモニタリングポイントが配置される必要があるが，それはとても官費のみでまかなえるものではなく，地域の研究者や在野のアマチュアも巻き込んだ監視網が組織されるのが望ましい．これまで，類似のものとして，環境省の緑の国勢調査や国土交通省の河川水辺の国勢調査などが行われているが，外来種モニタリングとしては調査項目が不十分な点があり，改善が望まれる．

　未導入の生物には，もちろんわが国におけるデータは存在しないから，侵略性の判定は難しい．生物が地域の生態系へ侵入して侵略的に振る舞うかどうかは，生物の侵略性（invasiveness）と環境の被侵略性（invasibility）の両方の要因によって決まる．ところが，外来生物法は国家間の生物のやりとりを主として規制する法律なので，一般的な生物の侵略性を判定する必要がある．WRAはそのような場合に，客観的な判断基準を提供する手法である．これまで開発されたWRAモデルでは，海外での侵略実績をもとにした侵略的外来種リストを参考にして判断するものが多い．侵略的外来種リストは，各国・地域で整備されつつあるが，世界的なものとしては，国際自然保護連合（IUCN）が，侵略的外来種ワースト100を発表している．

　表1.1に，実際に輸入規制に用いられているオーストラリアのWRA質問票（Pheloung *et al*., 1999）を用いて，シナダレスズメガヤを試験的に輸入判定した例を示す．判定をしたい種についてそれぞれの質問に回答していき，回答が終了したら，採点を行う．一般の質問項目では，雑草性（侵略性）と判断されれば1点を加算し，非雑草性と判断されると－1点を減点し，中立な場合は0点となる．

　3の「他地域での雑草性」は重要な判定項目になっており，2.01と2.02の気候適合性の判定により得点を変えるが，信頼できるデータによって気候適合性が認められた場合，次のように点を与える．他地域で，帰化植物として定着していたり庭雑草の場合は2点，農林雑草や自然環境中の問題雑草の場合は4点，同属に雑草がある場合は2点である．

　5の「植物のタイプ」も重要な判定項目で，「水生植物」ならば，侵略性

表1.1 オーストラリアの雑草リスクアセスメントの質問票にシナダレスズメガヤを当てはめて輸入判定を試行した例

本種に限らず、オーストラリアのWRAをそのまま当てはめると、多くのイネ科牧草は"輸入不可"になってしまう。

シナダレスズメガヤ（セイタカカゼクサ、タレスズメガヤ）			結果：輸入不可		
学名：*Eragrostis curvula*（SCHRAD.）NEES			（輸入可＜1、要審査1～6、輸入不可＞6）		
英名：Weeping-Love-Grass			点数：14		
科名：イネ科					

		歴史、生物地理学的特性		回答	点数
1. 栽培特性	1.01	馴化された栽培種か？ そうでない場合は2.01へ．		N	0
	1.02	栽培された場所で帰化した事例があるか？			
	1.03	種内に雑草系統があるか？			
2. 気候と分布	2.01	日本の気候に適しているか？（0：低、1：中、2：高）			2
	2.02	2.01の判断の根拠となったデータの質．（0：低、1：中、2：高）			2
	2.03	気候適性は広いか？		Y	1
	2.04	乾季が長い地域に原産かあるいは帰化しているか？		Y	1
	2.05	自然分布域外で繰り返し導入が行われた経緯があるか？		Y	
3. 他の地域での雑草化の歴史	3.01	自生域以外で帰化した事例があるか		Y	2
	3.02	庭や半自然地で雑草として問題になっているか？		Y	2
	3.03	農林雑草として問題になっているか？		N	0
	3.04	自然環境中の雑草として問題になっているか？			
	3.05	同属に雑草があるか？		Y	2
		生物学、生態学的特性			
4. 望ましくない特質	4.01	針や刺を持つか？		N	
	4.02	アレロパシー作用を持つか？			
	4.03	寄生性があるか？		N	0
	4.04	放牧家畜に好まれないか？		N	−1
	4.05	動物にとって毒性があるか？		N	0
	4.06	病害虫や病原体の宿主か？			
	4.07	人にアレルギーを起こすかあるいは毒性を持つか？			
	4.08	自然界で火災の原因になるか？		Y	1
	4.09	生活史の中で耐陰性のあるステージがあるか？		N	0
	4.10	痩せ地で生育するか？			
	4.11	他の植物によじ登ったり、覆い尽くすような生育特性を持つか？		N	0
	4.12	密生した藪を形成するか？		Y	
5. 植物のタイプ	5.01	水生植物か？		N	0
	5.02	イネ科植物か？		Y	1
	5.03	窒素固定を行う木本植物か？		N	0
	5.04	地中植物か？			
6. 繁殖	6.01	本来のハビタットでも繁殖に失敗する証拠があるか？			
	6.02	発芽力のある種子を生産するか？		Y	1
	6.03	自然交雑が起こるか？			
	6.04	自家受粉するか？			
	6.05	特定の花粉媒介者を必要とするか？		N	0
	6.06	栄養繁殖を行うか？		N	−1
	6.07	種子生産開始までの最短年数		2～3	0
7. 散布体の散布機構	7.01	散布体が人為活動により非意図的に散布されるか？			
	7.02	散布体が意図的に散布されるか？		Y	1
	7.03	散布体が農産物等に混入して散布されるか？			
	7.04	散布体が風散布に適しているか？		N	−1
	7.05	散布体が水（海流）散布されるか？		Y	1
	7.06	散布体が鳥散布されるか？			
	7.07	散布体が動物の体表に付着して散布されるか？			
	7.08	散布体は動物の排泄物を通じて散布されるか？			
8. 持続性に関する属性	8.01	種子の生産量が多いか？		Y	1
	8.02	1年以上存在するシードバンクを形成するか？		N	−1
	8.03	有効な除草剤があるか？		Y	−1
	8.04	切断、耕起、あるいは火入れに耐性があるか、あるいはそれらにより繁茂が促進されるか？			
	8.05	日本に有効な天敵が存在するか？			

が高いと判断されて5点が加算される．一方，栽培種の場合は−3点と減点する．

　情報のない項目は空欄とするが，10項目以上の回答があれば判定は有効と判断する．こうして採点した得点を加算して総得点とし，その得点が0点以下ならば輸入許可とするが，6点以上なら輸入不可，1〜6点なら要審査と判定される．

　オーストラリアのWRA質問票からは，牧畜を大事にする国柄がうかがえる．先進国のオーストラリアやニュージーランドでは，農業雑草予防が基礎になってWRAができている．

　一方，わが国の外来生物法では「生態系等に係る被害」を問題にしている．それが何を示すか，人によってその受け取り方は様々であろう．そもそもリスクとは「困ったことが起きる確率」のことであり，「困ったこと」の考え方によって様々な判断が成り立ちうる．生態系のどのような現象が，人にとって「困ったこと」になるのか．現在の最低限の了解としては，①種の存続に重大な影響をおよぼす恐れのある生物，②わが国の代表的あるいは典型的な生態系に重大な影響をおよぼす恐れのある生物，といったものである．後者には国立公園のような原生的な生態系のみならず，里山のような二次的自然も含むとされる．それらの評価をどう行うか，日本版WRAの開発が待たれる．

　外来生物法におけるもう一つの問題は，外国からの生物のみが対象となっていることで，わが国の在来生物ではあるが，これまで自生のない異なる地域に移入されると，侵略的なふるまいを示す生物を対象にできないことだ．例えば，琉球から小笠原に導入されて大繁殖しているアカギは，本法の防除の対象とはならない．これらは持ち込み規制が困難という，もっぱら実務的理由から法の対象に含むことが見送られた．そのようなものは，地域において防除の取り組みを行う必要がある．

1.4.2　緑化の現場における外来種の使用指針

　このように，法律だけでは生物多様性の保全を図ることは難しいので，具体的な緑化の現場において，より適切な外来種の取り扱いを行っていく必要がある．すでに述べたように，侵略リスクの判定には，生物の侵略性

と環境の被侵略性の両方の要素を検討しなくてはならない．

　被侵略性の観点からは，ハビタットの性質によって侵略性を判定することが望ましい．ここでは，大まかであるが，環境を次のように分類してみる．

　（A）丸石河原・湿地・水域などのように，攪乱が頻繁に生じるために，生物の生息できる空いたハビタットが日常的に数多く存在している環境

　（B）草地・二次林などのように，群落は閉鎖しているが，在来種の競争力が弱い環境

　（C）原生林などのように，多様な在来種で構成されており，それらの競争力が強く，生物の侵略に対して抵抗性が強い環境

　こうした環境の特性を基礎に生物の侵略性を検討すると，次のようになる（表1.2参照）．環境が（A）の場合は，繁殖力があるすべての外来植物に注意する必要がある．水域では水生植物一般が問題となる．河原では乾燥に強い植物，湿地では耐冠水性に優れた植物が侵入・定着しやすい．その中でも，在来の植生より草丈や樹高が大きいもの，種子数が多く散布力が強いもの，地下茎やつるなどによる栄養繁殖能力が高いものに特に注意が必要である．ルートサッカー（根萌芽）はそのような栄養繁殖法の一つで，広がった水平根から次々と地上茎を形成していく．

　環境が（B）の場合は，大形のつる植物や木本植物に注意が必要だが，つる植物では特に，吸盤や付着根など特定の登攀器官を持たず，群落の上を覆っていく這性（はいせい）のものが危険である．木本植物ではルートサッカーなどによる繁殖力が強い植物，動物などにより種子散布力が強くかつ耐陰性が強いものが要注意である．現在の温暖化傾向からは，亜熱帯・熱帯原産の植物に配慮が必要である．

　環境が（C）の場合は被侵略性は低いが，島嶼の低木群落のように，在来種に競争力が強い樹種がない場合は，高木種の導入に十分な注意が必要である．しかし原生林であっても，耐陰性の強い植物，周辺の攪乱環境をうまく利用できる植物が導入されれば，危険がないとは言えないので，むやみに植物を導入すべきではない．

　生物相および自然保護制度の観点からも，次のように地域を分類できる．

　（a）区域内に絶滅危惧種が分布する，または自然保護の価値が高い地域

　（b）区域内にはないが，種子などの繁殖体が散布される下流域やコリド

表1.2 生物の侵略性と環境の被侵略性の関係から見た陸上植物の生物的侵略可能性

生物の侵略性 \ 環境の被侵略性	(A)河原・湿地など、群落閉鎖しておらず生態的ニッチが空いている空間	(B)群落閉鎖しているが、草地・二次林など在来種の競争力が弱い空間	(C)原生林など侵略に対して抵抗性の強い空間
短い世代時間・小さい種子重・高い幼植物成長速度（草本）	大	中	小
小さい種子重・短い幼植物期間・高い成長速度・短いなり年間隔（木本）	大	大	小
鳥による種子散布	中	中	中
つる性（特に這性のもの）で伏条繁殖	大	大	小
ルートサッカーによる繁殖	大	大	小
強い耐冠水性	大（湿地）	大（湿地）	小
強い耐乾性	大（砂質・礫質河原、丘陵・山地荒廃地）	小	小
強い耐陰性	小	中	中
強い他感作用（アレロパシー）	大	大	小

ーで連結された場所に，絶滅危惧種が分布する，または自然保護の価値が高い地域がある

（c）繁殖体の散布が及ぶと思われる範囲に絶滅危惧種や自然保護の価値がある生態系は存在しない

生物相の観点から（a）と判定された場所では，環境の被侵略性から判定された侵略の可能性がある種を導入してはならない．

（b）と判定された場所では，繁殖体の散布能力を考慮する．水系でつながっている場所では，つながっている先の貴重な環境で侵略性があると判断され，種子やその他の繁殖体が水に運ばれやすい植物を導入してはなら

ない．森林がコリドーでつながっている場所では，同様に先方で侵略性があると判断され，かつ鳥散布性が高い植物の使用は避けるべきである．

（c）の場合は，外来種利用の警戒度は低くてよい．そのような場所はもともと外来種が多く，都市の市街地などが相当する．

より具体的には，釧路湿原のように，地形的に低位にあって流域の影響を受けやすく，自然環境の価値が高く，自然の攪乱頻度も高い場所の自然再生を行う場合は，その流域を通じて最高レベルの配慮をする必要がある．固有種の多い島嶼の緑化でも同様である．周囲の自然生態系と連結性が高い水辺ビオトープの造成，湿原や半自然草地周辺での法面緑化などでも高い注意を払う必要がある．導入する植物としては，水生植物に特に注意が必要で，大形で繁殖力が旺盛な木本植物・つる植物・多年生植物にも注意が必要である．

1.5　地域性をどのように把握するか

1.5.1　生物相から見た国土区分

外来生物法では，在来生物の国内移動を問題にしない欠陥があると書いたが，では植物の国内移動はどのような範囲内で認められるだろうか．これについての定まった考え方はないが，地域によって適切な生物多様性保全の方策をとるために，環境省は**図1.4**のような国土10区分案を提案している．この図を参考にして考えることにする．

まず，小笠原諸島は海洋島嶼であり，大陸島嶼である日本列島とは地史的に地続きになったことがない独立した存在なので，区別する．次に生物相に見られる地理区分（渡瀬線・ブラキストン線）を考慮し，北海道や奄美・琉球諸島を，本州・四国・九州と区別する．北海道や本州・四国・九州は，気温から算出される温量指数，年間降水量・最深積雪深を考慮して，さらに2区分（北海道）と6区分（本州・四国・九州）としている．

島嶼を区別したり，動物地理区分を重視するのは，わが国の同じ国土の中でも異なる地質的歴史を持つ地域があることを認めるためである．これは，同じ気候条件で生育する植物でも，歴史的に生育したことのない地域に持ち込まれると侵略性を発揮する場合があるので，そうしたことを防ぐ

ために有効である．特に小笠原諸島の特殊性は明らかで，日本列島に生育する生物と小笠原のそれとは全く系統を異にする．すなわち生物学的には，小笠原は外国と言ってよく，同地域への生物種の新たな導入には，国内在来種であっても最高レベルの配慮が必要である．

浸透性交雑を避ける場合にも，このような国土区分は有効だろうか？残念ながら，その答えはNOである．例えば，ツツジ属ミツバツツジ節の中

図1.4 生物多様性保全のための国土区分試案（環境庁，1997より写す）
凡例：1；北海道東部区域，2；北海道西部区域，3；本州中北部太平洋側区域，4；本州中北部日本海側区域，5；北陸・山陰区域，6；本州中部太平洋側区域，7；瀬戸内海周辺区域，8；紀伊半島・四国・九州区域，9；奄美・琉球諸島区域，10；小笠原諸島区域（海洋島嶼）

では，種間交雑が容易に起きることがわかっているが（第4章参照），国内に自生する30の種・変種の分布は，**図1.4**の国土区分よりずっと細かい．このようなグループの場合は，種の自生分布以外には植物を持ち出さないほうがよい．植物を自生分布域以外に持ち出す場合は，都市域などでの園芸的な植栽に限ることとし，在来の別の自生種と交雑する可能性のある自然環境に持ち込んではいけない．

　他のツツジ属，サクラ属，タニウツギ属など，種間交雑が知られているグループでも，**図1.4**の同一国土区分内に複数の種が分布している．よって，それらの植物を仮に自然界に持ち込む計画があるならば，種の分布域を調べて，当該地域が分布域に含まれることをまず確かめないといけない．ヤナギ属でも種間雑種が多い．標高や河岸・河流の状態，基盤の粒径組成などによって，ヤナギの種はすみ分けている場合が多いので，ハビタットの状態に応じて適切な種を選択し，複数の種を混植しないようにするのが望ましい．

　浸透性交雑で厄介なのは，ミズナラやカシワなどコナラ亜属やマツ属のグループである．こうしたグループの中では，近縁種間で遺伝子の浸透が生じていることがわかってきた（第2章参照）．これらは植林や緑化用の樹種として広く用いられてきた．例えば，アカマツよりクロマツの苗のほうが活着に優れるため，治山緑化用には，本来は海岸性の植物であるクロマツがよく用いられてきた．そのようなことを行うと，山地に自生するアカマツにクロマツの遺伝子が浸透していく可能性がある．このように，従来普通に用いられてきた樹種についても，今後はその本来の生育地に配慮した植栽が望まれる．

1.5.2　遺伝的特性を考慮した地域区分は可能か

　では，種内の地域性にはどのように配慮したらよいのだろうか．その考え方としてESUとMUがあることはすでに示した（1.3.2参照）．そうした考え方で地域を括るには，種内変異の基礎的な解析が必要である．そのようなテーマについては，現在，研究が進みつつある状態であり，科学的結論がはっきり出ているとは言えない．

　しかし，それなりに研究が蓄積してきたことも事実である．また社会的

には，地域性の考え方を明示することについての要望が大きい．そこで本書では，実用的な考え方を仮説的に提示することにしたい．今後の研究の蓄積によってその内容は修正されるであろうが，基本的にはあまり誤りのない図が示せると考えるからである．

　緑化植物の地域性については，すでに服部（2002）が一つの考え方を示している．服部は照葉樹林構成種の地理的分布を解析し，現在の気候的条件だけによっては決まらない地史的な要素を検討した．現在の照葉樹林のフロラ（植物相）は，約1.5万年前の最終氷期に日本列島南岸に圧縮された分布域（レフュジア）に起源すると言われる．服部はそのレフュジアとして，（A）大隅半島南部，（B）九州西部，（C）四国西南部，（D）四国東南部，（E）紀伊半島南部，（F）伊豆諸島・伊豆半島，（G）房総半島南部，を想定している．また，氷期後のフロラの分布域の拡大について，現在の種分布や植物の種子散布能力から推算して，300kmという目安を出している．こうした分析を根拠に，照葉樹林構成種の移動可能な距離は300km程度という基準を提案している．

　この考え方は，現在のフロラの骨格は，氷河期のレフュジアに形成されたとするものなので，緑化にあたっては，約1.5万年前に形成された系統を乱さないように配慮しようというものである．一方，その後の分布拡大，分布の孤立化などによって生じた遺伝的な差は許容しようという考え方だ．これはESUの考え方に相当する．

　このような考え方は分子遺伝学的な種内変異の研究からも支持されている（くわしくは第2章，第3章を参照のこと）．永年性樹木の核DNAでは，集団間変異が小さいのが普通だが，オルガネラDNAでは大きい．ミトコンドリアや葉緑体などオルガネラ（細胞内小器官）は，核外で独立にDNAを有している．このようなオルガネラは，被子植物では母性遺伝することが知られている．すなわち，オルガネラDNAは種子散布を通してのみ移動し，花粉散布では流動しない．一方，核DNAは，花粉と種子の両方を通じて移動する．ブナのように寿命の長く，風による花粉散布を行う植物では，花粉が担う遺伝子流動は広い範囲にわたるため，核DNAでは地域間変異が小さい．一方，オルガネラDNAは動きにくいため，地域間変異が保存されやすい．したがって，長命で広い分布を持つ植物の種内系統は，オルガネラDNAによく反映されている．

1.5 地域性をどのように把握するか

　最近，そのような広分布種のオルガネラDNA変異を分析したまとまった研究がいくつか発表された．ここでは，全国的な遺伝子変異の研究が行われているブナ（Fujii *et al.*, 2002；Okaura & Harada, 2002；Tomaru *et al.*, 1997），キブシ（Ohi *et al.*, 2004），照葉樹林構成樹種（Aoki *et al.*, 2004）の例をとって，わが国におけるESU設定について検討してみる（**図1.5，1.6**）．

　ブナとキブシは，それぞれ冷温帯と温帯の落葉広葉樹種の代表と考えたい．ブナとキブシに共通するのは，日本海側集団の遺伝子型が似通っていることである（第2章参照）．オルガネラDNAにおける塩基配列の同じ遺伝子型はハプロタイプと呼ばれる．ハプロタイプどうしの類似性は統計的に分析でき，その大きなまとまりがクレード（系統）である．ブナとキブシの日本海側集団は一つ，あるいは二つの系統にすべてまとめられた．特に

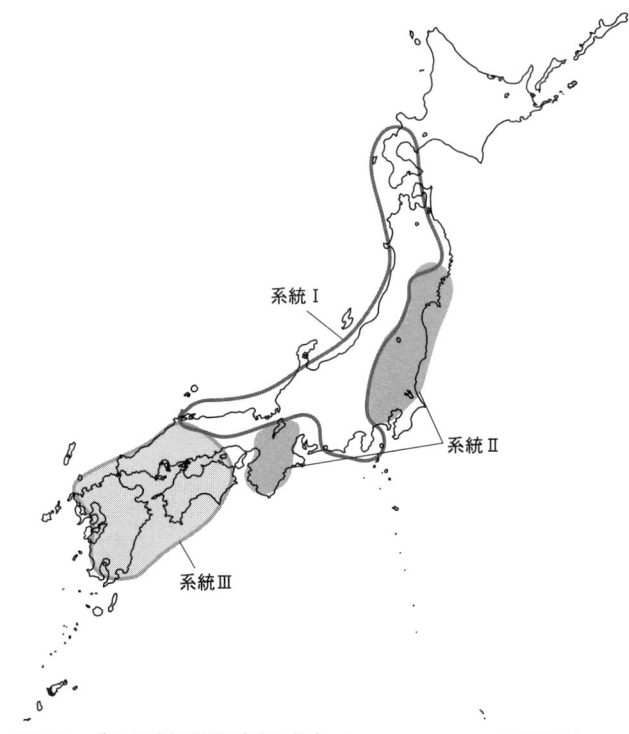

図1.5　ブナの遺伝学的系統の分布（Fujii *et al.*, 2002より描く）
葉緑体DNAのハプロタイプの似たグループを系統として括り，異なるローマ数字で区別したもの．

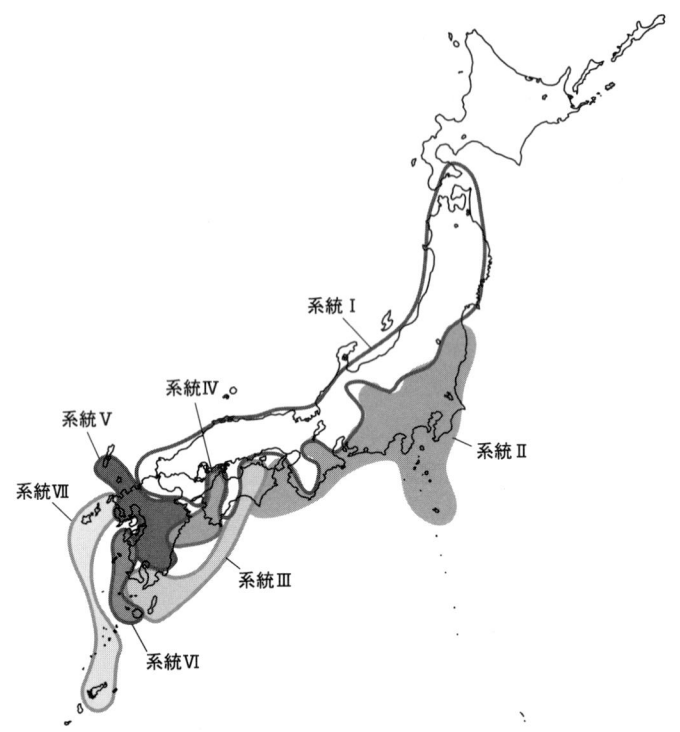

図1.6　キブシの遺伝学的系統の分布（Ohi *et al*., 2002より描く）
　ローマ数字は図1.5と同様．

　キブシでは，北海道南端から九州北部に至る日本海側で，調べられた葉緑体DNA領域に関して全く同一のハプロタイプを示した．ブナでは1塩基置換程度の変異はあったものの道南から島根東部にかけてほぼ同様のハプロタイプを示した．
　一方，太平洋側のハプロタイプ分布をくわしく見ると，両種間には様々な違いがあった．例えば，関東・東海地方に注目すると，キブシでは似通ったハプロタイプによって形成されていたが，ブナの関東集団は東北地方太平洋側の集団と共通性が高く，ブナの東海集団は日本海側集団との共通性が高かった．このような遺伝子型分布の類似性と相違性は，両種の歩んできた歴史の違いを物語るとされる（第2章参照）．
　Aoki *et al*.（2004）が報告した照葉樹林構成種の種内系統分布もまた同様

に複雑である．これらの種では，ブナやキブシとは異なり，ハプロタイプの異なる集団が同所的に生育している．すなわち，これらの系統は最終氷期に成立したのではなく，それ以前にすでに成立していたと考えられる．その後起きた氷期による分布域の縮小と間氷期の拡大の繰り返しによって，互いの系統が複雑に入り混じるようになったようだ．系統ごとに見ると，広域に分布する系統と地域特異的に出現する系統があった．特異的に分布する系統だけを取り上げると，そこには一定の地域的傾向が見られる（図1.7）．

バクチノキでは，琉球諸島に特異的な3系統と，九州南部に特異的な1系統と，九州南部および紀伊半島に特異的な1系統があった．コショウノキで

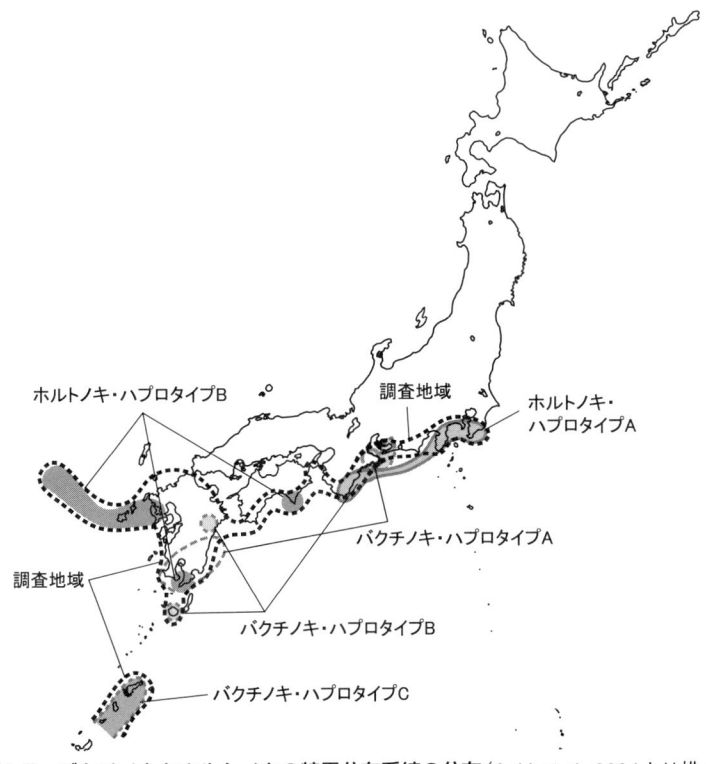

図1.7 バクチノキとホルトノキの特異分布系統の分布（Aoki *et al.*, 2004より描く）
調べられた葉緑体DNA領域の塩基配列を同じくし，かつ特定の地域に分布する系統の分布．系統の違いをアルファベットで示す．なお，図が煩雑になるのを避けるために，普遍的に分布する系統の分布は省略されている．

は，九州南部と四国南部に特異的な1系統と，五島列島および韓国済州島に特異的な1系統があった．ホルトノキでは，房総半島と紀伊半島に特異的な1系統と，室戸岬・大隅半島と長崎・五島・済州島に特異的な1系統があった．Aoki *et.al.*（2004）はこれらの結果から，日本列島の主要4島とその周辺の島々では地理的隔離が働いており，遺伝的分化を促していると推論している．また，本州・四国・九州の照葉樹林フロラのレフュジアとしては，九州から房総半島に至る南岸が想定されること，特に九州南部が有力なレフュジアであり，紀伊半島がそれに次ぐと述べている．

このような結果から，照葉樹林域を，まず主要4島の本州・四国・九州の中核部と，それ以外の島々および九州・四国の岬部に区別する必要があると言えそうである．次に，九州および四国の西日本南岸域と，紀伊半島から房総半島までの東日本南岸域を区別する必要がありそうである．

高山域の北方樹林構成植物種（いわゆる高山植物）については，エゾコザクラやヨツバシオガマを分析したFujii *et.al.*（1997，1999）の研究がある．高山域は本州では隔離的に島のように分布しているが，北海道北部・東部から樺太や千島列島にかけては連続的に分布する．それらの分子遺伝学的系統は，北海道を中心とする北方系のグループと月山以南の本州中部グループに大きく二分される．これは，数度繰り返された氷期のうち，これらの共通する祖先集団の分布が北海道から本州中部までいったん拡大したが，その後長く北方系のグループと本州中部系のグループが隔離された期間が続いたことを示している．また，本州中部のエゾコザクラやヨツバシオガマの集団は，それぞれの山塊ごとに独立した系統を示しているが，後氷期の温暖化によって，本州中部集団が高山に封じ込まれて隔離されたためと考えられる．このような系統を保全するため，本州高山にある植物は，それぞれの山塊を移動の最大範囲と考えたほうがよい．もっとも，それらの場所は国立公園特別保護地区などに指定されている場合が多く，基本的には植物の移動は禁止されている．

このような植物の種内系統の分析結果をもとに描いた，地域性苗木適用のための国土区分試案を**図1.8**に示す．この図はあくまでも現時点の限られた種の研究結果をもとに試作したものである．境界線はおおよそのものであり，特に九州南部，四国東部，紀伊半島東部などでは判断に迷った．データ不足などにより，線引きから除外してある地域もあり，不十分なもの

1.5 地域性をどのように把握するか

である．今後，研究結果の蓄積によって修正していく必要はあるが，このような考え方の図は，わが国温帯域に広く連続的に分布する植物，主に木本植物に適用できると考えている．本図を参考にして，服部（2002）の提案300kmより少し狭く，100～200kmを地域性苗木の移動範囲の目安にしてはどうか，というのが著者の提案である．

なお，オルガネラDNAについては，特定の遺伝子間領域の塩基配列を直接読み取る方法がすでに確立している（第2章参照）．その結果は再現性が高いので，ESUに基づいた苗木の地域性の検査は，現実的に可能なレベル

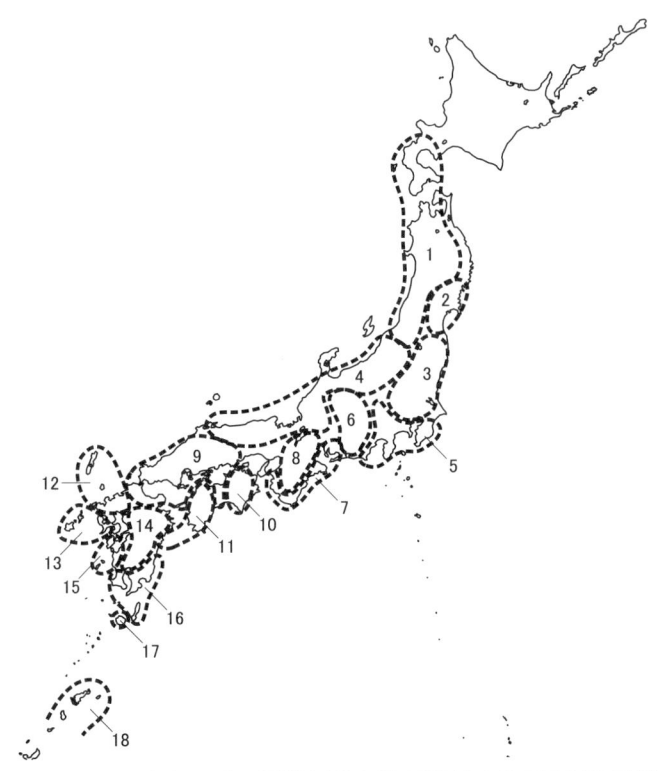

図1.8 ESUの考え方に基づく日本の温帯性緑化用苗木適用のための国土区分図試案
凡例：1；北東北～南北海道区域，2；宮城～南岩手区域，3；東福島～関東区域，4；北陸区域，5；関東・駿河南岸～山梨区域，6；中部山岳区域，7；紀伊・三河南岸区域，8；熊野・鈴鹿区域，9；中国～瀬戸内区域，10；東四国区域，11；西四国～北日向区域，12；対馬～筑紫区域，13；五島～長崎区域，14；中九州区域，15；天草～川内～甑(こしき)区域，16；南九州～種子島区域，17；屋久島区域，18；奄美区域
高山・亜高山植物はこの対象にはならない．隔離分布する植物は対象より除く．

に達していると言える．

　一方，河原や湿原，岩場などの特異的なハビタットに隔離して分布する植物，主に草本植物には，別の論理を採用すべきではないかと考えている．そのような隔離したハビタットでは，植物は小さな地域集団を構成している．寿命の短く世代交代が早い草本植物，自殖性の植物が，そのような隔離分布条件に置かれると，遺伝的浮動が生じやすい（第2章参照）．すなわち，遺伝的分化が生じやすく，場所によって植物の形態が異なることがしばしば見られる．そのような場合は，保存性の高いオルガネラDNAによって判断するのではなく，核DNAを検討し，遺伝的隔離が生じているかどうかを判断の基準に据えたほうがよい．それは，現在の種の分布状態を基礎にするMUの考え方と対応する．

　例えば，河原植物であるカワラノギクについて，相模川と多摩川および鬼怒川に生育する個体群の遺伝的関係が調べられている（Maki, 1996；15章も参照）．生物の生理反応を触媒する酵素の中には，同じ機能を持ちながらも，異なるタンパク組成を持つタイプのものがある．そのような現象を酵素多型と言い，そうした酵素をアロザイムという．アロザイムは核DNAに支配されるから，数種類のアロザイムについてタンパク組成を分析すれば，その個体の遺伝子組成の特徴を把握することができる．そうしたデータを集団当たり20個体程度サンプリングすれば，集団全体がどのような遺伝子組成を持っているか，さらには，他の集団とどの程度の遺伝的関係があるか解析することができる．「生物多様性保全のための緑化植物の取り扱い方に関する提言」（2002）では，遺伝子型の決定には，遺伝子座を15以上取り，その結果を解析して，Neiの遺伝的同一度が0.9以上であれば，二つの集団間で遺伝的交流があると認めるとしている．

　カワラノギクの例では，それぞれの川の流域内での遺伝的同一度はやはり高かった．また川どうしを比べると，地理的に離れた相模川と鬼怒川は，どの個体群をとっても遺伝的距離が遠かった．それに対して近接した相模川と多摩川では，個々の個体群どうしで近い遺伝的関係が見られた．すなわち，相模川・多摩川の集団は遺伝的隔離が十分生じていないのに対して，それらと鬼怒川の集団では遺伝的隔離が存在することを示す．よって，相模川・多摩川の集団を一つのMU，鬼怒川の集団は別のMUと認めることができる．

1.5 地域性をどのように把握するか

相模川と多摩川は距離的に近く，訪花昆虫が十分に行き来できるので，遺伝的交流は起きやすい．MUの地域の括りを判定するには，遺伝的手法のほか，河川の結合や分離など地史的な歴史性が判定の材料になる場合もある．また，形態はもちろん重視すべきであり，野生品種（フォルマ）レベルの安定した形質の特徴を，地域性の指標とすべきとする考え方がある（高田，私信）．

核DNAの変異を調べる方法で，現在，再現性が高く，よく使われる手法としては，アロザイム法のほかにAFLP法とマイクロサテライト法（SSR法）がある．AFLP法は，核DNA断片を増幅するのに特定のプライマーを要しないので，様々な種に応用可能な利点がある．SSR法は，マイクロサテライト領域という変異が大きい核DNAの特定領域を，プライマーによって取り出して分析する手法である．後者ほど遺伝子変異が大きく，個体どうしなどのより細かい関係の解析に適する（第3章参照）．

MUの考え方による苗木の地域性の検査は，ESUの考え方によるものに比べると少し問題がある．アロザイム法は集団の大まかな傾向を知るのには優れているが，特定の個体がその集団に含まれているかどうかを証明することができない．AFLP法は個体の判定が可能だが，帰属する側の集団の遺伝子型を網羅しておく必要がある．また植物の種類によっては，異なるMU間でも同じ遺伝子型を有する個体が存在する場合もあり，その場合はアロザイム法と同じような考え方になる．SSR法は個体の親子関係を調べるのには適しているが，集団への帰属を判定するには変異が大きすぎる場合が多い．また，種ごとにプライマーを設計する必要があり，多くの植物種に適用するには現状では実用的でない．そのため，MUの考え方による地域性苗木の遺伝学的検査手法として，万能の方法はまだない．

なお，分子遺伝学手法の詳細およびその進化学的成果については，本書第2章，第3章のほか，テキスト『森の分子生態学─遺伝子が語る森林のすがた』（種生物学会編，2001）などを参照されたい．

以上のことから，一般的な緑化樹木の場合はESUの考え方をとり，図1.8に示したような範囲で地域性を考えるのが適切であると考えられる．一方，河原や湿原の植物など，隔離環境をハビタットとする植物についてはMUの考え方をとり，水系など地形単位ごとの植物形態や遺伝子変異をあらかじめ調査し，その結果に応じて地域性を設定する必要があろう．

1.5.3 自然保護の地域制度と植物取り扱いに関する地域区分との関係

私たちは，緑化にあたって，証明可能な産地記載のある地域性種苗（1.7.3参照）の使用を勧めているが，「すべての地域では対応できないから，植物の地域性に必ず配慮しなくてはならない範囲を示してくれ」と言われることがある．例えば国立公園などは，その範囲として適当だろうか？

自然保護関係の法が指定する地域区分に従って，生物多様性への配慮も強めなければならないと考えるのは，人間社会の理屈として当然の主張であろう．しかしながら，現行の自然公園法や自然環境保全法による自然保護区の地域指定では，わが国の自然保護上重要な場所をカバーしきれていないのが実情であり，生物多様性保全のためには，体系立った地域計画を全国的に新たに定める必要がある．

自然保護上重要な場所には様々な考え方を取りうるが，ここでは環境省の生物多様性国土区分ごとに設定された，区域ごとの生物学的特性を示す重要な生態系をもとに考えてみる．396地域の重要地域が挙げられた2001年の案（環境省，2001）が最新であるが，自然公園との重複について検討された1997年の結果（環境庁，1997）を図に示す（**図1.9**）．この図でわかるように，重要地域の50％以上が何の自然保護区の指定も受けていない場所に存在していた．これは，自然保護区の指定の多くが原生的自然を対象に

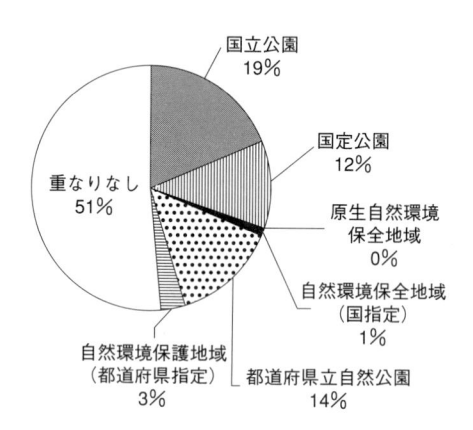

図1.9 生物多様性保全のための重要地域と自然保護指定地域の重複割合
（環境庁，1997より描く）

行われており，里山など人の関わりがある自然の多くが対象地域から抜け落ちているためである．

そのため，植物の利用にあたっては，系統保全地域に当たるのか，種保全地域に当たるのかを，事業ごとに判断していかなければならないというのが現状である．しかしそれでは，大量の種苗の供給に手間がかかる公共事業における対応は困難である．日本緑化工学会斜面緑化研究部会が作成したガイドライン（斜面緑化研究部会，2004）ではそのことを訴えている．あらかじめ植物の取り扱い方を想定した地域計画があれば，前もって適切な植物を準備しておくことができる．

では，既成の自然保護地域以外にどのようなものが検討の対象となるだろうか．環境省が示した重要地域情報はホームページに公開されており，検討対象として用いやすい（引用・参考文献の環境庁（1997）のURLを参照）．また，絶滅危惧種の密度も一つの指標になりうる．矢原（2002）は，保全上重要な場所，すなわちホットスポットを定量的に定めるために，植物レッドデータブックのデータを用いた短期的保全指数，長期的保全指数などの考え方を提示している．このようなデータや考え方を基礎に，植物取り扱いに関する地域区分（1.5.1参照）と整合した生物多様性保全地域計画が策定されることが，現実的な地域性種苗の利用を進めるうえで必要である．

1.6　生物多様性を向上させる緑地計画・設計はどうあるべきか

1.6.1　緑地の計画

先にも述べたように，植物の侵略性は，その種の特性だけではなく，環境の状態によっても大きく異なる．緑化を行う者にとっては，導入する植物に配慮することも大切であるが，被侵略性の低い緑地をどうつくるかということも，それ以上に大切である．

一般に，都市では人や物の動きが大きく，攪乱された環境が多いので，緑地に外来種が供給される可能性が高いと考えられる．そのため都市環境では，植被がない裸地空間をつくったり，攪乱環境を意図的に設計するのは望ましくない．外来植物の侵入する隙のない高密度の植生が望ましい．

空地や草本植生を意図的につくる場合は，その後の管理を厳重に行わなければならない．都市内の池沼や水域ビオトープなどの造成が進められる傾向があるが，水生植物群落や湿生植物群落は管理が十分でないと，外来種の繁殖地を提供する恐れがある．都市では集約的な管理が基本と考えたほうがよい．

一方，自然性の高い地域では，外来種が供給される可能性は一般に低い．そのような場所では，意図的に群落のギャップを形成するなどして，空間の多様性を持たせることによって，一般に生育・生息する生物の多様性は増加する．自然地域では外来種の持ち込みを避けることが基本になる．

その中間に当たる半自然地域では，場所によって緑化のしかたを検討しなくてはならない．道路周辺などのより都市的な環境では集約的な管理をすべきだろうし，より自然性の高い空間や日常的な管理が難しい空間では外来植物の持ち込みに配慮すべきであろう．

緑地の形では，境界線が複雑であったり小規模の緑地が分散配置されていたりして境界線が長い場合は，外来種の侵入が生じやすい．都市域では小規模な緑地の需要は大きいので，そのような緑地では除草などの管理を十分に行うことが必要である．

緑地と緑地を結ぶコリドー（回廊）は，一般に生物多様性保全の効果が高いと言われるが，境界部分が長いことから，外来種の影響を受けやすく，外来種を供給する低質のコリドーとして機能することもありうる．水生の外来植物は水系をコリドーとして分布を広げている．そのため，コリドーには侵略の可能性のある外来種の持ち込みは避けるべきである．また，管理は集約的にして，外来種の早期除去に努めなくてはならない．コリドーは都市域や農村域に設置されるのが普通であろうから，地域の市民とともに管理を行っていくのがよいだろう．

1.6.2　緑地の設計

一般に，オープンな環境であるほど外来種の侵略は生じやすい．そのため，外来種の多い地域でオープンな環境をつくるのは危険だ．最近，生物多様性を促進するために，河原に意図的に裸地をつくったりする場合があるが，周囲の外来種の供給可能性が高いと，その生育環境を提供すること

になる．そのため，そのような場所では，侵略的外来種の繁茂を阻止するために，継続的な除草などの手入れが必要になると考えたほうがよい．

　土地の性質によっても，侵略的外来種の繁茂のしやすさは異なる．一般的には，湿潤で富栄養な場所は，大形の外来種が繁茂しやすい．湿潤かつ富栄養な土地で，競合する植物の少ないオープンな環境が形成されれば，侵入した外来種は容易に繁茂してしまう．都市内で多自然化を目的として施工された河川では，そのような風景がしばしば見られる．

　外来種がより侵入しにくい里山環境でも，萌芽更新のための伐採作業などを行うと，富栄養な立地を中心に外来種が侵入する．特に道路から排水が流入するようなところでは，急速に外来種の侵入が進む．

　酸性かつ貧栄養の環境では，外来種の侵略的生育は少ない．一般に，富栄養条件で植物の成長速度は高まるため，侵略的性質はより促進される．都市化や湿原の乾燥化は，土壌の中性化・アルカリ化・富栄養化を促進する．そのような変化の中で，外来種の侵略はより進むようになる．

　以上のことから，生物多様性の豊かな緑地をつくるためには，まず周囲を含めて侵略的外来種の持ち込みを避ける必要がある．その前提のもとで，微地形や原植生など，土地の持つ潜在能力を見極めて，適切な設計を行う．様々な生態遷移ステージを適切に配し，土壌特性にも配慮して，富栄養化を避けることなどによって，多様な生物の生育・生息空間が形成される．

　生物多様性の豊かな空間の計画については『生態工学』（亀山章編，2002）などのテキストが別にあるので，詳細はそちらを参照されたい．特に管理の問題は重要であり，その実際については，本書第15章，第16章を参照いただきたい．

1.7　地域性種苗をどのように供給するか

1.7.1　種苗供給の現状

　1970年代の第一次環境ブームの際には，「郷土種」ということが盛んに言われた．すなわち緑化を行う場合には，施工対象地の周辺地域に自生している植物を用いようという発想である．1982年に当時の環境庁が出した「自然公園における法面緑化基準」によると，自然公園における植生の復元

は，周囲の自然植生にできるだけ近い植物群落にすることとし，緑化工事における使用植物は，「郷土植物」を用いると定められている．さらに，その導入方法は播種を主とする，となっている．そのような「郷土植物」や「郷土種」はどのように供給されてきたのだろうか．

政府の統計によると，年間に供給される農林種子2.5万トンのほとんどは，輸入によっている．法面緑化用に播種される牧草種子はほぼ100％輸入であり，「郷土種」と呼ばれてきたヤシャブシ，ハギ類，ヨモギ等も多くが輸入されていると考えられる．つまり，緑化用種子を注文すれば，ほとんど海外産だということである．これまで「郷土種」とされていたハギ類やヨモギに海外産の種子が混入しているのではないか，という疑いの声があったが，むしろ多くは海外産であった可能性が高い．

苗木には，輸入禁止である土壌が付着しているため，ほとんどが国内産である．しかし産地記載がないため，それが国内のどの地域の産であるか，検査して確認することは不可能である．したがって，「郷土種」を業者に注文しても，それが当該地域産である保証はない．当該地域産であることを保証しようとすれば，種子採取の段階から発注して，生産過程を監督しなくてはならない．公共工事では，そのようなことが行われることはきわめて少ない．「郷土種」緑化はたやすく見えるが，相当量の種苗を必要とする公共緑化工事では，たいへん難しいのである．

国内産種子が少なく，種苗の産地が不明確な理由は，以下のように考えられている．山野で植物の種子を採取しようとすれば，植物の生育地と結実季節の情報を把握する必要がある．すなわち，種子採取人には地域の植物に関する広い知識が要求される．また，木本植物では「なり年」現象があって，種子の豊作年は数年に一度というものも多い．こうした地域の植物を必要とする工事は，毎年，一定の量が発生するとは限らない．つまり，国内産種子というのは需要・供給ともに不安定であり，商売としては成り立ちにくいのである．

さらに，植物は成長する．苗として出荷を待っている間に成長して，適切なサイズを過ぎてしまい，ほかに有効活用できないから処分せざるを得ないこともある．その場合，生産にかけたコストはどこからも回収できない．地域でしか消費されない制約のある「郷土種」苗では，需要が少ない

ので，在庫処分の確率はより高くなる．種苗生産業者としては，そのようなリスクの高い植物の生産は当然避けることになる．

このような背景から，公共工事用の植物種苗の流通は広域化してきた．また，輸入禁止品である土を伴わない種子や球根は，人件費も地価も安い海外に産地を求めて移動していったのである．

産地が確かな国内産種苗の価格は，その手間（人件費）がかかることからたいへん高くなる．地域性苗木の生産コストは，通常ポット苗の3倍以上と言われる．例えば，スダジイ2年生苗木の生産コストは通常100円程度だが，種子の採取から苗木育成にかかる地域性種苗のコストは500円程度になる．種子の価格差はさらに大きく，通常のヨモギ種子の流通単価は1kg3,500円なのに対し，北海道十勝産が明らかなオオヨモギの場合1kg150,000円となっている（環境省自然保護局，2003）．海外産種子は安価なので，一般に価格差は20倍以上にもなる．従来と同じ予算と工期で，「郷土種」苗木植栽を発注しても，地元産の苗は手に入らないと考えたほうがよい．ましてや，単価の安い法面の種子吹付緑化では，「郷土種」と言っても海外産である可能性が高い．

1.7.2　侵略性のない種苗の供給

話が地域性種苗に及んだが，緑化用種苗で大事なことは，侵略性がなく，なおかつ緑化という目的と機能を十分に果たす多様な植物を供給することである．そのためには，必ずしもすべてが自国産の在来種である必要はない．都市緑化などでは，海外のすばらしい植物がわが国に今後ともますます導入されるだろう．問題となるのは，自然界に逸出して侵略性を発揮する種である．

治山緑化，法面緑化，さらに近年注目されている自然再生事業における緑化では，緑化空間は自然界と接している場合が多い．そのため，植物材料には十分配慮する必要がある．配慮すべき対象は外来種に限らない．例えば，クズは，かつて緑化材料として使われたことがあるが，著しく繁茂して周辺の植生に大きな影響を及ぼすことがよく知られており（第16章），現在では緑化材料として用いることはなくなっている．在来種であっても，環境によってはバランスを壊して繁茂することがあり，注意する必要がある．

植物の侵略を防ぐためには，事業対象地の性質をよく見極めたうえで，

適切な植物を選定することである．その考え方についてはすでに述べた．侵略性のない植物はたくさん流通しており，それらから選択するのは難しいことではない．これからはそのような目が技術者にも要求される．

1.7.3 地域性種苗の生産と供給（第6章参照）

近年，食品の安全性についての関心が高まり，食品の産地や加工経路がすべてわかるトレーサビリティ・システムが国ぐるみで整備されようとしている．ミクロなIT技術の進歩はそれを実現させる基礎になっている．緑化用の種苗についても，その原産地および生産地がわかるようなラベル付きのものにしようというのが私たちの提案である．それによって，用いようとしている種子や苗が国内産のものかどうか，同じ地域の系統かどうかが明らかになり，事業者・住民・利用者の合意のうえで，適切な材料を選ぶことができるようになる．そのような種苗を地域性種苗と呼ぶ（**図1.10**）．できればすべての苗がそうしたラベル付きの苗になるのが望ましい．

地域性種苗には，原産地を，市町村＋字名などで場所を明らかにして記載する．そのほか，生産地と生産農家，播種日，鉢替え日，実生由来か挿し木由来か等々の生産経緯の情報も記載する．地域性種苗の在庫や生産状況は，インターネットなどのネットワーク化された系を通じて把握できることが望ましい．これによって適切な緑化計画の検討と発注が可能になる．

種苗の確実な採種のためには，母樹園の整備は一つの方法である．ただし，その場合，できるだけ多数の個体が母樹として確保される必要がある．単一の母樹からでは，遺伝子構成が単純化してしまう．そのためには，母樹園に広大な用地を要するが，圃場のみならず，学校や公園の林をはじめ，国・県有林等，様々な林地も活用できるであろう．

地域性種苗とその供給業者については，検査が行われる必要がある．検査は，種苗の外部形態と遺伝子情報，および採取・繁殖・生産プロセスについて行う．このような事業を進める地域性種苗の認証団体が必要である．これは個別の業者で対応できる事柄ではないので，生産団体や行政の積極的な取り組みが不可欠である．

地域性種苗の普及にとって，信頼性の高い業者の育成は重要である（第8章参照）．植物学，生態学を専門的に学んだ種苗生産技術者を育成する必要

がある．また，多様な植物種苗の生産技術，活着率の高い苗の生産技術など，野生植物利用のための基礎的な技術の向上が望まれる．特に，注文量の不安定な地域性種苗の迅速かつ確実な供給のためには，種苗備蓄が必要で，種子の保存・休眠打破技術，苗木の急速育成技術，苗木の成長抑制管理技術が重要である．とりわけ，大量の種子を要する播種緑化のためには，効率のよい緑化手法などの工夫が必要である（第9章参照）．

1.7.4　委託生産（第7，14章参照）

　委託生産は地域性種苗を得る比較的確かな方法だが，発注を受け，採種・繁殖・育成を行うのに一般に数年を要する．委託生産で重要なことは，こうした時間をいかに確保するかという問題である．

　樹木では毎年結実しない樹種が多数あり，発芽に1年以上を要する樹種も多い．さらに，同じ地域性系統でも個体差があり，発芽までの年数を含め，多様な形質を内包している．一方，種子を採取できる結実期は限られている．そのような条件のもとで遺伝的多様性を確保しようとすれば，採種以前にも十分な資源調査がなされる必要がある．そのため，契約生産により良好な苗木を得るためには，現状の技術で最低5年程度を必要とする．

　この時間を確保するには，事業が数年にわたる計画性をもって進められることが不可欠である．このように数年にわたる事業の中では，従来，しばしば約束の不履行が生じ，生産者が損失をかぶるという事態があった．これを避けるためには，発注時にきちんとした契約を行う必要がある．また，植物の納品をもって支払いが行われるのではなく，採種，育苗，苗供給それぞれの時点で支払いがなされるなどの方策も検討されてよい（**図1.11**）．この方法だと，それぞれの段階で検査も同時に行われることになり，苗の信頼性を確保することにもつながる．

　種苗の供給に要する時間の短縮は，主な技術的課題である．例えば，多様な種子の長期貯蔵法を開発されれば，採種にかかる不安定さが解消される．クローンによる苗生産を多様な樹種で行うことができれば，生産の不安定さはかなり解消される．また，種子や挿し木によって，多様な樹種による緑化を行う工法が発達すれば，これも種苗供給時間の短縮につながる．ただし，これらの技術を適用する場合も，種内の遺伝的多様性を確保する

ことに配慮しなくてはならない（第5章参照）．

上記のようなシステムは，現状では未整備と言えよう．こうした状況の中で確かな地域性種苗を準備するためには，発注者が自ら生産を行うという方法がある．現に旧日本道路公団ではそのような施設を有し，苗生産を行ってきた（第7章参照）．過去には地方自治体が緑化樹生産を直営していた時代もあった．公共事業による緑化において，確かな地域性系統を準備するためには，こうしたシステムも必要かもしれない．

1.7.5　現場産資源の再利用

工事が行われる現場においてそこに産する植物の利用は，生物多様性保

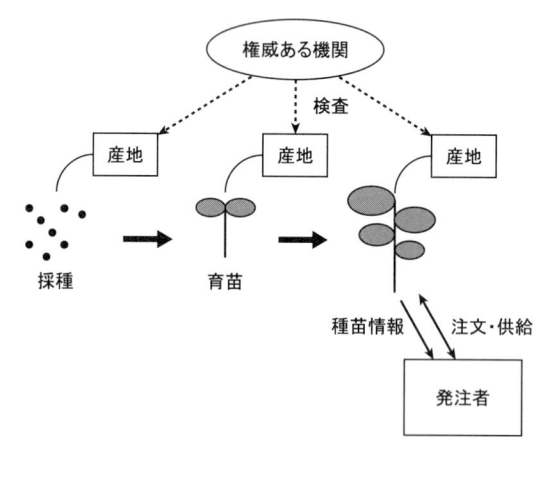

図1.10　地域性種苗の市場生産・供給過程
（日本緑化工学会，2001）

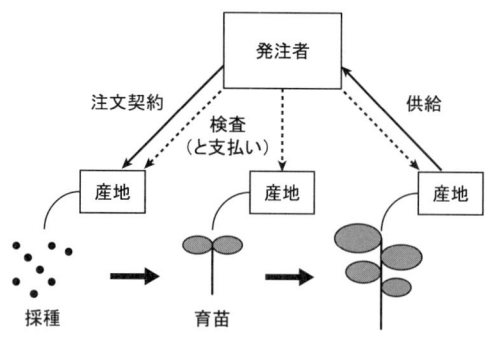

図1.11　地域性種苗の委託生産に基づく生産・供給過程
（日本緑化工学会，2001）

全にとって最も効果の高い方法である．そのような場合，大面積を要する苗の仮植え畑の手配や，必ずしも植物の季節に合わせて進まない工事のもとで，移植適期や種子採取適期を逃してしまうといったことが問題になる．そのため，事業や工事の進行に合わせて，植物採取，仮植え，植栽などの緑化工程をうまくプログラムすることが大切である．理想的には，緑化工程に合わせて全体の工事を計画できれば最もよい．大規模な仮植え用地を必要としない方法として根株移植などが一部で行われているが，このような手法をさらに研究する必要がある（第12，13章参照）．

また，植物の埋土種子は，いったん失われてしまった植物資源の再生方法として注目されているが，その実用的な利用技術については今後さらに研究される必要がある．これについては近年，様々な緑化分野で試みられているので，第二部で紹介する（第10，11，12章参照）．

1.7.6　野生植物資源の利用における倫理

地域性の植物を短期間に手やすく集めようとすると，繁殖や育苗の手間を省くために，山採りや山野草採取が横行する可能性がある（第4,5章参照）．間接的にでも，緑化によって野生植物資源の枯渇を招くようなことは，絶対にあってはならない．山採りにあたっては，地域の資源を保全するよう十分に配慮すべきである．種苗生産団体においては，業界の信頼性を高めるためにも，生物多様性保全に関する認識を高め，略奪的な山採りを許さない倫理観が望まれる．

一方，山林経営の側から言えば，よく配慮された計画的な山採りは，むしろ持続的経営の糧となるであろう．公有林の持続的な利用のために，例えば「資源保全利用林」などの制度が制定されて一定の条件のもとで植物採取を許すといった，新たな形の入会利用なども考えられてよいのではないだろうか．

1.7.7　その他の大切な点

現状の緑化用苗木は，苗の高さによって規格が決まっている．供給量が少ない地域性種苗では，そうした規格にとらわれすぎると，材料が十分に集まらない恐れがある．むしろ，苗木の健全性を重視しながら，多様な苗

木を利用できるのが望ましい形である．

　すでに述べたように，地域性種苗の生産には一定の時間を要する．施工段階で適切な材料を供給するためには，計画の段階から準備を開始しなければならない．緑地計画の重要性からも，生物多様性に関する知識豊富な緑化の専門家が，事業の調査・計画の段階から参加する必要がある（16章）．

　最後に，ユーザーの側も，ゆっくりとした自然の発達について理解していただきたい．そのためは，緑化地の外観ばかりでなく，その中身がどのような植物によって構成されているのか，つくる側からも積極的に情報を発信していく必要がある．そのようなコミュニケーションの存在が，外見だけでない，生物多様性豊かな緑地の形成を促すことになるのではないだろうか．

1.8　生物多様性緑化の基本指針8カ条

　生物多様性緑化の具体的あり方について，本章の要点を以下のようにまとめた．

　1) 地域在来の生物の多様性に配慮した緑化を行っていくうえで，侵略的外来種の問題は重要である．同時に，交雑による遺伝的攪乱，種内の遺伝的構造の攪乱についても配慮していく必要がある．

　2) 遺伝子構成の保護，系統保全，種保全，外来種管理といった各レベルの植物取扱基準と対応した，生物多様性保全地域計画を策定する必要がある．公共緑化事業の発注者は，その計画に従って総合的な生物多様性緑化を展開する．

　3) 生態的被侵略性を抑制し，生物多様性を向上させる緑地計画並びに設計を進めていく必要がある．外来植物の侵略可能性が高い地域では，緑地は集約的な管理を行う．もともと外来植物の少ない地域では，その導入を避ける．そのうえで，多様なハビタットを形成する体制を維持することによって，生物多様性豊かな生態系を形成あるいは保全する．

　4) 外来植物の分布拡大を監視するモニタリング網を整備し，植物の侵略性を判定するWRAモデルを，わが国の自然条件・社会条件に併せて，開発する必要がある．

5) 侵略的外来種に替わって，在来植物や侵略性のない外来植物を用いた代替緑化技術を開発する必要がある．

6) 地域性種苗の供給方法および供給体制を整備する必要があり，地域性種苗の保証のためには，その認証を行う第三者機関が必要である．

7) 地域性種苗の移動可能な範囲を判定するために，種内変異に関する研究をより進めるとともに，地域性を検査する方法を確立する必要がある．

8) 生物多様性保全の重要性とともに，ゆっくりとした生態系の発達を見守る姿勢について，国民の理解を図る必要がある．

本章は，日本緑化工学会（2002）「生物多様性保全のための緑化植物の取り扱い方に関する提言」を基礎に，その後の知見の充実・社会情勢の変化を受けて，大幅に加筆修正して作成したものである．「外来種」や「移入種」などの基本的な用語の位置付けが「提言」とは変わっているが，これは「外来生物法」制定過程における政府の用語位置付けの変更に従ったものである．本書を広く有効に活用いただくために，政府見解との統一を図った．「提言」原文については，日本緑化工学会誌27巻3号，あるいはウェブサイトhttp://wwwsoc.nii.ac.jp/jsrt/teigen.htmlを参照いただきたい．なお，津村義彦氏には貴重なコメントをいただいており，感謝申し上げたい．

引用・参考文献

Aoki, K., Suzuki, T., Hsu, T.-W. and Murakami, N. (2004) Phylogeography of the component species of broad-leaved evergreen forests in Japan, based on chloroplast DNA variation. *J. Plant Res.*, **117**: 77-94.

阿部智明・中野裕司・倉本宣（2004）中国産コマツナギを自生のコマツナギとして扱ってよいか，日本緑化工学会誌，**30**: 344-347．

天野誠（1998）絶滅のおそれのある野生植物，沼田真編，自然保護ハンドブック，朝倉書店，pp.126-136．

Elton, C. (1958) The Ecology of Invasions by Animals and Plants. Mehuen.（川那部浩哉・安部琢哉・大沢秀行訳（1988）「侵略の生態学」思索社）

Fujii, N., Tomaru, N., Okuyama, K., Koike, T., Mikami, T. and Ueda, K. (2002) Chloroplast DNA phylogeography of *Fagus crenata* (Fagaceae) in Japan. *Plant Syst. Evol.*, **232**: 21-33.

Fujii, N., Ueda, K., Watano, Y., and Shimizu, T. (1997) Intraspecific sequence variation of chloroplast DNA in *Pediculasis chamissonis* Steven (Scrophulariaceae) and geographic structuring of the Japanese "alpine" plants. *J. Plant Res.*, **110**: 196-207.

Fujii, N., Ueda, K., Watano, Y., and Shimizu, T. (1999) Further analysis of intraspecific sequence variation of chloroplast DNA in *Primula cuneifolia* Ledeb. (Primulaceae): Implications for biogeography of the Japanese alpine flora. *J. Plant Res.*, **112**: 87-95.

Giddens, A. (1999) Runaway World. Profile Books, Ltd..（佐和隆光訳（2001）「暴走する世界―グローバリゼーションは何をどう変えるか」ダイヤモンド社）

Gray, A. J., Marshal, D. F. and Raybould, A. F. (1991) A century of evolution of *Spartina anglica. Advances Ecol. Res.*, **21**: 1-62.

萩原信介（1977）ブナにみられる葉面積のクラインについて，種生物学研究，**1**: 39-51.

服部保（2002）照葉樹林の植物地理から森林保全を考える，種生物学会編，保全と復元の生物学―野生生物を救う科学的思考，文一総合出版，pp.203-222.

樋口広芳編（1996）保全生態学，東京大学出版会，264pp.

平川浩文・樋口広芳（1997）生物多様性の保全をどう理解するか，科学，**67**: 725-731.

Hobbs, R. J. and Humphries, S. E. (1995) An integrated approach to the ecology and management of plant invasions. *Conserv. Biol.*, **9**: 761-770.

Inoue, K. and Amano, M. (1986) Evolution of *Campanula punctata* Lam. in the Izu Islands: Changes of pollinators and evolution of breeding systems. *Plant Species Biol.*, **1**: 89-97.

Inoue, K. and Kawahara, T. (1990) Allozyme differentiation and genetic structure in the island and mainland Japanese populations of *Campanula punctata* (Campanulaceae). *Amer. J. Bot.*, **77**: 1440-1448.

亀山章編（2002）生態工学，朝倉書店，180pp.

環境庁（1997）生物多様性保全のための国土区分（試案）及び区域ごとの重要地域情報（試案）について，http://www.env.go.jp/press/press.php3?serial=2356.

環境省（2001）生物多様性保全のための国土区分ごとの重要地域情報（再整理）について，http://www.env.go.jp/press/press.php3?serial=2908.

環境省編（2002）新・生物多様性国家戦略―自然の保全と再生のための基本計画，ぎょうせい，328pp.

環境庁自然保護局監修（1982）自然公園における法面緑化基準の解説，（社）道路緑化保全協会，195pp.

環境省自然保護局（2003）自然環境復元のための緑化植物供給手法検討調査報告書，環境省，169pp.

Maki, M., Matsuda, M., and Inoue, K. (1996) Genetic diversity and hierarchical population structure of a rare autotetraploid plant, *Aster kantoensis* (Asteraceae). *Amer. J. Bot.*, **83**: 296-303.

Moritz, C. (1994) Applications of mitochondrial DNA analysis in conservation: a critical review. *Molecul. Ecol.*, **3**: 401-411.

日本生態学会（2002）外来種ハンドブック，地人書館，390pp.

日本造園学会生態工学研究委員会（2004）造園分野における外来種問題に関する緊急提言，ランドスケープ研究，**67**: 341-342.

日本緑化工学会（2002）生物多様性保全のための緑化植物の取り扱い方に関する提言，日本緑化工学会誌，**27**: 481-491.

Ohi, T., Wakabayashi, M., Wu S.-G. and Murata, J. (2003) Phylogeography of *Stachyurus praecox*

(Stachyuraceae) in the Japanese Archipelago based on chloroplast DNA haplotypes. *J. Jpn. Bot.*, **78**: 1-14.

Okaura, T. and Harada, K. (2002) Phylogeographical structure revealed by chloroplast DNA variation in Japanese beech (*Fagus crenata* Blume). *Heredity*, **88**: 322-329.

奥津慶一・倉本宣(1999)伊豆大島愛宕山へのスダジイ移植の検討のための遺伝的変異の解析，ランドスケープ研究, **62**: 533-538.

Pheloung, P. C., Williams, P. A. and Halloy, S. R. (1999) A weed risk assessment model for use as a biosecurity tool evaluating plant introductions. *J. Environ. Manage.*, **57**: 239-251.

Pullin, A. S. (2002) Conservation Biology. The Press Syndicate of The University of Cambridge (井田秀行・大窪久美子・倉本宣・夏原由博訳(2004)「保全生物学―生物多様性のための科学と実践」丸善)

リチャードB. プリマック・小堀洋美(1997)保全生物学のすすめ―生物多様性保全のためのニューサイエンス，文一総合出版，400pp.

Reichard, S. H. and Hamilton, C. W. (1997) Predicting invasions of woody plants introduced into North America. *Conserv. Ecol.*, **11**: 193-203.

Rejmanek, M. (2000) Invasive plants: approaches and predictions. *Aust. Ecol.*, **25**: 497-506.

Ryder, O. A. (1986) Species conservation and systematics: the dilemma of subspecies. *Trends Ecol. Evol.*, **1**: 9-10.

生物多様性条約第6回締約国会議(2002)生態系，生息地及び種を脅かす外来種の影響の予防，導入，影響緩和のための指針原則(環境省訳),(環境省編，新・生物多様性国家戦略―自然の保全と再生のための基本計画, pp.293-297).

斜面緑化研究部会(2004)のり面における自然回復緑化の基本的な考え方のとりまとめ，日本緑化工学会誌, **29**: 509-520.

Shea, N. and Chesson, P. (2002) Community ecology theory as a framework for biological invasions. *Trends Ecol. Evol.*, **17**: 170-176.

種生物学会編(2001)森の分子生態学―遺伝子が語る森林のすがた，文一総合出版，320pp.

戸丸信弘(2001)遺伝子の来た道：ブナ集団の歴史と遺伝的変異，種生物学会編，森の分子生態学―遺伝子が語る森林のすがた，文一総合出版, pp.86-109.

Tomaru N., Takahashi, M., Tsumura, Y., Takahashi, M. and Ohba, K. (1997) Intraspecific variation and phylogeographic patterns of *Fagus crenata* (Fagaceae) mitochondrial DNA. *Amer. J. Bot.*, **85**: 629-636.

矢原徹一(2002)絶滅リスク評価手法と考え方，種生物学会編，保全と復元の生物学―野生生物を救う科学的思考，文一総合出版, pp.59-94.

Waple, R. S. (1991) Pacific salmon, *Oncorhychus* spp., and the definition of 'species' under the endangered species act. *Mar. Fish. Rev.*, **53**: 11-22.

鷲谷いづみ・矢原徹一(1996)保全生態学入門―遺伝子から景観まで，文一総合出版，272pp.

Wittenberg, R. and Cock, M. J. W. (eds.) (2001) Invasive Alien Species: A Toolkit of Best Prevention and Management Policies. 228pp. CAB International.

コラム2　外来植物によって得られる便益評価の難しさ

　わが国の外来生物法では，すでに入ってしまっている外来生物の被害を防除するために，法規制の対象となる外来生物の定義を明治以降の導入まで遡っている．外来種導入規制の先進国であるオーストラリアやニュージーランドが，法施行以前に導入された生物は対象にしないことと比べて大きな違いがある．法施行以降の外来種規制であれば，予防原則によって，蔓延に至る前に規制していくという考え方はよく理解できる．役に立つこともあるかもしれないが，それには目をつぶり，危険な芽はあらかじめつみ取っておこうという考え方だ．

　しかし，過去に導入された生物を規制対象にしようとすると，人の立場によって大きな対立が生じる．過去に人為的に導入された生物には，それなりの導入した理由がある．少なくとも一定の人々には，何らかの形で今も役に立っているのが普通である．例えば，河原植生の嫌われものであるニセアカシアも，他の植物ではどうにもならない海岸の砂地や山地荒廃地のやせ地緑化樹種として，大きな役割を果たしてきた．そのような防災効果のみならず，蜜源植物として現在も役に立っている．そのような便益と生態系攪乱のリスクをどう天秤にかけるか，こういう観点は，わが国の外来生物法で新たに生じたものである．

　Pheloung *et al.*（1999）は，オーストラリアやニュージーランドで実際に用いられているWRAモデルと専門家の判定を比較し，自然保護論者はより多くの外来植物を導入規制したがるのに対し，農学者はより少ない植物を規制対象にしたがり，かつ有用性の認められる植物をその対象から外したがる傾向があることを報告している．便益のとらえ方には立場によって違いがあり，そのようなバランスを考慮したリスクモデルはどこにもない．WRAは判断の中立性が高いところに価値がある．実際の対策には，社会的・経済的影響を考慮する必要があるし，対象種が逸出—定着—拡散—急増—生態系への組み込みのどの段階にあるかを見極め，防除にかかるコストを考慮して政策的に決定する必要がある（黒川，私信）．

（小林達明）

第2章

緑化ガイドライン検討のための解説
── 植物の地理的な遺伝変異と形態形質変異との関連

津村義彦

2.1 はじめに

　地域在来の植物の特性を守ろうというとき，実際に目に見える形で表現される形態や生理的性質・生態的性質について検討するのがまず重要である．一方で，直接，目に見えるわけではない遺伝変異が，植物の種内変異解析の手法として近年よく用いられる．そのような遺伝変異を指標にして地域性を診断することは，果たして地域在来の植物を守ることにつながるのだろうか．

　植物の形態形質の変異の歴史は長く，古くはチャールズ・ダーウィンの研究までさかのぼることができる．また，形態形質の変異が遺伝的であるか否かも，同所的に植栽することによってある程度把握することができる．近年の分子遺伝学的な技術の進展により，DNAを用いた系統地理学的な研究が盛んに行われている．これらの研究により多くの新しい知見が蓄積され，種の遺伝的多様性，集団間分化，分布変遷などが現在の植物集団を用いて明らかになってきている．また，詳細な量的形質遺伝子座の解析により，地理的に生じた形態形質とその遺伝子との関連も一部で明らかになってきている．

　本章では，緑化用種子や苗木の採取源のガイドライン検討（第3章参照）の基礎として，地理的な遺伝変異の形成要因および阻害要因について，いくつかの事例を挙げて解説する．また，特定の形質の地理的勾配とその制御遺伝子の関係についても，最新の知見をもとに説明する．

表2.1 集団間の遺伝的分化程度（G_{ST}*）と種の特徴との関係

種の特徴	低い
分類群（裸子，双子葉，単子葉）	裸子植物
生活環（一年生，多年生，永年生）	永年生
地理的な範囲（局所的，狭い地域，地域的，広域的）	
地域的な分布（亜寒帯-温帯，温帯，亜熱帯，熱帯）	亜寒帯-温帯植物
交配様式（自殖，混合生殖，他殖）	他殖（風媒）
種子散布（重力，動物，破裂，風）	重力および動物付着散布
生殖様式（有性生殖，無性生殖）	
遷移（早期，中期，晩期）	晩期遷移

*G_{ST}は遺伝子分化係数で0～1の値を取り，0ならば完全に同じ集団で，1ならば全く異なる

2.2 遺伝的変異の創出要因と維持機構

　突然変異には一塩基が置き換わる点突然変異から，塩基配列の挿入および欠出，逆位，転座，置換，重複などがある．これらの突然変異率は一様でなく，また遺伝子をコードしている領域か否かでも異なっている．遺伝的変異は，これらの突然変異を長い時間をかけて集積した結果である．突然変異で生じたすべての変異が残るわけではなく，淘汰に対して中立な変異または淘汰に対して有利な突然変異が集団中に蓄積されていく．また，生育環境の違いによって受ける淘汰圧が異なると，集団の保有する遺伝子組成も変化していく．

2.3 地理的な遺伝変異とその形成要因

2.3.1 種および生態的特性による違い

　遺伝的分化はその種の生態的特性に密接に関係している．生態的特性とは繁殖様式（無性繁殖，有性繁殖），交配様式（他殖性，自殖性），種子散布様式（重力散布，風散布，動物散布など），花粉媒介者（風媒，動物媒），一世代の寿命などである．これまでの研究では，どのような生態特性を持った種が遺伝的分化を起こしやすいかが明らかになっている（表2.1，表2.2）．Hamrickら（1991）の総説によると，一般的には，温帯および熱帯植物で，

(Hamrick et al., 1991)

集団間の遺伝的分化程度	
	高い
	被子植物
	一年生
有意な違いはない	
	温帯および熱帯植物
	自殖
	重力散布
有意な違いはない	
	早期および中期遷移
集団であることを示す	

早期および中期の遷移で出現する一年生の被子植物で,自殖によって種子生産を行い重力散布によって種子を散布する植物種が,集団間分化を起こしやすい傾向がある.特に一年生の種は永年生の樹木に比べると集団間の多様性はほぼ4倍大きく,自殖による交配を行う種は,風媒で他殖の種と比較すると5倍も集団間の遺伝的分化が起こりやすい(**表2.2**).一般的には,一世代が短く自殖で種子を生産し,その種子が重力散布である種が最も遺伝的分化を起こしやすく,逆に一世代が長く風媒で他殖により種子生産を行い,その種子が羽根などを持ち遠くへ運ばれる種ほど遺伝的分化が起こりにくいことになる.

わが国の樹木の遺伝的多様性および分化が調査された種は15種で針葉樹が多く,広葉樹はブナ,ヤブツバキ,アオキと,いくつかの照葉樹林構成種などがある(**表2.3**).これまでに調査された樹木はすべてが風媒で他殖性の種であるため,集団が隔離分布しているハイマツ,オオシラビソと虫媒のヤブツバキを除くと,両性遺伝する核DNAレベルでの集団間分化の程度は小さい.しかしながら,母性遺伝するオルガネラDNAレベルでの集団

表2.2 集団間の遺伝的分化程度と交配様式と種子散布形態（Hamrick, 1989）

		種数	平均G_{ST}*
交配様式	自殖（一年生植物）	31	0.560
	自殖（多年生植物）	8	0.329
	混合生殖	48	0.243
	他殖（動物媒）	32	0.187
	他殖（風媒）	44	0.068
種子散布形態	重力散布	59	0.446
	動物散布（付着）	18	0.398
	動物散布（捕食）	14	0.332
	破裂	24	0.262
	羽根/羽毛	48	0.079

*G_{ST}は遺伝子分化係数で0〜1の値を取り,0ならば完全に同じ集団で,1ならば全く異なる集団であることを示す

表2.3 わが国で報告のある樹木の遺伝的多様性と集団間分化

対象ゲノム	分子マーカー	和名	学名	分析集団数
核	アロザイム	ハイマツ	*Pinus pumila*	18
	アロザイム	ゴヨウマツ	*Pinus parviflora*	16
	アロザイム	クロマツ	*Pinus thunbergii*	22
	アロザイム	エゾマツ	*Picea glehnu*	10
	アロザイム	オオシラビソ	*Abies mariesii*	11
	アロザイム	トドマツ	*Abies sachalinensis*	18
	アロザイム	カラマツ	*Larix kaemferi*	8
	アロザイム	スギ	*Cryptomeria japonica*	5
	アロザイム	スギ	*Cryptomeria japonica*	17
	アロザイム	ヒノキ	*Chamaecyparis obtusa*	6
	アロザイム	ヒノキ	*Chamaecyparis obtusa*	11
	アロザイム	ブナ	*Fagus crenata*	14
	アロザイム	ブナ	*Fagus crenata*	23
	アロザイム	ヤブツバキ	*Camellia japonica*	60
	CAPS	スギ	*Cryptomeria japonica*	11
葉緑体	RFLP	オオシラビソ	*Abies mariesii*	7
	塩基配列	ブナ	*Fagus crenata*	21
	塩基配列	ブナ	*Fagus crenata*	45
	塩基配列	バクチノキ	*Prunus zippeliana*	73個体
	塩基配列	コショウノキ	*Daphne kiusiana*	21個体
	塩基配列	ホルトノキ	*Elaeocarpus sylvestris* var. *ellipticus*	59個体
	塩基配列	キブシ	*Stachyurus praecox*	105個体
ミトコンドリア	RFLP	ゴヨウマツ	*Pinus parviflora*	15
	RFLP	オオシラビソ	*Abies mariesii*	7
	RFLP	ウラジロモミ	*Abies homolepis*	8
	RFLP	モミ	*Abies firma*	7
	RFLP	シラビソ	*Abies veitchii*	12
	RFLP	トドマツ	*Abies sachalinensis*	5
	RFLP	ブナ	*Fagus crenata*	17

* 遺伝子多様度は0から1までの値を取り、1に近づくほど遺伝的変異性が高いことを示す
** 遺伝子分化係数は0から1までの値を取り、0ならば遺伝的に全く分化していないことを、1ならば完全に分化していることを示す
*** 塩基多様度

間分化は大きい．例外の数種を除くと，ほとんどの種が核DNAで遺伝子分化係数（G_{ST}）が0.05以下なのに，オルガネラDNA（葉緑体DNAとミトコンドリアDNA）ではその4倍から19倍の遺伝的分化が起こっていることが明らかになっている．このように，両ゲノムでの評価を行わないと誤った結論を得る可能性がある．

2.3 地理的な遺伝変異とその形成要因

分析遺伝子座数または領域数	遺伝子多様度*(h)	遺伝子分化係数**(G_{ST}またはF_{ST})	文　献
19	0.271	0.170	Tani *et al.*, 1996
11	0.272	0.044	Tani *et al.*, 2003
14	0.259	0.073	宮田・生方, 1994
12	0.088	0.022	Wang & Nagasaka, 1997
22	0.054	0.144	Suyama *et al.*, 1997
4	0.157	0.015	Nagasaka *et al.*, 1997
7	0.169	0.042	Uchida *et al.*, 未発表
9	0.178	0.015	Tsumura & Ohba, 1992
12	0.196	0.040	Tomaru *et al.*, 1994
2	0.305	0.003	Shiraishi *et al.*, 1987
12	0.202	0.045	Uchida *et al.*, 1997
14	0.202	0.014	Takahashi *et al.*, 1994
11	0.187	0.038	Tomaru *et al.*, 1996
20	0.265	0.144	Wendel & Parks, 1985
14	0.281	0.047	Tsumura & Tomaru, 1999
1	0.443	0.102	Tsumura *et al.*, 1994
3	0.0022***	0.950	Okaura & Hrada, 2002
2	-	-	Fujii *et al.*, 2002
14	0.00084***	-	Aoki *et al.*, 2004
14	0.00027***	-	Aoki *et al.*, 2004
14	0.00031***	-	Aoki *et al.*, 2004
2	-	-	Ohi *et al.*, 2003
2	0.717	0.863	Tani *et al.*, 2003
2	0.000	0.000	Tsumura & Suyama, 1998
2	0.604	0.479	Tsumura & Suyama, 1998
2	0.741	0.859	Tsumura & Suyama, 1998
2	0.039	0.260	Tsumura & Suyama, 1998
2	0.292	0.198	Tsumura & Suyama, 1998
3	0.963	0.963	Tomaru *et al.*, 1998

　樹木のような集団間分化の小さな種では比較的狭い範囲内（例えば行政区単位）であれば，緑化の種子源として問題なく使用できるであろう．しかし，これ以外の前述した遺伝的分化の大きな自殖性，一年生の植物種は，狭い地域内の利用であっても遺伝的な調査を行うべきである．幸いなことに，これまでに緑化に用いられてきた在来種の多くは多年生または永年生

表2.4 緑化に用いられている在来種とその繁殖に関する特徴

和 名	学 名	世代サイクル	花粉媒介者
ヨモギ	*Artemisia princeps*	多年生	風
ススキ	*Miscanthus sinensis*	多年生	風
チガヤ	*Imperata cylindrica* var. *koenigii*	多年生	風
コマツナギ	*Indigofera pseudotinctoria*	多年生	虫
イタドリ	*Polygonum cuspidatum*	多年生	虫
ヤマハギ	*Lespedeza bicolor*	多年生	虫
メドハギ	*Lespedeza juncea*	多年生	虫
ヤマハンノキ	*Alnus hirsute* Turcz. var. *sibirica*	永年生	風
ヤシャブシ	*Alnus firma*	永年生	風
ヒメヤシャブシ	*Alnus pendula*	永年生	風
オオバヤシャブシ	*Alnus sieboldiana*	永年生	風
ブナ	*Fagus crenata*	永年生	風
コナラ	*Quercus serrata*	永年生	風
ミズナラ	*Quercus mongolica* var. *grosseserrata*	永年生	風
ケヤキ	*Zelkova serrata*	永年生	風
クロマツ	*Pinus thunbergii*	永年生	風
アカマツ	*Pinus densiflora*	永年生	風

であるため，集団間の遺伝的な分化は大きくないかもしれない．しかし，それらほとんどの種では自殖性なのか他殖性なのかは不明なものが多いため（**表2.4**），交配様式の調査が必要である．また，花粉媒介者が虫媒性である植物の例では，森林の断片化により遺伝的分化が促進されたという報告もあるため（Hamilton, 1999），たとえ近隣の集団であっても遺伝的には同質とは限らないので注意が必要である．

2.3.2 気候変動に伴う集団サイズの縮小または拡大

植物は長期的な気候変動とともに，その分布範囲を変化させてきている．特に過去の何度かの氷期を経験した植物は，分布を拡大または縮小させ，現在に至っている．ハイマツなどの北方由来の植物種は氷期にはその分布範囲を南部へ拡大し，温暖期には逆に高標高へ押し上げられて，現在では亜高山または高山に隔離分布している．また，南方由来の植物は，氷期にはその分布が九州，四国，紀伊半島などの温暖な地域に限られ，いわゆる逃避地（refugia）を形成していた．温暖期になり，ブナ，スギなどの植物種は北方へ分布を拡大していった．この際，本州中部にある中部山岳を避けるようにして，日本海側ルートと太平洋側ルートの二つの分布拡大経路が存在していたと考えられている．

交配様式	種子散布形式	繁殖様式	
?	重力散布	種子繁殖	
他殖性？	風散布	栄養繁殖, 種子繁殖	（アポミクシス？）
?	風散布	栄養繁殖, 種子繁殖	
?	重力散布	種子繁殖	
?	風散布	栄養繁殖, 種子繁殖	
?	重力散布	種子繁殖, 栄養繁殖	
?	重力散布	種子繁殖, 栄養繁殖	
?	風散布	種子繁殖	
?	風散布	種子繁殖	
?	風散布	種子繁殖	
?	風散布	種子繁殖	
他殖性	重力散布	種子繁殖	
他殖性	重力散布	種子繁殖	
他殖性	重力散布	種子繁殖	
他殖性	重力散布	種子繁殖	
他殖性	風散布	種子繁殖	
他殖性	風散布	種子繁殖	

このような気候変動により瓶首効果（bottleneck effect）が働き，集団サイズが縮小し，遺伝的多様性を減少させることがある．また，気候変動による分布の変遷で集団の遺伝子組成が変化し，元の集団との遺伝的分化が生じる．このように，偶然に遺伝子組成が変化することを遺伝的浮動（genetic drift）と呼ぶ．急速な分布拡大および縮小で遺伝的浮動が働き，集団間の遺伝的分化が促進されていき，地理的な遺伝的勾配（genetic cline）が形成されることになる．

ブナは最終氷期には西日本の限られた地域に逃避地を形成し，互いに隔離分布していたと考えられている（Tsukada, 1982）．最終氷期頃には北緯38度以南の海岸地域の冷温帯落葉樹林内に点在していた．温暖化に伴い日本海側などの地域で湿潤化し始めた約12000年前に急速に北進し，約9000年前には本州の北端に到達していた．また，同じ時期に太平洋側ルートでも北進している．このため，東北地域の日本海側と太平洋側のブナ林では，ミトコンドリアDNAと葉緑体DNAの両方のハプロタイプが異なっている（**図 2.1**; Tomaru *et al.*, 1998；Okaura & Harada, 2001；Fujii *et al.*, 2002, p. 37の**図 1.5**も参照）．

最終氷期以前からブナは分布の縮小および拡大を繰り返し，その際に遺伝的浮動を受けて集団間の遺伝的分化が促進されてきた．現在では隔離し

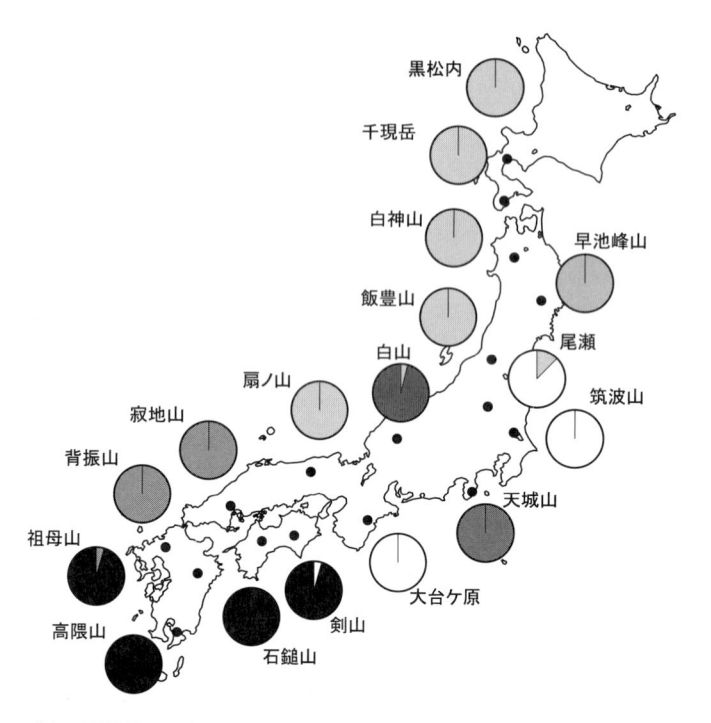

図2.1 ブナの天然林のミトコンドリアDNAのハプロタイプ（Tomaru *et al.*, 1998）
円グラフの中の同じ模様は同一のハプロタイプであることを示す．円グラフは，その地域で採取されたサンプルのうち同一ハプロタイプのものの割合を示す．北海道から中国地方東部にかけての日本海側のブナ林（日本海側集団）が，その他の地域（太平洋側集団）に比べて一様である．ハプロタイプを調べることで，地域ごとのブナの産地を識別できる．

た小集団しか存在しない太平洋側集団のほうが，主な分布域である日本海側集団よりも遺伝的多様性が高い．これは，オルガネラDNAの分化がそれぞれの種の氷河期の逃避地とその後の分布変遷とに密接な関連があることによる（Newton *et al.*, 1999; 津村, 2001）．すなわち，氷期またはそれ以前からの長い隔離分布は種の集団間分化を促進させるが，その後の急速な分布拡大では，ある一部の変異だけしか伝わらないため，比較的新しい集団では遺伝的変異性が低いことが多い．また，遺伝的分化程度も太平洋側の集団間で高く，日本海側の集団間では低くなっている．この例のように，ブナでは，気候変動とともに起きた集団の縮小化と遺伝的浮動により，遺

伝的変異に地理的な勾配が形成され集団間の遺伝的分化が生じている．

2.3.3 地理的隔離と遺伝子流動

　氷期に分布拡大を行った種は，温暖化に伴ってその分布範囲を北方へ後退させるか，高標高へと押し上げられていった．その結果，北方由来の植物種は亜高山または高山に取り残され，隔離分布することになる．これら高標高に隔離分布された集団間での遺伝子流動は極端に制限され，集団間の遺伝的分化はさらに促進されることになる．

　植物の遺伝子流動は，花粉または種子を通して行われる．風媒の植物ではかなり遠方まで花粉を飛ばすことができるため，集団間の遺伝的分化は他の動物媒の植物に比較すると小さいことが明らかになっている．また，種子の散布は重力，風，動物などによるが，花粉の散布距離と比べるとかなり小さい．そのため，母性遺伝のオルガネラDNAと両性遺伝の核DNAの両方で集団間の遺伝的分化を比較すると，種子の移動範囲が小さいことがよく理解できる（Tomaru et al., 1997, 1998）．

　隔離分布のよい例としてハイマツを挙げることができる．ハイマツの天然分布はロシアのバイカル湖周辺から日本までと広範囲にわたっている．ハイマツは氷期とともにわが国に分布拡大を行い，本州中部山岳の南部まで達している．その後の温暖期に北方および高標高へ押し戻された．その結果，本州および東北地域の高山に隔離分布することになった．酵素多型の分子マーカーであるアロザイムを用いた研究では，北海道集団の遺伝的多様性が最も高く，南限に当たる本州中部山岳地域で低いことが明らかになっている（Tani et al., 1996）．

　また，ハイマツ集団の遺伝的な類似性も地理的な位置関係とよく合っており，気候変動とともに分布域が動いたことをよく反映している．北海道内の集団間は遺伝的分化程度が大きく，これは北海道内で長い時間，隔離分布していたことを示している．一方，東北以南のハイマツ集団間の遺伝的分化程度は小さく，これは最終氷期に急激に分布拡大し，その後それらの集団内で多くの世代を経ていないことを示している．

　このように，隔離分布した集団間の遺伝的分化程度は隔離してからの時間に比例する．また，隔離分布した集団間で花粉または種子による遺伝子

流動があれば，遺伝的分化は起こらないか，低く保たれる．

2.3.4 浸透性交雑

近縁種どうしの交雑が地理的な遺伝的変異に影響を与えることが知られている．これは種分化が明瞭でなく，同所的に生育している近縁種間では，何世代もの間交雑が繰り返され，互いのゲノムが混じり合うことになる．この現象を浸透性交雑と呼ぶ（第1章1.2.5参照）．この場合，本来持っている遺伝的変異のほかに，近縁種から供給された新たな対立遺伝子を持つことになる．そのため遺伝的な変異性は高くなり，種の保有する本来の地理的遺伝変異は乱されることになる．

浸透性交雑は種の保有する遺伝的な地理的勾配を乱す要因として働く．その例として，コナラ属などでは頻繁に種間交雑を繰り返しているため，同所的に生育する異種どうしで同じ葉緑体DNAのハプロタイプを共有し，異所間の同種ではこのハプロタイプを共有しないという報告がある（Ferris *et al.*, 1993; Petit *et al.*, 1997）．これによると，同所の異種間ではしばしば交雑を繰り返した結果，異種間で同じハプロタイプを共有することになったとしている．

また，マツ属の浸透性交雑の例ではハッコウダゴヨウが挙げられる（Tani *et al.*, 1996）．ハッコウダゴヨウはハイマツとキタゴヨウの雑種で，同じ山

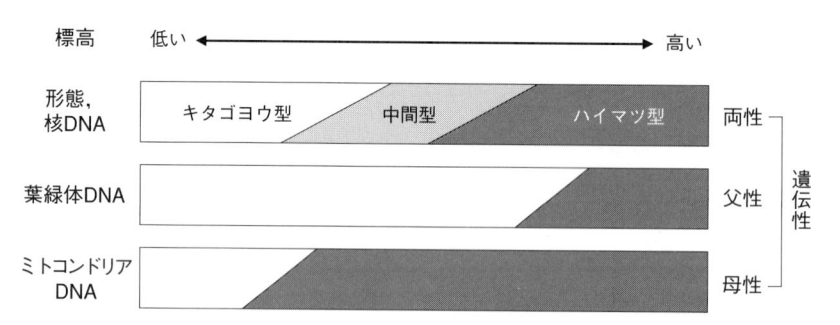

図2.2　谷川岳でのハイマツとキタゴヨウの浸透性交雑現象の概念図（綿野，2001）
遺伝性の違いにより浸透性交雑に違いがある．両性遺伝する核DNAだけが混ざり合い，父性遺伝する葉緑体DNAは標高の高いところまで浸透するが，母性遺伝するミトコンドリアDNAは種子での散布であるため，標高の高いところまでは浸透しない．しかし，山域によって浸透の程度が異なる．

域の両種の分布の中間地域に見られる．この雑種の葉緑体DNAはキタゴヨウから，ミトコンドリアDNAはハイマツから来ていることが明らかになっている（**図2.2**; 綿野，2001）．また，ハイマツと考えられている集団でも，葉緑体DNAがキタゴヨウのものと置き換わっている個体があることがわかっている．これは，マツ属の葉緑体DNAが父性遺伝で，ミトコンドリアDNAは母性遺伝，核DNAは両性遺伝と，遺伝の方向が異なるために，浸透性交雑を研究するのに適した材料であったためである．

ハッコウダゴヨウは1回の交雑で生じたF_1雑種だけでなく，様々な浸透レベルの雑種個体が存在している．このため，浸透性交雑を繰り返すことにより，形態的にはハイマツと認識される個体でもキタゴヨウの遺伝子を取り入れている場合がある（Watano *et al.*, 2004）．

このように，近縁種がお互いに交雑し雑種地帯を形成することにより，局所的に遺伝的勾配が形成され，分布域を広範に形成していた本来の地理的な遺伝的勾配が雑種のために乱される場合がある．

2.3.5 地理的な遺伝的変異を阻害するその他の要因

林業樹種または緑化対象樹種については，各地で造林および植栽が行われているため，これらの集団が成熟齢に達すると周辺の同種に遺伝的な影響を与え始める．これは花粉を飛散させ，同種の個体と交雑を行うのが主な原因である．この影響が広範囲にわたると，形成されている地理的な遺伝的勾配が乱されることになる．これと同様に，開発に伴う分布域の破壊によって，形成されている明瞭な遺伝的勾配が乱されることになる．

大規模な造林の例は，スギ，ヒノキ，カラマツなどの有用針葉樹であり，これら3種で人工林面積は約800万haになり，総人工林面積の約8割に当たる．特に戦後，大規模に拡大造林された林分では，樹齢が生殖齢に達し，多くの花粉を飛散し始めている．そのため，スギおよびヒノキでは花粉症が社会問題となっている．最も深刻な問題は，これらが有用樹種であるために多くの天然林が伐採されてしまい，現在ではこれら針葉樹天然林は山奥に小面積しか残っていないことである．そのわずかに残された天然林は長い時間をかけてそれぞれの環境に適応しており，様々な適応的な遺伝子を保有している可能性がある．しかしながら，人工林からの花粉流動で，次世

代の森林はこれらの適応的な遺伝子が攪乱され，将来的にはそれぞれの森林が蓄積してきた適応的な遺伝子群を崩壊させることにつながる可能性がある．

また，近年の林道整備などでも法面緑化に多くの植物種が使われている．当初はイネ科牧草などが多く使われたが，最近では在来植生の重要性が認識され始めたため，なるべく在来植生と同じ植物種を使う傾向にある．しかし，遺伝的な類似性などは考慮されず，同種でも外国のもの，または全く遺伝子組成の異なる集団が使われている．これらは同種であるため既存の集団と交雑を行い，将来的には在来種の遺伝的組成を攪乱し，針葉樹天然林と同様の運命をたどる可能性がある．

また，遺伝的組成の異なる人工林だけでなく，前節で説明した他種との交雑も同様に遺伝的勾配を乱す原因となる．

2.4　遺伝的変異と形態形質との関連

形態形質の地理的勾配に関する研究例は多く，マイヅルソウの葉形の地理的変異（Kawano *et al.* 1968），ブナの葉の大きさ（萩原，1977），ヨーロッパアカマツの日長周期に対応する成長速度の地理的勾配（Langlet, 1959）などがある．ブナの研究では，分布域全体からブナの葉を集め，日本列島全体にわたる顕著な地理的勾配の存在を示した．またヨーロッパアカマツでは，緯度で25度の差がある52地域で生育している集団をストックホルムで育てた結果，苗木の乾物重と産地の日長との関係に明瞭な地理的勾配が見出されている．

このように，形態形質の地理的変異については多くの報告があるが，遺伝的変異と併せての成果があるものは少ない．ブナでは南西の集団は葉のサイズが小さく，北東の集団ほどサイズが大きくなる傾向があるが（萩原，1977），この傾向は遺伝的な多様性の地理的勾配ともよく合った結果である（Tomaru *et al.*, 1997）．また，様々な地域のブナの天然林から収集した種子を同所的に生育させても，この葉サイズの地理的勾配は維持されるため，遺伝的な要因が強く働いていることは間違いないようである．さらに，ヨーロッパアカマツでも遺伝的多様性に地理的勾配が報告されており

(Sinclair et al., 1999; Garcia-Gil et al., 2003), 形態の地理的勾配の報告とよく合う結果である．しかしながら，これらの研究においては，形態の地理的勾配と遺伝子との直接的な関係はわかっていない．これは，成長および葉形質などの形態を制御しているのが複数の遺伝子であるため，簡単には検出できないからである．

　これらの検出のためには量的形質遺伝子座（Quantitative Trait Loci; QTL）の解析が必要になる．量的形質遺伝子座の解析には形質の異なる個体を両親とする交配家系が必要で，正確なQTLの解析にはF$_2$集団（孫集団）まで展開する必要がある．また，多くのDNAマーカーを用いた連鎖地図を作製した後，量的形質との関係を解析しなければならず，多くの時間と労力を要する仕事となる．この代表的な研究例は，ポプラの冬芽の形成時期と出芽時期のQTL解析である（Frewen et al., 2000）．冬芽の形成には三つの遺伝子が，冬芽の出芽には六つの遺伝子が関与していることが明らかになっている．また，冬芽の形成と出芽に関与していると思われる候補遺伝子として光周期認識シグナル（チトクローム遺伝子）などの五つの遺伝子をマップしたところ，そのうち二つの遺伝子が，冬芽形成と出芽に関係しているQTLと連鎖地図上の位置が一致したことが見出されている．また，同様の研究がマツ科のダグラスファーでも報告されている（Jermstad et al., 2001）．

　このような研究は野生植物では端緒についたばかりであるが，ゲノム研究および分子遺伝学の技術の進展により，近い将来には簡単に研究が行われるようになるであろう．

引用文献

Aoki, K., Suzuki, T., Hsu, T.-W. and Murakami, N. (2004) Phylogeography of the component species of broad-leaved evergreen forests in Japan, based on chloroplast DNA variation. *J. Plant Res.*, **117**: 77-94.

Ferris, C., R. P. Oliver, A. J. Davy, and G. M. Hewitt (1993) Native oak chloroplasts reveal an ancient divide across Europe. *Mol. Ecol.*, **2**: 337-344.

Frewen BE, Chen THH, Howe GT, Davis J, Rohde A, Boerjan W, Bradshaw HD (2000) Quantitative trait loci and candidate gene mapping of bud set and bud flush in *Populus*. *Genetics*, **154**: 837-845.

Fujii, N., Tamaru, N., Okuyama, K., Koike, T. and Ueda, K. (2002) Chloroplast DNA phylogeography of *Fagus crenata* (Fagaceae) in Japan. *Plant Syst. Evol.*, **232**: 21-33.

Garcia-Gil MR, Mikkonen, M., and Savolainen, O. (2003) Nucleotide diversity at two phytochrome loci along a latitudinal cline in *Pinus sylvestris*. *Mol. Ecol.*, **12**: 1195-1206.

萩原信介（1977）ブナにみられる葉面積のクラインについて，種生物学研究，**1**: 39-51.

Hamilton, M. B. (1999) Tropical tree gene flow and seed dispersal. *Nature*, **401**: 129-130.

Hamrick, J. L. and Godt, M. J. W. (1989) Allozyme diversity in plant species. *In*: Plant Population Genetics, Breeding, and Genetic Resources(eds. Brown, A. H. D., Clegg, M. T., Kahler, A. L. and Weir, B. S.)pp. 43-63, Sinauer Associates Inc., Sunderland, Massachusetts.

Hamrick, J. L., Godt, M. J. W., Murawski, D. A. and Loveless, H., D. (1991) Correlations between species traits and allozyme diversity: Implications for conservation biology. *In*: Genetics and Conservation of Rare Plants(eds. Falk, D.A. and Holsinger, K. E.)pp. 75-86, Oxford Univ. Press, New York.

Jermstad, K.D., Bassoni, D.L., Jech, K.S., Wheeler, N.C., and Neale, D.B. (2001) Mapping of quantitative trait loci controlling adaptive traits in coastal Douglas-fir. I. Timing of vegetative bud flush. *Theoretical and Applied Genetics*, **102**: 1142-1151.

Kawano, S., Ihara, M. and Suzuki, M. (1968) Biosystematic studies on Maianthemum (Liliaceae-Polygonatea), II. Geography and ecological life history. *Jpn. J Bot.*, **20**: 35-65.

Langlet, O. (1959) A cline or not a cline ? a question of Scots pine. *Silvae Genet.*, **8**: 13-22.

宮田増男・生方正俊（1994）クロマツ天然生林におけるアロザイム変異，日本林学会誌，**76**: 445-455.

Nagasaka, K., Wang, Z. M. and Tanaka, K. (1997) Genetic variation among natural *Abies sachalinensis* populations in relation to environmental gradients in Hokkaido, Japan. *Forest Genet.*, **4**: 43-50.

Newton, A. C., Allnutt, T. R., Gillies, A. C. M., Lowe, A. J. and Ennos, R. A. (1999) Molecular phylogeography, intraspecific variation and the conservation of tree species. *Trend Ecol. Evol.*, **14**: 140-145.

Ohi, T., Wakabayashi, M., Wu S.-G. and Murata, J. (2003) Phylogeography of *Stachyurus praecox* (Stachyuraceae) in the Japanese Archipelago based on chloroplast DNA haplotypes. *J. Jpn. Bot.*, **78**: 1-14.

Okaura, T. and Harada, K. (2002) Phylogeographical structure revealed by chloroplast DNA variation in Japanese beech (*Fagus crenata* Blume). *Heredity*, **88**: 322-329.

Petit, R.J., Pineau, E., Demesure, B., Bacilieri, R., Ducousso, A. and Kremer, A. (1997) Chloroplast DNA footprints of postglacial recolonization by oaks. *Proc. Natl. Acad. Sci. USA*, **94**: 9996-10001

Shiraishi, S. Kaminaka, H. and Ohyama, N. (1987) Genetic variation and differentiation recognized at two allozyme loci in hinoki (*Chamaecyparis obtusa*). *J. Jpn. For. Soc.*, **69**: 88-93.

Sinclair, W. T., Morman, J. D., Ennos, R. A. (1999) The postglacial history of Scots pine (*Pinus sylvestris* L.) in western Europe: evidence from mitochondrial DNA variation. *Mol. Ecol.*, **8**: 83-88.

Suyama, Y., Tsumura, Y. and Ohba, K. (1997) A cline of allozyme variation in *Abies mariesii*.

J. Plant Res., **110**: 219-226.

Takahashi, M. Tsumura, Y., Nakamura, T., Uchida, K. and Ohba, K.(1994) Allozyme variation of Fagus crenata in northeastern Japan. *Can. J. For. Res.*, **24**: 1071-1074.

Tani, N., Maruyama, K., Tomaru, N., Uchida, K., Araki, M., Tsumura, Y., Yoshimaru, H. and Ohba, K.(2003) Genetic diversity of nuclear and mitochondrial genomes in *Pinus parviflora* Sieb. & Zucc.(Pinaceae) populations. *Heredity*, **91**: 510-518.

Tani, N., Tomaru, N., Araki, M. and Ohba, K. (1996) Genetic diversity and differentiation in populations of Japanese stone pine (*Pinus pumila*) in Japan. *Can. J. For. Res.*, **26**: 1454-1462.

Tomaru, N., Mitsutsugi, T., Takahashi, M., Tsumura, Y., Uchida, K., and Ohba, K. (1997) Genetic diversity in Japanese beech, *Fagus crenata*: influence of the distributional shift during the late-Quaternary. *Heredity*, **78**: 241-251.

Tomaru, N., Tsumura, Y. and Ohba, K. (1994) Genetic variation and population differentiation in natural populations of *Cryptomeria japonica*. *Plant Species Biol.*, **9**: 191-199.

Tomaru, N., Takahashi, M., Tsumura, Y., and Ohba, K. (1998) Intraspecific variation and phylogeographic patterns of *Fagus crenata* (Fagaceae) mitochondrial DNA. *Am. J. Bot.*, **85**: 629-636.

Tsukada, M. (1982) Late-Quaternary development of the Fagus forest in the Japanese archipelago. *Japanese Journal of Ecology*, **32**: 113-118.

Tsumura, Y., Taguchi, H., Suyama,Y. and Ohba, K. (1994) Geographical cline of chloroplast DNA variation in *Abies mariesii*. *Theor. Appl. Genet.*, **89**: 922-926.

Tsumura, Y. and Ohba, K. (1992) Allozyme variation of five natural populations of *Cryptomeria japonica* in western Japan. *Jpn. J. Genet.*, **67**: 299-308.

Tsumura, Y. and Suyama, Y. (1998) Differentiation of mitochondrial DNA polymorphisms in populations of five Japanese *Abies*. *Evolution*, **52**: 1031-1042.

Tsumura, Y. and Tomaru, N. (1999) Genetic diversity of *Cryptomeria japonica* using co-dominant DNA markers based on Sequenced-Tagged Site. *Theor. Appl. Genet.*, **98**: 396-404.

津村義彦（2001）集団遺伝学知見から考えられるわが国の針葉樹の分布変遷，植生史研究，**10**: 3-16.

Uchida, K., Tomaru, N., Tomaru, C., Yamamoto, C., and Ohba, K. (1997) Allozyme variation in natural populations of hinoki, *Chamaecyparis obtusa* (Sieb. et Zucc.) Endl. and its comparison with the plus-tree selected from artificial stands. *Breed. Sci.*, **47**: 7-14.

Wang, Z. M. and Nagasaka, K. (1997) Allozyme variatiopn in natural populations of *Picea glehnii* in Hokkaido, Japan. *Heredity*, **78**: 470-475.

綿野泰行（2001）種を超えた遺伝子の流れ：オルガネラDNAの遺伝子浸透，種生物学会編集，森の分子生態学－遺伝子が語る森林のすがた，文一総合出版，pp.111-138.

Watano, Y., Kanai, A. and Tani, N. (2004) Genetic structure of hybrid zones between *Pinus pumila* and *P. parviflora* var. *pentaphylla* (Pinaceae) reveled by molecular hybrid index analysis. *Am. J. Bot.*, **91**: 65-72.

Wendel, J. F. and Parks, C. R. (1985) Genetic Diversity and population structure in *Camellia japonica* L. (Theaceae). *Am. J. Bot.*, **72**: 52-65.

第二部

生物多様性緑化の実践事例

第3章

遺伝的データを用いた緑化のガイドラインとそれに基づく三宅島の緑化計画

津村義彦・岩田洋佳

3.1 はじめに

　斜面崩壊の防止，裸地の緑化および災害地に起こる二次災害の防止手段として，これまで多くの緑化事業が行われてきた．その際に用いられる植物種は，主に外来の植物種であることが多かった（鷲谷，2002; 佐々木，2002）．現在では生物多様性保全の意識の高まりにより，緑化にはその地域の在来種で，しかも遺伝的に近い集団に由来する種子を使う試みが行われようとしている．これは，同種であっても遺伝的に遠い集団では，それぞれの環境に適応した遺伝子を保有している可能性が高く，集団間の遺伝的な関係を無視すると，緑化する地域に適応しない遺伝子を既存の集団に持ち込む可能性があるためである（Millar & Libby, 1989, 1991; Montalvo et al., 1997; Lesica & Allendorf, 1999）．その結果，既存集団への影響だけでなく，それを取り巻く生態系の攪乱も危惧されることになる．

　遺伝的変異性を考慮した緑化への取り組みは世界的に見てもあまり例がないが，三宅島では集団遺伝学的解析結果をもとに治山緑化が行われようとしている．今後，このような大規模な治山事業の一環として行われる緑化では，遺伝的な調査の必要性が重視されることになると思われる．日本緑化工学会の「生物多様性保全のための緑化植物の取り扱い方に関する提言」の中でも「遺伝子情報は進化の長い歴史の過程で獲得されてきたかけがえのない自然界の遺産であり，遺伝子攪乱は遺伝子の学術的価値と資源的価値を消失させるものであることに配慮しなければならない．」として，遺伝的多様性および集団の遺伝的分化情報の必要性が述べられている（日本緑化工学会, 2002）．

第3章 遺伝的データを用いた緑化のガイドラインとそれに基づく三宅島の緑化計画

本章では，遺伝的攪乱の少ない緑化のための遺伝的な調査方法，およびこれまでに行われてきた遺伝的攪乱の少ない緑化の事例から，遺伝的データを考慮した緑化のガイドラインを示す．そして，これに基づき進められようとしている三宅島の災害地における緑化の事例について紹介する．

3.2 遺伝的攪乱の少ない種子源の探索方法

植物には一般に，母性遺伝するオルガネラDNA（葉緑体DNAとミトコンドリアDNA）と両性遺伝する核DNAが存在する．これら両方のゲノムの変異を調べることにより，より正確に集団間の遺伝的分化を把握することができる．なぜなら，遺伝的情報は，両性遺伝する核DNAでは花粉および種子の両方を通して次世代に伝わるが，母性遺伝するオルガネラDNAでは種子を通してしか伝わらないからである．一般に，花粉に比較すると種子の拡散範囲は限られるので，オルガネラDNAでは遺伝的分化をより明瞭に示す可能性が高い（McCauley, 1995; Hu & Ennos, 1999）．このように，植物種の遺伝的変異性を把握したい場合は，核DNAとオルガネラDNAの両方で評価すべきである．オルガネラDNAの変異性を調べる場合は，ミトコンドリアDNAに比べ塩基配列情報が多い葉緑体DNAのほうが分析が容易である．

実際に核ゲノムを調査する場合は，遺伝的情報の蓄積のない種ではアロ

表3.1 遺伝的多様性および地理的な遺伝構造を研究するための分析手法と特徴

分析対象ゲノム	手法	優性/共優性*	開発の難易	多型性
核DNA	アロザイム	共優性	易	中
	RFLP	共優性	難	中
	SSR	共優性	難	高
	RAPD	優性	易	高
	ISSR	優性	易	高
	AFLP	優性	中	高
	シークエンス	共優性	中	高
葉緑体DNA	RFLP	-	易	低
	SSR	-	易	中
	シークエンス	-	易	中
ミトコンドリアDNA	RFLP	-	易	低
	シークエンス	-	易	低

＊ 共優性はホモとヘテロを区別できる，優性は区別できない

3.2 遺伝的攪乱の少ない種子源の探索方法

ザイム分析（津村，2001）がよいであろう（第1章1.5.2も参照）．なぜなら，アロザイムはそのほとんどが共優性遺伝マーカーで，アロザイムの所在と遺伝子座数および遺伝様式が明らかになっているため，遺伝性を調査することなく利用できるからである．また，優性遺伝マーカーではあるがゲノム全体をランダムかつ高効率に調べるAFLP法（Amplified Fragment Length Polymorphism, Vos *et al.*, 1995）も，集団間の遺伝的関係を調査する場合に有効である（**表3.1**）．

なお，倍数性の植物種では，アロザイムの電気泳動パターンが複雑になり解読できない場合がある．このような場合に，AFLP法によるバンドパターンの類似性から，どの集団が目的の集団に遺伝的に最も近縁であるかを調べることもできる．しかし，この場合には，集団遺伝学での遺伝的距離や遺伝的分化，移住率などの各種パラメータの正確な算出は難しい．核ゲノムを調査することにより，集団間の遺伝的な違いが遺伝子分化係数（G_{ST}；G_{ST}は0〜1の値を取り，0ならば完全に遺伝的に同じ集団で，1ならば全く異なる集団であることを示す．Nei, 1973）として算出される．針葉樹のような風媒で永年生の植物ではその平均値は0.068と低い値を示すが，一年生の草本では0.357と高い値を示す（Hamrick & Godt, 1989）．このように，核DNAゲノムの分析は，集団間の遺伝的分化の相対的な違いが明らかにできるため，種子源の探索に有効な指標となる．

特徴
遺伝的背景が明瞭，遺伝子座数に制限あり
DNAライブラリーが必要
塩基配列情報が必要
安定性に問題あり
使えるプライマー数に制限あり
優性遺伝マーカーであるが，使用できる遺伝子座数は無制限
2倍体以上の植物種だとクローニングの必要あり
PCRベースで簡便に利用可
PCRベースで簡便に利用可
PCRベースで簡便に利用可
PCRベースで簡便に利用可
PCRベースで簡便に利用可

次に，オルガネラDNAの分析には，塩基配列情報が多い葉緑体DNA（Shinozaki *et al*., 1986; Soltis *et al*., 1992）の遺伝子間領域をPCR（Polymerase Chain Reaction）で増幅し，塩基配列を読み取り，種内および集団間の変異性を調査する．種子植物の葉緑体DNAはそのゲノムサイズが120〜170kbpで環状であり，これまで十数の植物種で全塩基配列の解読が行われてきた．このゲノムには光合成関連をはじめとする100個ほどの遺伝子がコードされており，これら遺伝子と遺伝子の間の領域が種内の集団間の違いを調べるのによく用いられている．検出された異なる塩基配列をそれぞれ異なるタイプとし，遺伝的多様性および集団間分化の程度を推定する．

一般に，被子植物は母性遺伝するため集団間の遺伝的分化が強く出るが，針葉樹では父性遺伝するために，分化の程度は母性遺伝の種に比較すると大きくない（Neale *et al*., 1989; Mogensen, 1996）．オルガネラDNAでは種内多型が見られる領域が限られるため，種によっては変異が見られないものも存在する．

3.3 分子マーカーを用いた遺伝構造の評価結果の応用

近年，米国では，社会の価値観の変化や生態学的な知見の進展から，在来種（native species）を緑化事業に利用する試みが進められている（Richartds *et al*., 1998）．在来種を緑化に用いる場合には，緑化に用いる種子の採種地の選択は，不用意な遺伝的攪乱を防ぐためにも，慎重に行わなければならない（Millar & Libby, 1989, 1991; Montalvo *et al*., 1997; Lesica & Allendorf, 1999）．不適切な種子源の選択は様々な問題を引き起こす．短期的には，緑化のために導入された個体が導入環境に適応できない場合が考えられる．長期的には，導入された集団から周辺に存在する同種の集団に対して遺伝子の流動が起こることにより，導入集団に保持されていた非適応的な遺伝子が周辺集団に広まったり，周辺集団に保持されていた適応的な遺伝子が遺伝的浮動により消失したりする危険性がある．

このような不用意な遺伝的攪乱を防ぐための一つの方法として，集団間に存在する遺伝構造を分子マーカーや表現形質などを用いて推測し，それに基づき種子源を選択するという方法も考えられる．このような方法は，

不用意な遺伝的攪乱を防ぐための有効な手段だと考えられるが，現在のところ試みられた例は数少ない．

Knapp & Rice（1996）は，在来種を利用した緑化に用いられる自殖性の多年生イネ科草本 *Elymus glaucus* について，米国西海岸（ワシントン州，オレゴン州，カリフォルニア州）からの20集団についてアロザイム分析を行った．その結果，集団間に強い遺伝的分化（$F_{st}=0.549$）が見られ，集団内の分集団間にも分化が見られた（$F_{st}=0.124$）．このことから，主に他殖性の針葉樹のために策定された種子配布範囲（seed zone）は，*Elymus glaucus* には大きすぎて適さないとした．また，Knapp & Rice（1998）は，「在来種」を利用した緑化に用いられる他殖性の多年生イネ科草本 *Nassella pulchra* について，米国カリフォルニア州の10集団についてアロザイム分析と，草丈などの量的形質を調べて評価を行った．この研究では，後述するように，適応的な遺伝子の分化パターンを予測するには，アロザイムより量的形質を用いたほうがよいと結論された．

3.4 分子マーカーによる評価を遺伝的分化の指標とすることの是非

適応的な形質を実測するのは多くの場合，容易ではない．例えば，適応性は平常の環境では顕在化せず，時に起こる劣悪な環境下（干ばつ，洪水，高温または低温，病気の発生）でのみ顕在化する可能性がある（Lesica & Allendorf, 1999）．病害抵抗性などでは，抵抗性の遺伝子は，抵抗性物質を生産するためのコストのために，発病のない通常時には非抵抗性のものに比べてむしろ適応度が下がるということも考えられる．また，形態などの量的形質を指標とする場合にも，量的形質変異のうち遺伝的な変異に基づくものを抽出するためには，同一の環境で生育した個体を計測する必要があり，その評価には時間や手間がかかる．

一方，分子マーカーによる評価は，適応的な形質や量的形質の評価が難しいような状況においても適用できることが多い．また，分子マーカーに基づく研究は，その迅速性から，緑化事業の事前調査として行うことも可能である．このことは，集団間の地理的な近さから遺伝的な近さを推測す

るのではなく，経験的に遺伝的な近さを求めることを可能とする．実際，地理的な近さは必ずしも遺伝的な近さに結びつかないことが示されており（Gustafson et al., 1999; Iwata et al., 2005a, 2005b），実際に採種を予定している集団について分子マーカーに基づく事前調査を行うことは，不用意な遺伝的攪乱を防ぐためにきわめて有効な手段となりうると考えられる．

　分子マーカーは，一部の例外的な事象を除いて自然選択に対して中立的であり，その分化のパターンは過去の分布域の拡大・縮小時における変遷や，それに伴う遺伝的浮動による影響を反映していると考えられる．一方，適応的な形質やそれを支配する遺伝子では，それらの因子に加えて自然選択が，現在の分化のパターンに影響していると考えられる．したがって，中立的な分子マーカーで観察される分化のパターンは，必ずしも適応的な遺伝子の分化パターンを反映していない場合がある．

　Karhu et al.（1996）は，ヨーロッパアカマツ（Pinus sylvestris）について，フィンランドに分布する11集団を用いて，アロザイム，RFLP，RAPD，マイクロサテライトなど各種の分子マーカーに見られる変異の評価を行った．彼らは，分子マーカーの調査とともに，11集団のうち生育地の緯度が大きく異なる4集団を抽出し，これら四つの各集団から採種した種子を同一の環境に播種し，播種から1年目の冬芽形成までの経過日数を計測した．その結果，冬芽形成までの日数は集団間に有意な違いが見られ，生育に適した期間が短いと考えられる北方集団において短く，南方集団では長かった．一方，分子マーカーでは，集団内の多型性は高いが，集団間の分化は小さかった（遺伝子分化係数G_{ST}=0.02）．このことから，彼らは，中立的な分子マーカーに見られる遺伝的分化のパターンは，適応的な形質における分化のパターンをよく反映していないと結論づけた．

　Knapp & Rice（1998）は，在来種を利用した緑化に用いられている多年生イネ科草本 Nassella pulchra について，米国カリフォルニア州に分布する10集団を用いて，それらのアロザイム分析により集団間の遺伝的分化程度を評価するとともに，草丈，稈長（かんちょう），葉形，種子重などの量的形質における集団間変異を評価した．その結果，アロザイムおよび量的形質のいずれにおいても，集団間に大きな変異が見られたが，その分化のパターンは両者で異なっていた．このうち，量的形質に見られるパターンは，各地域の気候

3.4 分子マーカーによる評価を遺伝的分化の指標とすることの是非

条件のパターンによく一致しており，このことから，局所的な環境に適応しているような遺伝子の評価には，量的形質のほうが指標として優れており，中立的なアロザイムに見られる変異のパターンは，種子の配布範囲の策定の指標としてはあまり有用でないと結論づけた．

ReedとFrankham（2001）は，これまでの71研究例を用いてメタ分析（meta-analysis）を行った結果，分子マーカーと量的形質における変異の間の連関は弱く（$r=0.217$），特に，生活史形質（life history trait）では有意な相関が見られない（$r=-0.11$）ことを示した．このことから，分子マーカーに見られるパターンは，適応的な進化過程や自然選択によって生じた集団間分化を正確に反映しないとした．

しかし一方で，Merilä & Crnokrak（2001）は，これまでの18研究例を用いて，中立的な分子マーカーと量的形質に見られる遺伝的分化程度を比較し，中立マーカーと量的形質の分化程度の間には，高い相関（アロザイム $r=0.81$，マイクロサテライト $r=0.87$）が見られたことから，量的形質を支配している遺伝子座における分化程度は，中立的な分子マーカーに見られる分化程度により効率よく予測できると結論づけた．また，量的形質に見られる分化は，中立的な分子マーカーに見られる分化より大きい場合がほとんどであり，このことは，自然選択が量的形質の分化に顕著な影響を与えている結果であると考えた．

このように，中立的な分子マーカーにおける分化のパターンから，適応的な遺伝子の分化程度を予測することの是非については，現在様々な議論がある．したがって，中立的な分子マーカーの分化パターンのみから採種源を選定するのではなく，気候条件などの他の要因を含めて総合的に種子源を選定する必要がある．なお，局所環境への適応に関連する遺伝子では，中立的な遺伝子に比べて遺伝的分化程度が大きくなることが予想される（Lewontin & Krakauer, 1973; Merilä & Crnokrak, 2001）．したがって，「中立マーカーにおいて分化が見られる集団は，適応的な遺伝子においてはより大きく分化している可能性があるため，緑化の種子源として用いるべきではない」という考え方は正当化されるかもしれない．

ただし，これについてHedrick（1999）は逆の可能性を示している．すなわち，マイクロサテライトのような多型性の高いマーカーを用いると，生

物学的にはほとんど影響を及ぼさないような，微細な遺伝子頻度の変動も検出される場合がある．言い換えると，分子マーカーでは統計的に有意な分化が検出されないのに，生物学的に重要な形質での分化があるような，いわゆる偽陰性（false negative）の場合だけでなく，分子マーカーでは統計的に有意な分化が検出されるのに，生物学的に重要な形質での分化がない偽陽性（false positive）の場合もあると考えられる（Hedrick, 2001）．今後は，分子マーカーが検出可能な遺伝的な変動の大きさを明らかにし，その大きさの変動が生物学的にはどの程度の影響をもたらすのかを明らかにしていく必要がある．

3.5　三宅島の治山緑化のための種子源の探索と緑化計画

　三宅島は2000年7月の噴火後，大量に噴出した火山灰ならびに現在も噴出が続く火山ガスにより，島の多くの地域の植生が被害を受けている（図3.1）．筆者らは，被害地域の緑化のために火山被害に比較的強いハチジョウイタドリ，ハチジョウススキ，オオバヤシャブシの3種について，伊豆諸島および伊豆半島の各集団内の遺伝的多様性ならびに集団間の遺伝的分化を調査している（図3.2）．そして，この調査結果から三宅島の植物集団に遺伝的に最も近縁で同じ程度の多様性を持った集団を，採取候補地として選び出

図3.1　三宅島で，噴火後も生存しているハチジョウイタドリの材料採取の様子（2002年7月）

3.5 三宅島の治山緑化のための種子源の探索と緑化計画

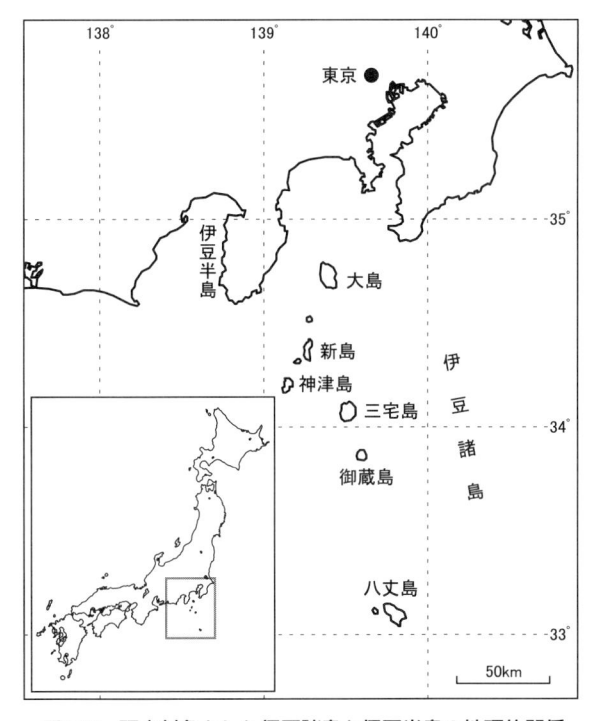

図3.2 研究対象とした伊豆諸島と伊豆半島の地理的関係

すことを目的としている．そこで，両性遺伝する核ゲノムについては酵素多型のアロザイム分析を行い，母性遺伝する葉緑体DNAについては遺伝子間領域の塩基配列多型を調査した．

その結果，ハチジョウイタドリは核ゲノムレベルで集団間の遺伝的分化程度が大きく（$G_{ST}=0.18$），また，三宅島集団は葉緑体DNA変異も他の島にはない独自の変異を保有していた（**図3.3**, Iwata *et al.*, 2005b）．ハチジョウススキは核ゲノムレベルの遺伝的分化程度は小さく（$G_{ST}=0.03$），三宅島集団は御蔵島集団と最も近縁で，葉緑体DNA変異も他の諸島と共有していた．オオバヤシャブシは染色体数が$2n=56=8x$の同質8倍体種であるため，アロザイム分析では遺伝子型の判読が難しかった．そこで，優性分子マーカーではあるがゲノム全体をランダムに調べることができるAFLP法を採用した．その結果，集団間変異は全体の4%で，三宅島集団は神津島集団と最も近縁であり，葉緑体DNA多型も伊豆半島を除いた集団と共有していた．

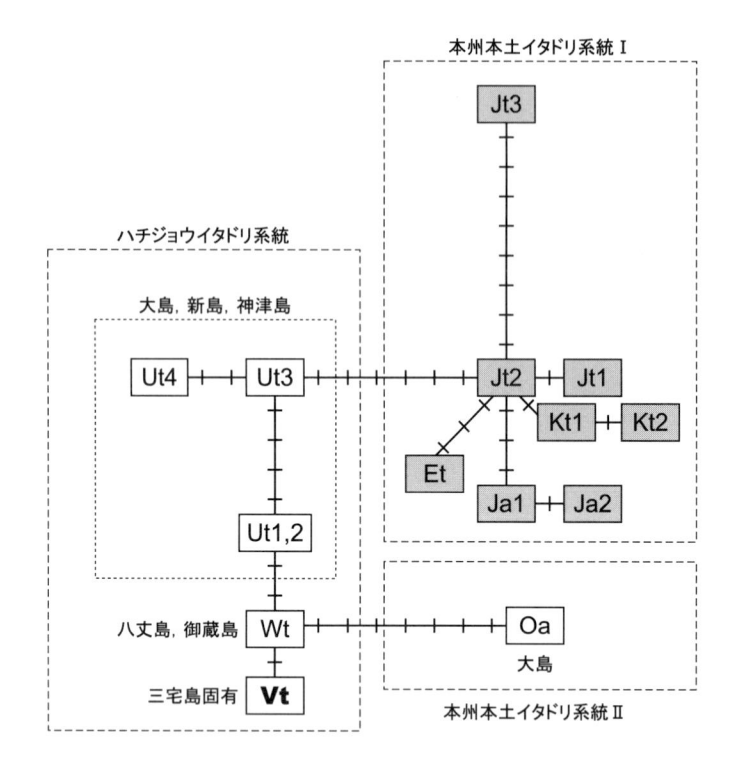

図3.3　ハチジョウイタドリの葉緑体DNAのハプロタイプ（Iwata *et al.*, 未発表）
各島約30個体の葉緑体DNAの四つの遺伝子間領域の塩基置換データをもとに作成したミニマムスパンニングネットワーク図．枝が短いほど，ハプロタイプ間の類縁性が高いことを示す．伊豆諸島で採取された主なハプロタイプは全部で七つであったが，本土イタドリ系統Iが大島，神津島，三宅島で少数個体観察された．灰色で示されたハプロタイプは本州で主に見られるイタドリの系統で，その記述はInamura *et al.*（2000）に従っている．大島，神津島，三宅島で見つかった本土イタドリ系統Iと同様に，Oaは別の本土イタドリ系統IIに属するハプロタイプだが，大島に移入されたものと思われる．三宅島は固有のハプロタイプを持っているが，八丈島および御蔵島で見られるハプロタイプとの違いは，わずか1塩基である．

　この結果から，緑化対象とした3種はそれぞれ種子源とすべき集団が異なった．ハチジョウイタドリでは，核ゲノムレベルでも遺伝的分化が大きく，三宅島集団が独自の葉緑体DNA変異を保有していたことから，他地域からの導入は極力避けるべきである．また，ハチジョウススキは御蔵島から，

オオバヤシャブシは神津島から導入するのが最も適切である．このように種により候補集団が異なったのは，遺伝的分化が単に地理的な距離との関係だけではなく，その種の持つ分布変遷の歴史および生態学的な特徴に大きく影響されていることを示している．すなわち，栄養繁殖やアポミクシス（種子を形成する単為生殖）などの繁殖形態，花粉および種子の散布形態などの違いである．

　このように，遺伝的に近い集団を選定するためには，単に地理的な近さだけではなく，集団遺伝学的なデータに基づく判断が重要であると考えられる．しかし，選定に分子マーカーによるデータを用いたとしても，なお注意が必要である．すなわち，本調査で用いた分子マーカーはそのほとんどが淘汰に対して中立であると考えられる．そのため，例えば島間での生育環境が大きく異なっているところがあれば，中立的な分子マーカーは淘汰の影響を受けないが，適応に関わる遺伝子の頻度は大きく影響を受けていることが予想される．この場合は，分子マーカーだけでなく，適応に強く関わると考えられる形質形態を含んだ総合的な調査が必要となる．また，外来種の侵入の例のように，人間活動が活発になるに従い，人と物資の移動に伴って，花粉および種子が自然状態よりもさらに拡散していることも考えられる．この結果生じた変化は，自然に起きた変異と見分けることが難しい場合が多い．なお，たとえ遺伝的に近縁な集団から採種しても，導入集団の遺伝的多様性が低いと，既存の集団の遺伝的多様性を大幅に減少させる恐れがある（Montalvo *et al.*, 1997）．

　この調査では，3種の植物の島間での遺伝的な違いを評価するために，それぞれの集団から広範囲に材料を収集した．実際の緑化事業において緑化用の種子を採取する場合にも，ある集団の狭い範囲から集めるのではなく，なるべく広い範囲の多くの個体から採種することが重要である（Iwata *et al.*, 2005）．

　幸いなことに，三宅島で調査した3種については島内に生育地がまだ十分に残っているため，これらの集団から緑化用の種子の採取が可能である．今回の調査では，伊豆諸島6島集団と伊豆半島集団を用いて遺伝的分化程度の調査を行った．このデータは三宅島の緑化のためだけでなく，他島の緑化の際にも使用できる．将来的には遺伝的攪乱の少ない緑化のガイドライ

ンの作成が必要であり,そのために植物種の遺伝的分化調査を分布域で広範に行う必要がある.また,それらのデータをもとに種子の配布範囲を定める法整備も行っていく必要がある.

引用文献

Gustafson, D. J., Gibson, D. J. and Nickrent ,D. L. (1999) Random amplified polymorphic DNA variation among remnant big bluestem (Andropogon gerardii Vitman) populations from Arkansas' Grand Prairie. *Molecul. Ecol.*, **8**: 1693-1701.

Hamrick, J. L. and Godt, M. J. W. (1989) Allozyme diversity in plant species. *In*: Plant Population Genetics, Breeding, and Genetic Resources (eds. Brown, A. H. D., Clegg, M. T., Kahler, A. L. and Weir, B. S.), pp.43-63, Sinauer Associates Inc., Sunderland, Massachusetts.

Hedrich, P. W. (1999) Perspective: highly variable loci and their interpretation in evolution and conservation. *Evolution*, **53**: 313-318.

Hedrich, P. W. (2001) Conservation genetics: where are we now? *Trend Ecol. Evol.*, **16**: 629-636.

Hu, X.S. and Ennos, R.A. (1999) Impacts of seed and pollen flow on population genetic structure for plant genomes with three contrasting modes of inheritance. *Genetics*, **152**: 441-450.

Inamura, A., Ohashi, Y., Sato, E., Yoda, Y., Masuzawa, T., Ito, M. and Yoshinaga, K. (2000) Intraspecific sequence variation of chloroplast DNA reflecting variety and geographical distribution of *Polygonum cuspidatum* (Polygonaceae) in Japan. *J. Plant Res.*, **113**: 419-426.

Iwata, H., Kamijo, T. and Tsumura, Y. (2005a) Genetic structure of *Miscanthus sinensis* ssp.condensatus (Poaceae) on Miyake Island: implications for revegetation of volcanically devastated sites. *Ecol. Res.*, **20**: 233-238.

Iwata, H., Kamijo, T. and Tsumura, Y. (2005b) Assessment of genetic diversity of native species in Izu Islands for a discriminate choice of source populations: Implications for revegetation of volcanically devastated sites. *Conserv. Genet.* (in press).

Karhu, A., Hurme, P., Kärjaläinen, M., Karvonen, P., Kärkkäinen, K., Neale, D. and Savolainen, O. (1996) Do molecular markers reflect patterns of differentiation in adaptive traits of conifers. *Theoret. Appl. Genet.*, **93**: 215-221.

Knapp, E. E. and Rice, K. J. (1996) Genetic strucuture and gene flow in *Elymus graucus* (blue wildrye): Implications for native grassland restoration. *Restoration Ecol.*, **4**: 1-10.

Knapp, E. E. and Rice, K. J. (1998) Comparison of isozymes and quantitative traits for evaluating patterns of genetic variation in purple needlegrass (*Nassella pulchra*). *Conserv. Biol.*, **12**: 1031-1041.

Lesica, P. and Allendorf, F. W. (1999) Ecological genetics and the restoration of plant communities: Mix or match? *Restoration Ecol.*, **7**: 42-50.

Lewontin, R. C. and Krakauer, J. (1973) Distribution of gene frequency as a test of the theory of the selective neutrality of polymorphisms. *Genetics*, **74**: 175-195.

Merilä, J. and Crnokrak, P. (2001) Comparison of genetic differentiation at marker loci and quantitative traits. *J. Evol. Biol.*, **14**: 892-903.

McCauley, D. E. (1995) The use of chloroplast DNA polymorphism in studies of gene flow in plants. *Trend Ecol. Evol.*, **10**: 198-202.

Millar, C. I. and Libby, W. J. (1991) Strategies for conserving clinal, ecotypic, and disjunct population diversity in widespread species. *In*: Genetics and conservation of rare plants (eds. Falk, D. A. and Holsinger, K. E.) pp. 149-170, Oxford University Press, New York.

Millar, C. I. and Libby, W. J. (1989) Restoration: Disneyland or a native ecosystem? A question of genetics. *Restoration and Management Note*, **7**: 18-23.

Montalvo, A. M., Williams, S. L., Rice, K. J., Buchmann, S. L., Cory, C. S., Handel, N., Nabhan, G. P., Primack, R. and Robichaux, R. H. (1997) Restoration biology: A population biology perspective. *Restoration Ecol.*, **5**: 277-290.

Mogensen, H. L. (1996) The hows and whys of cytoplasmic inheritance in seed plants. *Am. J. Bot.*, **83**: 383-404.

Neale, D. B., Marshall, K. A. and Sederoff, R. R. (1989) Chloroplast and mitochondrial DNA are paternally inherited in *Sequia sempervirens* D. Don Endl. *Proc. Natl. Acad. Sci. USA*, **86**: 9347-9349.

Nei, M. (1973) Analysis of genetic diversity in subdivided populations. *Proc. Natl. Acad. Sci. USA*, **70**: 3321-3323.

日本緑化工学会 (2002) 生物多様性保全のための緑化植物の取り扱い方に関する提言，日本緑化工学会誌, **27**: 481-491.

Reed, D. H. and Frankham, R. (2001) How closely correlated are molecular and quantitative measures of genetic variation? A meta-analysis. *Evolution*, **55**: 1095-1103.

Richards, R. T., Chambers, J. C. and Ross, C. (1998) Use of native plants on federal lands: Policy and practice. *J. Range Manag.*, **51**: 625-632.

Shinozaki, K., Ohme, M., Tanaka, M., Wakasugi, T., Hayashida, N., Matsubayashi, T., Zaita, N., Chunwongse, J., Obokata, J., Yamaguchi-Shinoazaki, K., Ohto, C., Torazawa, K., Meng, B. Y., Sugita, M., Deno, H., Kamogashira, T., Yamada, K., Kusuda, J., Takaiwa, F., Kato, A., Tohdoh, N., Shimada, H. and Sugiura, M. (1986) The complete nucleotide sequence of tobacco chloroplast genome: its gene organization and expression. *EMBO Journal*, **5**: 2043-2049.

Soltis, D. E., Soltis, P. S. and Milligan, B. G. (1992) Intraspecific chloroplast DNA variation: systematic and phylogenetic implications. *In*: Molecular Systematics of Plants (eds. Soltis, P. S., Soltis, D. E. and Doyle, J. J.) pp.117-150, Chapman and Hall, New York.

津村義彦（2001）アロザイム実験法，種生物学会編，森の分子生態学－遺伝子が語る森林のすがた，文一総合出版, pp.183-220.

Vos, P., Hogers, R., Bleeker, M., Reijans, M., van de Lee, T., Hornes, M., Fritjters, A., Pot, J., Peleman, J., Kuiper, M. and Zabeau, M. (1995) AFLP: a new technique for DNA fingerprinting. *Nucleic Acids Res.*, **23**: 4407-4414.

第4章

ミツバツツジ自生地減少の社会背景と庭資源を用いた群落復元

小林達明・古賀陽子

4.1 房総のミツバツツジ類の地域的特性

ツツジ属ミツバツツジ節には二十数種が記録され，日本列島で最も多様に分化した植物分類群の一つである．早春の里山に鮮やかな紅紫色で咲き誇る姿はたくさんの人を魅了してきた．しかしその魅力のために，ミツバツツジ類は園芸採取の対象となり，各地の自生群落では絶滅の危機に瀕している所もある．その保全は緊急の課題と言える．ここでは，千葉県君津市の取り組みを例に，山野草資源の保全のための社会的取り組みの重要性，および自生地の復元を行うための生物学的取り扱いの留意点について述べたい．

千葉県には2種のミツバツツジ類，すなわちミツバツツジとキヨスミミツバツツジが生育しているが，その分布は房総半島南部の山地部に限られており，関東ローム層に厚く覆われた千葉県中北部の下総台地には存在しない．そのため，丹沢・秩父など関東山地に分布する個体群とは隔絶しており，独立したメタ個体群（遺伝子のやりとりがある地域的な広い意味での血縁集団）を形成していると考えられる．両種はまた房総半島を分布の東限としており，その意味でも房総半島の個体群は重要である．形態にも他の個体群と異なる特徴がある．ミツバツツジの花冠サイズを計測すると，関東では最も大きい箱根の系統に比べて，3分の2ほどの花冠長しかない（図4.1）．花冠の裂片幅に至っては2分の1ほどしかなく，特異的に小形の花を持つ系統であることがわかる．

このように，生物学的に特色のある個体群だが，自生地での略奪的採取が進み，自生個体群を見つけるのは難しい状況になっている．その一方で，

第**4**章　ミツバツツジ自生地減少の社会背景と庭資源を用いた群落復元

図4.1　ミツバツツジの花の地域変異
左：君津の標本
右：箱根の標本

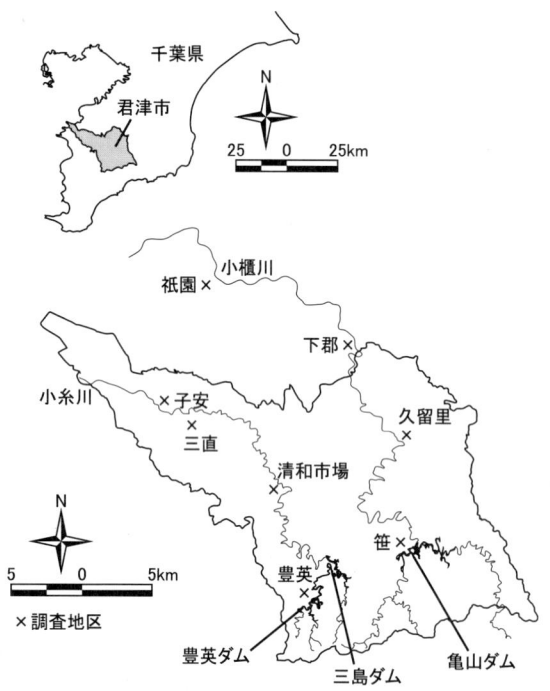

図4.2　調査地の概況

　自生地の下流域の村の民家では，多くのミツバツツジ類の植栽が見られる（**口絵写真**）．これらは，自生地から移植された個体である．君津市はそれ

らを自生地復元の資源と考え,「ミツバツツジの里づくり」運動を始めた.運動そのものにも興味があったが,私たちは庭に植えられた野生のミツバツツジたちがいろいろ語ってくれるのではないかと考えた.これまで山野草の山採りの実態は闇に包まれた部分が多く,くわしく調べられた例はなかった.しかし,君津には植栽されたミツバツツジ類という実物がある.それらをくわしく調べることによって,園芸採取の実態を明らかにできるのではないか,さらに,ミツバツツジ類を保全する方法を検討できないかと考え,調査を始めた.

1998年と99年春のミツバツツジとキヨスミミツバツツジの開花期に,房総山地から東京湾に流れ込む小糸川と小櫃川の流域から,それぞれ四つずつの集落を取り出して,ミツバツツジ類の植栽について集落の一定範囲内で全戸調査した(**図4.2**).調べた家は全部で2241軒であり,ミツバツツジ類の植栽を確認した家は485軒であった(**表4.1**).そこで,その中から各部落20軒,合計160軒を抽出して住民インタビューを行い,同時にミツバツツジ類の個体を調べて,その由来を探った.

4.2　房総山地におけるミツバツツジ類自生分布域の変化

この調査と並行して,ミツバツツジ類が現存する自生地の調査も行った.

表4.1　民家のミツバツツジ類の庭木所有状況（古賀・小林,2002）

	ミツバツツジ類庭木の所有率(%)	所有民家1件当たりの平均所有本数（本）	
		ミツバツツジ	キヨスミミツバツツジ
(小糸川流域)			
子安	11.9 (123/1031)	2.20	0.46
三直	29.9 (38/127)	3.21	0.38
清和市場	42.9 (121/282)	4.41	0.28
豊英	64.5 (40/62)	9.09	3.23
(小櫃川流域)			
祇園	9.7 (52/534)	1.15	0.66
下郡	38.5 (30/78)	1.63	1.33
久留里	49.0 (25/51)	1.82	2.79
笹	66.7 (56/76)	5.86	5.12

＊各調査地区におけるミツバツツジ類庭木の所有率は,(ミツバツツジ類庭木を所有する民家) / (全調査軒数)で求めた.

1999年春に，自動車と歩行調査によって，君津市域の小糸川・小櫃川流域の台地・丘陵・山地を細かく踏査した．その結果，ミツバツツジ類の自生が見られたのは，君津市最奥部の山地に限られていた（**図4.3-a**）．

房総山地はもともと太平洋に堆積した土砂が砂岩・泥岩となり，それが急速に隆起してできた，年若く，かつ脆い地質によって構成されている．そのため，河川沿いや源頭域ではしばしば崩壊が見られ，岩盤が露出し，崖が形成されている．ミツバツツジはそのような場所の上部に特異的に生育する．ミツバツツジは種子が小さく，実生期に頑丈な幼根を伸ばす力がないために，落ち葉が厚く積もった場所では，うまく土壌に定着することができない．また菌害に著しく弱いために，富栄養な土壌では実生が生き残ることができない．そのため落ち葉はもちろん，土壌の堆積もほとんど

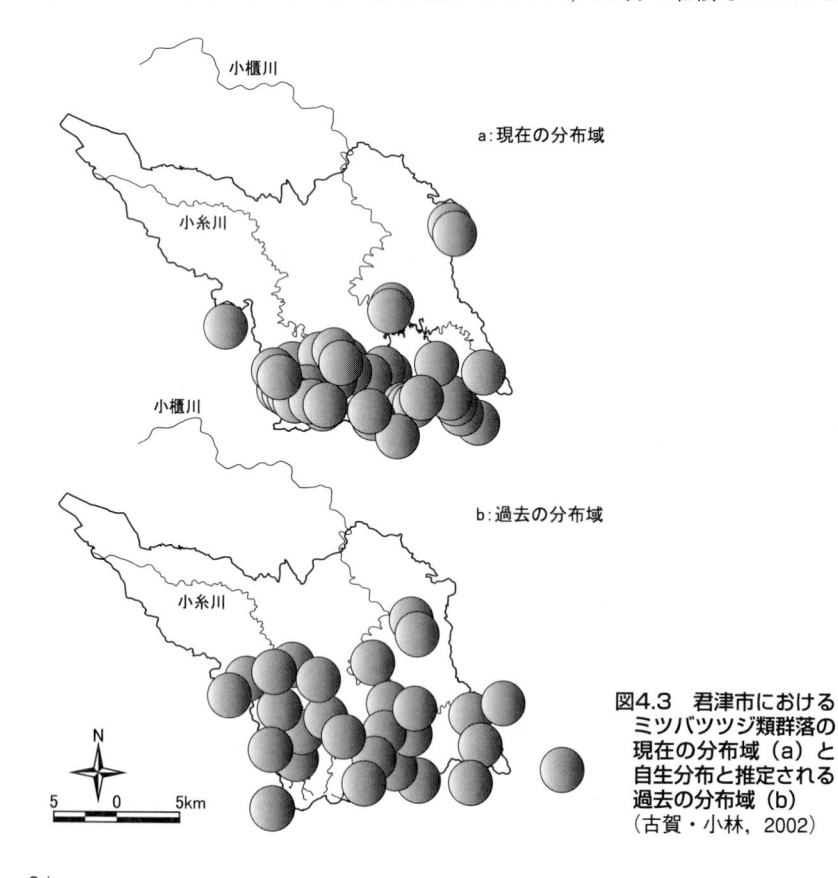

図4.3 君津市におけるミツバツツジ類群落の現在の分布域（a）と自生分布と推定される過去の分布域（b）
（古賀・小林，2002）

ない岩場を生育地にしている．キヨスミミツバツツジはミツバツツジほど極端ではないが，やはり土層が薄く貧栄養な尾根上などの立地を好む．この地域ではミツバツツジ類を総称して「イワツツジ」と呼んでいるが，その名はそうした立地特性を表したものだ．

ミツバツツジ類が山地だけに見られる理由の一つは，このような生物学的な性質によるが，理由はそれだけではなさそうだ．民家のミツバツツジの来歴を尋ねるうちに次のようなことがわかった．

小糸川と小櫃川最上流の2集落（豊英と笹）では，植栽された個体の80〜90％の個体の採取地が明らかであり，しかもそれらはほとんど地元の山から採られていた．一方，最下流の都市部の2集落（子安と祇園）では，由来が明らかな個体は35％程度に限られ，しかもそのうち10％ほどは地域外から植木屋を通して持ち込まれたものだった．すなわち，上流の自生分布域内に位置する集落ほど，庭に植えられた苗の来歴が確かであり，地域固有の系統を保存している可能性が高いということになる．

そのようにしてミツバツツジ類の採取地を地図上にプロットしていくと，過去のミツバツツジ類の分布域が再構成されていく．その分布域は，現在の分布域より広く，小糸川と小櫃川の中流域まで広がっていた（**図4.3-b**）．その範囲はちょうど砂岩と泥岩が分布するところまでであり，より下流の未固結砂層の地域には分布は見られなかったようである．過去と現在の分布域の違いは，その間に自生地が失われたことを示す．庭木の来歴の調査から，その事情をさらに探ってみた．

4.3 ミツバツツジ類の山採りの社会背景

4.3.1 町の変化

庭木の入手時期から，ミツバツツジ類採集の時間的変遷を探ってみた（**図4.4**）．1950年以前から存在する庭木はきわめて少なかった．すなわち，ミツバツツジ類を庭に植え込むという伝統は当地には存在しなかったのである．ミツバツツジ類の移植は1960年頃から少しずつ増加して，1970年代から1980年代前半に大きなピークとなる．

このような変化には様々な社会背景があった．1960年はわが国が戦後の

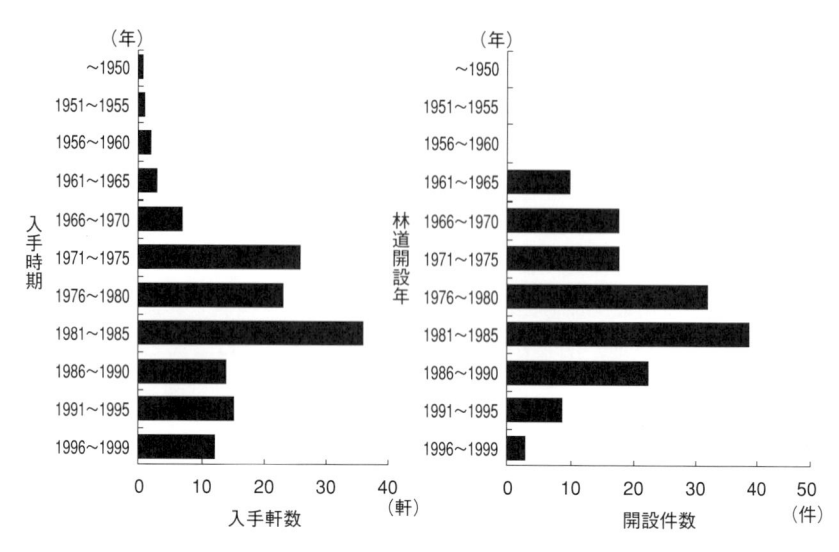

第4章 ミツバツツジ自生地減少の社会背景と庭資源を用いた群落復元

図4.4 ミツバツツジ類庭木の入手時期（ミツバツツジの採掘時期を反映している）
（古賀・小林，2002）

図4.5 ミツバツツジ類自生域における林道開設件数の推移
（古賀・小林，2002）

貧しさを脱却し，高度経済成長に向かう時期に当たる．個人所得が増大し，旺盛な住宅投資を背景に，植木の私的需要が拡大した．この地域では，八幡製鐵（現・新日本製鐵）が1965年に君津工場を開設する．それまで漁村だった君津は急速に人口を増大させて，1971年には市に昇格する．こうした都市化が植木需要を急速に増大させたと考えられる．

1970年代はまた，1971年に環境庁が設置されるなど，第一次環境ブームの時期でもあった．それまでの開発・経済成長一辺倒の社会風潮が，公害の多発などをきっかけに反省され，尾瀬の保護運動など，自然保護運動が注目されるようになった．そのような自然志向が，山野草の需要を増大させた．しかし，皮肉にも，「環境ブーム」に乗って，自然環境資源が危険にさらされることになる．

1969年には小糸川上流に豊英ダムが，1981年には小櫃川上流に亀山ダムが建設される．これらの建設と連動して，林道建設も1960年代から急速に進み，1976年から1985年の間にピークを迎える（**図4.5**）．1979年には房総スカイラインも開通する．この時期はミツバツツジ類の採集のピーク時期

と重なる．ダム建設と林道整備がミツバツツジ自生地へのアプローチを可能にして，さらに，その流出を促したと言えそうである．ただし，1950年代にはすでに，豊英ダムの下流に三島ダムが建設されていたが，その時期，ミツバツツジの流出は顕著ではない．ブームの前提として，まず都市の需要が必要だったと言えるだろう．

4.3.2 村と山の変化

次に，自生分布域の村の生活の変化を見ていこう．ミツバツツジ類の自生分布域である房総山地は，炭焼きが主な生業だった．1960年代まで炭焼きは続けられたが，薪・炭から石炭・石油・ガスへの燃料需要の変化から，1960年以降，次第に炭焼きは下火になっていく．1965年には入会利用されていた広大な清和村村有林が，清和県民の森用地として千葉県に売却された．その他の主として茅場として利用されてきた共有地も，その時期に分割私有化され，主にスギ林に転換された．1975年にはほとんどの家で炭焼きをやめてしまった．なお，「入会」とは一定地域の住民が，その集団の規制に従って，山林原野を共同して利用する慣行である．1950年代までは，そのような利用をされる林が房総山地には広くあった．

炭焼きが行われていた頃の村の生活は以下のようだった．4月から10月は農耕シーズンであり，炭焼きは主に農閑期の11月〜3月に行われた．村有林はもともと共有の財産区として管理されており，村人の全員が財産区のメンバーだった．土地の入札が行われた後，山に入り，炭焼きが行われた．木材を切り出し，窯に火をくべて炭を焼き，さらにできあがった炭の袋詰めまでの一連の工程を10日〜15日の作業で行っていた．炭の生産量は多い人で年2000俵，少ない人で300俵，平均で約1000俵あり，収入は平均で約37万円あった．農業収入は年8万円程度だったので，木炭による現金収入が当地でいかに重要だったかがわかる．

炭焼きをやめた働き手は，出稼ぎ労働者，工場労働者，バスドライバー等に転身した．その頃はダム建設や林道建設など，日雇い仕事もたくさん発生したのである．木炭による収入の穴はそのような労働収入によって埋められるようになった．

4.4 山採りの実態

　そうした中でミツバツツジ類の需要が急激に発生した．当時，出稼ぎに出ていた現ミツバツツジ生産研究会長は，出稼ぎ先で，「ミツバツツジを持ってくれば高く買う」と言われ，「あの雑木が……」とびっくりしたと言う．山採りは地元民によっても行われたが，外来者によるものが相当数あった．以下，聞き取りによる発言をもとに当時の状況を再現してみる．

　ブーム時には「小学生に1本100円で採らせ，大人が700円で売りさばく」ということがあった．「山採りしたものを庭で育て，20年くらい経ったものが1本10万円で売れる」という状態だった．「業者が3人グループで来て，トラック満載に採られるのが目撃」されることもあった．多くの地元民も「山からミツバツツジを掘り出して庭に植える」ようになった．しかし，こうして庭に移植したツツジでさえ，「昼下見して夜盗むミツバツツジ泥棒」に盗まれた．山採りは植木業者によって大規模に行われ，現地に不慣れな業者のためには「地元民が案内する」こともあったようである．ダムの崖では，命綱を垂らしてミツバツツジを採ろうとする者もいた．このように，ミツバツツジ類の山採りは「熱狂」と言ってよいものだった．

　地元の植木市場で売りさばかれた1970年当時のミツバツツジ類の単価は，樹高1.5mのもので約2000円，50cmのもので約500円となっている．木炭収入を1年にならすと1日1000円程度だったから，ミツバツツジ類の山採りは経済的にたいへん魅力ある仕事だったと言える．

4.5 ミツバツツジ保護運動の展開

　ミツバツツジ類の山採りは，私有地，共有地，公有地を問わず，至るところで行われたという．従来，山菜やキノコ採取のために山に入ることは認められており，ミツバツツジ類採取も同様な行為として，当初は許容されたようだ．しかし，ミツバツツジ類採取が略奪的な経済行為であると認識されるにつれて，山採りの防止活動も行われるようになった．

　1963年から70年にかけては，自生分布域の旧清和村で，有線放送を使ったパトロール活動が行われた．監視の具体策は，「山採者の侵入を有線放送

によって住民に知らせ，警官の立ち会いの下に捕らえる」というものだった．また，村役場の職員が携帯マイクを用いて，ヤマツツジ類の無断採取をしないようにアナウンスしながら山を巡回した．ある時は，トラック一杯のミツバツツジ類を持ち出そうとした業者らしき者が取り押さえられて，ミツバツツジ類を没収され，学校の校庭に植えたということもあった．

　1965年には大多喜町がミツバツツジを町の天然記念物に指定する．1976年には，千葉県により，ミツバツツジ，キヨスミミツバツツジ，ヒカゲツツジの3種を対象として，元清澄山に野生動植物保護地区が設置された．1981年には君津市の市の花としてミツバツツジが指定され，1995年には君津市長の提案によって，「日本一のミツバツツジの里づくり」運動が開始された．この間，主要な自生地は，清和自然環境保全地域として県により指定された．1996年には君津市によってミツバツツジ保護条例が制定され，保護地域が設定された．

4.6　苗木生産と市場流通による山採りの抑制効果

　このような保護活動・対策は行われたが，少なくとも1980年代まではミツバツツジの流出が続いた．実質的にフリーアクセスに近い山林資源の保護がいかに難しいかを示している．特に園芸花卉は，服装ファッションに似て流行に左右されやすく，資源の持続的利用になじまない性質がある．すなわち価格の上下動が激しいために，資源を息長く利用していこうという考えではなく，価格が高いときに一気に売りさばいてしまおうという意欲を促してしまう．ミツバツツジ類の山採りブームは，都市の需要増大・燃料革命による農村の収入構造転換を背景に，このような資源特性が相乗的に働いて起きたものだと言えるだろう．

　このような植物の保全には，どのような手段が最も有効なのだろうか．私たちは，その一つの方法は，苗木生産によって消費を満たすことだと思っている．房総では，庭に自然発生した実生を移植育苗した苗木生産が，1969年から萌芽的に始まり，80年代後半からは苗木市場への出荷が始まった．1996年には，「ミツバツツジの里づくり」運動の中でミツバツツジ生産研究会が組織され，種子からの繁殖技術が確立された．その結果，植木市

では，1980年代後半から単価4000円以下のミツバツツジ類が増加し，1995年からは1000円以下の苗木が50％以上を占めるようになった．1984年はまだ，5割が4000円以上の苗だったので，ミツバツツジ類の価格は急激に低下したと言える．これはすでにミツバツツジ類が，ブラックマーケットを通して取り引きされる希少性・消耗性資源ではなく，適正な市場を介した普通の商品に変化したことを示す．このような状態では，略奪的な山採りは，もはや進行しないだろう．

「ミツバツツジの里づくり」運動の開始とミツバツツジ保護条例の制定は，やはり保全に効果があった．ただし，それは自生地群落の再生やミツバツツジ採取取り締まりの直接的効果と言うよりも，そのような運動が広汎に展開され，ミツバツツジ類を含む野生植物保全の大切さが，広く人々の間に理解されてきたことにあるのではないだろうか．

「ミツバツツジの里づくり」事業では，民家に移植されたミツバツツジ類株を親木とし，そこから生産拠点である君津市花木センターに種子を供給して，実生生産する．実生は，里の家々に返して，あるいはセンターで苗木に育成する．できた苗木を自生地および町中に植栽していくことによって，自然環境の再生と郷土景観の形成を図り，市内外の市民ネットワークを作っていこうというプログラムだ．このようなプログラムによって自生地の再生ができるかどうかは別として，このような運動にたくさんの市民が参加したことは，里山の植物に関心を持つ人々が増えたことを意味する．さらには，ミツバツツジなど山野草の山採りに対して，たくさんの監視の目ができたことになる．

「コモンズ（共有地）の悲劇」という言葉がある．ある村に誰でも自由に出入りできる共有の草地があるとする．そこである牧童が家畜の数を増やすと，その牧童は利益を得るが，草地が劣化して生じるコストは村全体で負うことになる．すなわち個人レベルでは，家畜を増やした牧童の利益がコストを上回ることから，牧童達は我先に放牧を行うようになる．その結果，草地は過放牧となり荒廃してしまう．フリーアクセスの環境資源が持続性を持ち得ないことの例えとして，経済学者に好んで用いられてきた．しかしその一方で，伝統的な資源利用の規範を持つ農村共同体では，入会地のような共有地が持続的に用いられていることも，わが国の例などから

報告されている．

「ミツバツツジの里づくり」運動は，そのような共同体の規範を地域や農村のレベルで再生したわけではなく，市で新たに決めたわけでもない．しかし，ミツバツツジを守る「共同の意識」を醸成しているとは言える．それは言い換えれば，環境に対する「市民意識」ということになるだろう．

4.7 庭資源利用の問題と里山再生の課題

「ミツバツツジの里づくり」運動には，自然保護の啓発効果があると言ったが，真に自生地の再生ができるかどうかはやはり重要な問題である．ここでは紙幅が限られているために，生態的な特性や細かい技術等については省いて，特に重要と思われる点についてのみ述べる．

庭に移植された植物を，再生資源として用いることは果たしてよいことなのだろうか？　すでに述べたように，自生分布域内に位置する民家に植栽されたミツバツツジ類の採集場所は，多くが明らかであり，地域固有の遺伝子資源のジーンバンクとして有用と思われる．採集者はほとんどが存命しているので，株の履歴の記録が可能であり，植栽株ごとにそのような資料が整理されることが望まれる．

しかしながら問題もある．それは種間交雑の危険性に関わるものだ．ミツバツツジ・キヨスミミツバツツジを含むミツバツツジ節内の種間交配親和性について調べたところ，ミツバツツジ節どうしではいずれも高い結実率が得られた（**図4.6**）．一方，ミツバツツジをヤマツツジと交配させたところ，全く結実しなかった．すなわち，同じツツジ属の種間では必ずしも交配は成功しないが，ミツバツツジのグループ内では，交配は容易だということである．

民家植栽株から採取された種子を発芽させて作った花木センターの苗木について調べたところ，開花していた個体の27％は，ミツバツツジでもキヨスミミツバツツジでもない中間的な形態を示していた（**図4.7**, **口絵写真**）．自生地の個体について調べたところ，8％の雑種が見られた．これらは種間交雑によって生じた雑種個体と考えられる．またその割合は，民家由来の個体のほうが多かった．

第4章 ミツバツツジ自生地減少の社会背景と庭資源を用いた群落復元

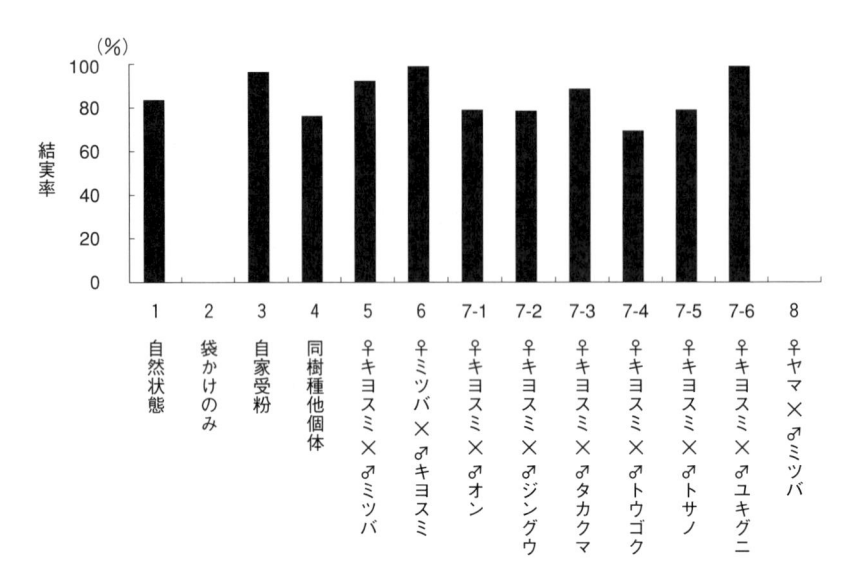

図4.6 キヨスミミツバツツジと近縁種の交配実験結果（上地ほか，2003）
図中の略称：ミツバ；ミツバツツジ，キヨスミ；キヨスミミツバツツジ，オン；オンツツジ，ジングウ；ジングウツツジ，タカクマ；タカクマミツバツツジ，トサ；トサノミツバツツジ，ユキグニ；ユキグニミツバツツジ，ヤマ；ヤマツツジ

　房総において，両種の分布域はオーバーラップしているが，その立地環境は若干異なっている．また，ミツバツツジが3月末から4月上旬にかけて開花するのに対して，キヨスミミツバツツジは4月下旬に開花するというように，開花時期も異なる．このような生態的性質の違いが，自生地における雑種の発生を低く抑えていると考えられる．
　しかしながら民家においては，株は近接して植えられることがよくある．両種の個体の中には遅めに開花するミツバツツジや早めに開花するキヨスミミツバツツジもあり，それらの間では開花期が重なる場合がある．また，開花期が中間である雑種個体もしばしば植え込まれている．このような条件では，雑種がより発生しやすいと考えられる．実際，民家の植栽個体を観察していると，両種の開花個体の間で，有効なポリネータ（花粉を雄しべから雌しべへ運んで受粉を司る昆虫）と考えられるコマルハナバチをはじめとして，多くの昆虫の往復が観察された（**図4.8**）．
　ミツバツツジとキヨスミミツバツツジの間で雑種が形成されることは，

4.7 庭資源利用の問題と里山再生の課題

	子房の形態	雄しべの数	芽の粘性	鋸歯	葉裏主脈の毛	サンプル数
ミツバツツジ	腺毛	5本	有	無	無	61個体
M1（中間型2）	腺毛	5〜10本	有	微弱	微毛	5個体
H1	腺毛＋白毛	5本	弱	無	無	4個体
H2 （中間型）	腺毛＋白毛	4〜10本	弱	微小	無	2個体
H3	腺毛＋白毛	5〜7本	弱	有	無	1個体
H4	腺毛＋白毛	7〜10本	弱	微小	有	2個体
H5（中間型2）	腺毛	5本	弱	有	有	2個体
K1 （中間型3）	白毛	7〜10本	無	有	無	13個体
K2	白毛	5〜10本	無	有	微毛	12個体
キヨスミミツバツツジ	白毛	7〜10本	無	有	有	52個体

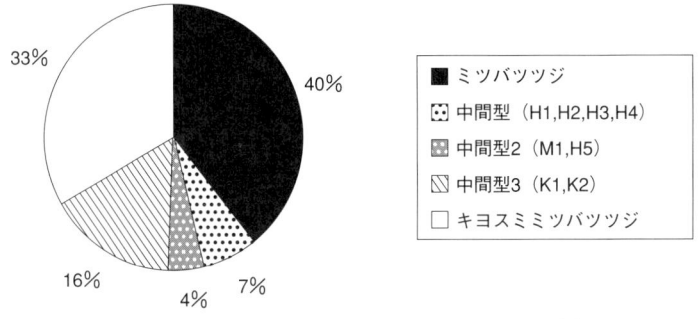

図4.7　庭木種子由来の苗木における雑種の個体数割合
（上地ほか，2003）

問題ではあるが，これらを自生地に導入しても全体の遺伝子構成には大きな影響はないとも考えられる．特に問題なのは，そのほかに，交配の可能性があるトウゴクミツバツツジ，トサノミツバツツジなど，もともと房総

図4.8　ミツバツツジに訪花するコマルハナバチ

には自生しないミツバツツジ類が外部より導入されて庭に植栽されている場合があることである．このようなツツジはミツバツツジやキヨスミミツバツツジと容易に交配し，雑種個体を作り得る．そのような雑種個体を自生地に植え込むと，知らず知らずのうちに地域に自生しないはずの種の遺伝子が，在来種個体群の遺伝子に紛れ込んでいく可能性がある．このような現象を浸透性交雑と言う（第1章1.2.5参照）．

そのため，地域にないミツバツツジ節の種が植栽された庭から，自生地再生用の種子を採取すべきではない．コマルハナバチの行動範囲を考慮すると，同じ集落内にミツバツツジ節の外来種の植栽がある場合には，種子採取を避けたほうが賢明と言えるだろう．野生復元のためには，このようなきめ細かな配慮が必要である．

参考文献

上地智子・小林達明・野村昌史（2003）ミツバツツジ節の交配親和性と民家の庭における交雑実態，日本緑化工学会誌，29: 91-94.

上地智子・小林達明・野村昌史（2004）房総低山地におけるミツバツツジとキヨスミミツバツツジ間の交雑実態，日本緑化工学会誌，30: 133-138.

古賀陽子（2002）里山植物の減少と土地利用形態や産業構造の変化－房総半島のミツバツツジ類を対象に－，環境情報科学論文集，16: 363-368.

古賀陽子・小林達明（2002）房総半島に自生するミツバツツジ類の山採りと民家移出の実態について，ランドスケープ研究，65: 569-547.

古賀陽子・小林達明（2004）房総半島に自生するミツバツツジ節2種の市場動向と生産技術の確立に関する社会的背景，ランドスケープ研究，67: 503-506.

古賀陽子・若木優子・小林達明・長谷川秀三（2003）房総半島に自生するミツバツツジ節2種の生育立地，ランドスケープ研究，66: 231-237.

髙田研一（1981）ミツバツツジ類の地理分布と生態，種生物研究，5: 19-23.

Yamazaki, T. (1996) A Review of the Genus Rhododendoron in Japan, Taiwan, Korea and Sakhalin. Tsumura Laboratory, Tokyo.

第5章

アツモリソウ属植物の保全および再生のための種子繁殖技術の可能性と問題点

三吉一光

5.1 はじめに

　希少植物の保全や再生は，生物多様性豊かな緑化における一つの課題といえる．わが国において，アツモリソウ属植物は絶滅が危惧され保全が必要とされる植物であるが，園芸植物として人気が高いため，山採りによる自生地の個体数激減が深刻な問題となっており，人工繁殖技術の確立が急務とされてきた．また，人気の高い植物であることから，自生地のある自治体のシンボルとして人工繁殖や植え戻しが行われたりしているが，人工繁殖個体を安易に野外に持ち込むことは，現地の既存の菌相を撹乱する恐れなど，問題点も多い．著者らは，アツモリソウ属の中でも最も発芽が困難な種の一つとされていたアツモリソウの種子繁殖技術を確立した．本稿では，その技術を紹介するとともに，それを利用した自生地復元の可能性や問題点について述べる．

5.2 アツモリソウ属植物の栽培と増殖の現状

5.2.1 アツモリソウ属

　アツモリソウ属は，約45種がユーラシア大陸から北米大陸に広く分布している．その多くは亜寒帯から冷温帯に自生している．分布の北限はアラスカであるが，メキシコなど中南米と台湾などの低緯度地帯にも少数の種の分布が見られる．中国大陸はこの属の遺伝資源中心であり，30～40種が分布するとされている（Cribb, 1997）．わが国には，アツモリソウ（*Cypripedium macranthos*），ホテイアツモリソウ（*C. macranthos* var. *hotei-*

第5章 アツモリソウ属植物の保全および再生のための種子繁殖技術の可能性と問題点

図5.1 アツモリソウ露地栽培個体（岩手県）

atsumorianum)，レブンアツモリソウ（*C. macranthos* var. *rebunense*)，クマガイソウ（*C. japonicum*)，キバナアツモリソウ（*C. yatabeanum*)，チョウセンキバナアツモリソウ（*C. guttatum*)，コアツモリソウ（*C. debile*)，カラフトアツモリソウ（*C. calceolus*)の8分類群が報告されている（**図5.1，口絵写真**参照).クマガイソウを除いたわが国のいずれの分類群も，冷涼な山地に見られる．

5.2.2 絶滅の危機にあるアツモリソウ属

環境省によって特定国内希少野生動植物種に指定されているレブンアツモリソウは，自然保護の象徴的な植物として扱われる機会が多いが，他にもアツモリソウ，ホテイアツモリソウが同様な指定を受けている．これらの分類群は，販売を行うには届け出により許可を受けなければいけない．また，チョウセンキバナアツモリソウは国内希少野生動植物種に指定され，販売はいっさい認められていない．さらに，わが国の他の分類群も，環境省のレッドデータブックにおいて絶滅危惧種に位置づけられている．

5.2.3 アツモリソウ属植物の栽培

アツモリソウ属植物の栽培は，栽培適地であれば難しいものではない．栽培条件が満たされた場合は，むしろ手がかからない栽培の容易な植物で

図5.2　タイワンクマガイソウ（花茎約6cm）

ある．しかし，クマガイソウとタイワンクマガイソウ（**図5.2**）以外の分類群は，冷涼な気候を好むために，園芸的な需要が大きい大都市圏では，夏期の高温，特に熱帯夜により株が著しく衰弱するので，持続的な大規模栽培は事実上不可能である．

1）露地栽培

クマガイソウは北海道から九州までの日本全土に自生し，栽培環境が整えば全国各地において，200芽以上からなる群落を容易につくる．時には，数千株以上の群落をつくることも知られている．また，アツモリソウ，ホテイアツモリソウ，レブンアツモリソウの3分類群も，冷涼な地域であれば，露地に植えても栽培が容易である．北海道および東北地方の自生地の近傍では，民家の庭先に植栽される例がよく観察される．

2）鉢栽培

アツモリソウ，ホテイアツモリソウ，レブンアツモリソウは夏期の夜間の高温により植物体が衰弱する．このため，これらの冷涼な気候を好む分類群を関東以西の平地において栽培する場合には，鉢栽培に限られる．鉢栽培には多孔質の透水性が高い素焼き鉢を用い，底面灌水により常に培土に水を供給しながら，微風を当てて水の気化熱によって鉢内温度を下げることが必要である．また，露天では病害が発生しやすいので，必ず雨よけ栽培を行う必要がある．

図5.3 アツモリソウの栽培個体の開花（岩手県）
芽数は毎年2〜4倍に増える．3〜4年に一度株分けをする．開花株の割合は9割を超す．

さらに，最近では，杉皮からつくったクリプトモスなどを植え込み材に用いると生育がよいことも知られてきた．しかし，殺菌剤を頻繁に用いるなど，集約的な管理が必要である．

5.2.4 人工繁殖の現状

わが国に流通する，アツモリソウ，ホテイアツモリソウ，レブンアツモリソウ，クマガイソウ，タイワンクマガイソウのいずれの分類群も，適地であれば露地栽培において株分けによる繁殖が可能である．一方，種子からの人工繁殖はクマガイソウとタイワンクマガイソウにおいてはほとんど不可能であるが，それ以外の分類群では，種子からの増殖が試みられている．

しかし，一般に普及している種子繁殖技術の水準では，人工繁殖した大量の苗を安定して供給するまでには至っていない．法の規制があるレブンアツモリソウにおいては，潜在的な需要量までは必ずしも満たしていないものの，販売される多くの植物体は株分けにより増殖されており，自生地から採取した植物体をそのまま違法に売買する例はほとんどなくなった．しかし，他の4分類群においては，効率の悪い種子からの試験管内増殖および露地栽

培における株分けによる増殖だけでは，到底需要を満たすことができず，自生地からの採取がいまだに横行している状態が続いている．

5.3 ラン科植物における種子からの人工増殖

5.3.1 研究の歴史

ラン科植物の種子は微細なこともあり，19世紀初頭まで発芽するとは考えられていなかった．自然条件下では，菌との共生により発芽（共生発芽）が促されることが報告されたのは1900年であった．その後1920年には，米国のKnudsonが糖と無機塩を含んだ人工培地に播種すると，ラン菌の力を借りなくても発芽（非共生発芽）することを報告した．また一般に，樹木や岩などに根を這わせて定着する着生ランは，地面に生える地生ランに比べて容易に発芽するので，カトレヤなどのいわゆる洋ランの着生ランを中心に種子からの繁殖が行われ，個体の増殖と園芸品種の作出が行われてきた．

欧米ならびにわが国において，野生ランの増殖に関する研究は，1960年代から盛んに行われるようになった．わが国では，シュンラン属，エビネ属から始まり，次にウチョウラン属の研究がそれに続いた．しかし，一般に速やかに樹上に定着する必要がある着生ランに比べて，地生ランの種子は休眠が深い．さらに，温帯産のラン科植物の種子では，熱帯産の種子に比べ休眠が深い例が知られている．このため，わが国の冷温帯に分布する地生ランであるアツモリソウは，たいへん休眠の深いランであり，長い間効率的な種子繁殖は不可能と考えられてきた．

5.3.2 非共生発芽法によるアツモリソウ未熟および完熟種子からの繁殖

先に述べたように，温帯産の地生ランの種子は深い休眠状態にあるために，一般に発芽が困難である．1980年代の後半に，日本産の地生ランであるウチョウラン属やエビネ属において人工増殖の方法が確立した後も，アツモリソウ種子の発芽は依然として困難であった．

一方，発芽が困難な温帯性の地生ランにおいても，種子形成の途中の未熟種子において，発芽率は低いものの発芽が認められた例が報告されていた．このため，アツモリソウにおいても，当初は未熟種子を利用した実験

が試みられた．その結果，受粉後7〜9週間後のうち約1週間程度というごく短い期間に，発芽可能な種子の発達段階があることが明らかとなった．

　しかし，ラン科植物は受粉から受精に要する期間が他の高等植物に比べて格段に長く，数カ月を要する属も珍しくない．アツモリソウも，受粉から受精まで数週間かかり，種子の発達段階は環境に大きく左右される．また，外観から播種の適期を判定することが不可能であることに加えて，未熟種子は貯蔵が不可能である．そのため，未熟種子を利用した人工繁殖方法は実用的な技術として普及していない．

　さらに，ラン科植物は他の植物に比べてウイルス病に罹病しやすく，その伝播が大きな問題となっており，未熟種子では，次世代にウイルスを伝播する危険性がある．一方，完熟種子を用いた場合，未熟種子に比べて一般に発芽を促進させる方法は複雑になるが，種子を貯蔵することができるために，計画的に必要な量を播種することが可能となる．また，完熟種子を経由すると，多くの場合にウイルスが伝播しないことが経験的に知られている．このため，健全な無病苗の効率的な生産をするためには，完熟種子からの増殖技術の確立が切望されていた．

5.3.3　アツモリソウ完熟種子からの発芽促進

　筆者らの研究により，アツモリソウ完熟種子を発芽させるためには，三つの条件を同時に満たすことが必要であることが明らかとなった（Miyoshi & Mii, 1998）．

　第一に，種子の殺菌方法が挙げられる．アツモリソウの種子は1層の細胞層からなる種皮と未分化の胚などから構成されるが，種皮および胚の表面を覆う内種皮には2次代謝物が蓄積しており，茶褐色である．通常ラン科植物の種子は，有効塩素濃度1％程度の次亜塩素酸ナトリウムに5〜10分浸漬して無菌状態にして播種する場合が多い．しかし，アツモリソウはこの程度の殺菌時間では発芽促進効果がほとんどなく，30分以上浸漬して表面の茶褐色の物質を取り去る必要がある．このようにアツモリソウでは，従来のラン科植物の種子の播種の際には想像できないような，長時間の次亜塩素酸処理が必要であることが明らかとなった．

　第二の条件として，種子の低温処理の有効性が明らかとなった．播種直

後から開始する低温処理は発芽に促進的であり，5℃前後の低温に2～3カ月さらした後に20℃に移動することにより，発芽率は大幅に上昇する．

さらに第三の条件として，培地に植物ホルモンのサイトカイニンを添加すると，発芽に促進的な効果を持つことも明らかとなった．

以上の三つの条件を一つでも欠くと発芽率は0～20％にとどまる場合が多いが，三つの条件を同時に満たすと約3カ月で60～80％の種子が斉一に発芽し，プロトコームと呼ばれるコマ状の器官を形成する（**図5.4，口絵写真**）．

なお，光は発芽に阻害的に働くので，播種後は継続的に暗黒下において培養する．得られたプロトコームを移植すると，芽と根を分化した幼植物体が6～8カ月後には得られる．これらの幼植物体をそのまま栽培適温である20℃程度の涼温下において順化しても，萌芽する率は低いが，5℃程度の低温で2～3カ月前処理することにより植物体は正常に成長する．

現在のところ，播種した種子の60～80％の発芽率を常に確保している．その後のin vitroにおける，プロトコームから幼植物体までの分化も，置床したプロトコームの30～60％が可能である．このため，播種した種子の約2割から5割の幼植物体を，播種後約7カ月で得ることが可能となった．アツ

図5.4 レブンアツモリソウのプロトコーム
2カ月間の低温処理を行った後に20℃において3カ月間の培養後に形成されたもの．プロトコームの持つ突起は子葉原基．毛状の器官は仮根であり，自然条件下においては菌の侵入箇所と考えられている．スケールバーは500μm.

モリソウの1果実には約3〜6万の種子が入っているので，1果実から数千から3万の個体を確実に得ることができる．

5.3.4 ランの植え戻し

現在，アツモリソウの自生地を持つ多くの自治体において，アツモリソウの人工増殖が実際に行われていたり，計画が持ち上がっている．岩手県では，自生地の近傍における栽培が盛んに行われており，10年近く前から，同県の川井村，住田町および遠野市では，各自治体もしくは有志が自治体と共同して，種子繁殖にも積極的に取り組んでいる．住田町では人工繁殖個体の開花も報じられている．北海道においても，礼文町ではレブンアツモリソウの人工繁殖を手がけている．これらのほとんどの自治体において，人工増殖個体は栽培用に供給され，園芸的な需要を満たすことを目的としている．

一方，北海道の松前半島の大千軒岳では，盗掘により消失したホテイアツモリソウ群落を復元するために，人工繁殖苗を植え戻す試みが，2001年から民間団体によって行われている．しかし，このような人工繁殖苗の自生地への植え戻しは多くの問題を含んでいる．

その一つは，ラン科植物においては，自生地へウイルス病を持ち込まないための検査技術や検査体制が確立していない点である．アツモリソウ属においては，ウイルス病の種の同定も十分な研究が行われている状況ではなく，種子伝播するウイルス種の存在も予想されるため，さらに知見を積み重ねていく必要がある．ウイルスに感染する機会としては，

①ウイルスの症状がマスキングされた状態の株からの採種，

②人工交配の際の手や器具からの感染，

③試験管から苗を順化して温室などで栽培する際の感染

などがあり，危険性は常に伏在する．順化苗の栽培を行う際には，ウイルスを伝播する小動物の侵入を防ぐ機能などを持った高機能温室において，小動物の防除マニュアルを含んだ栽培体系を構築して，ウイルスの感染を完全に防ぐ必要がある．今後は，PCRを用いたウイルス感染の有無の検査と，感染株についてはウイルス種の特定を行う検査技術の確立が急務となろう．

また，自生地集団の遺伝的構造と多様度に関する研究事例が，わが国のアツモリソウ属植物をはじめとするラン科植物においてはほとんどない．このため，遺伝的な多様度について未評価の人工増殖個体を植え戻すことによって，元の集団と全く異なる遺伝的構造と多様度の集団が新たに生まれてしまう危険性が危惧される．

さらに，大千軒岳では，苗の活着を図るために，園芸資材であるクリプトモスや吸水ポリマーに加え，ラン菌の生育を促進することを目的として，ダンボール片を現地に埋めている．ラン科植物は，自生地においては発芽の時点からラン菌との共生が始まり，生活環において共生関係が途切れることがほとんどない．このため，保全の際には，ラン菌を含めた共生体として取り扱うことが重要である．大千軒岳の事例では，人工的な植え込み材などを持ち込むことにより，自生地には存在しないようなラン菌を持ち込んでしまうことも危惧される．このように，地上部の個体の多寡のみに注目した短絡的な植え戻しによって，土壌中のラン菌をはじめとした生態系を乱す恐れがある．

本来，大量の個体数の確保が最優先される園芸目的の人工繁殖と，苗の遺伝的な背景や無病性にも細心の注意が必要となる植え戻しのための人工繁殖とは，技術体系が大きく異なっている．

わが国のラン科植物の抱えている絶滅の危険度は，種によっても異なり，また，地域ごとにも程度の差がある．一方，それぞれの種は，必ずしもまだ十分に解明されていないが，おそらくその種固有の多様な生殖様式を持ち，自生地の環境に適応し，様々な生態系に組み込まれて生存していると予想される．このため，実際に人工繁殖個体を自生地に植え戻すことを考えた場合には，その種の持つ植物学的な特性と絶滅の危険性の程度とを総合的に検討し，植え戻しが必要不可欠と判断された場合に，安全かつ効果的な戦略を策定したうえで実施する必要がある．

植え戻しの戦略を立てるには，

①本来の個体群とは異なる遺伝子型（種・亜種・変種・園芸品種等）の混入や多様性の偏りを防ぐための，分類学，個体群生態学，園芸学などの専門知識

②自生地への病原体の持ち込みを防止するのに欠かせない，植物病理学

的な専門知識

　③試験管内において，ウイルスなどの病原体の伝播を防ぐために必要な植物繁殖学的な知識

などが不可欠と考えられる．

　今後は，以上の各分野の知見をもとにした，言わば「保全繁殖学」のような自生地の復元にも役立つ総合的な技術体系の創生が必要と考えられる．

5.3.5　完熟種子からの増殖方法がもたらすもの

1）採集圧の抑制

　自生地におけるアツモリソウの個体数が減少した主な原因の一つは，園芸的利用を目的とした採取である．上述したような効率的な繁殖方法により，大量に人工繁殖個体を流通させ，市場を飽和状態にして山採りを無意味とすることによって，自生地における採取圧を持続的に減らすことが可能と考えられる．なおその際には，効率的な繁殖方法であることが必要条件である．

　効率がよいことは生産経費の軽減につながる．ラン科植物の培養による増殖における生産経費のほとんどは設備費と人件費であり，培地そのものの経費は1瓶分が1円程度である．設備費と人件費は事業者によって大きく異なるが，通常，播種後1年程度で製品となるような，繁殖効率がよく，大量増殖されている洋ランにおいては，一般に種子から得られた幼植物体の生産原価は50〜100円程度である．この程度の生産原価であれば，実質的に人件費以外生産費がかからない，自生地からの「山採り」個体に比べても十分な価格競争力を維持している．仮に，効率の悪い方法により人工増殖がなされた場合は，市場価格を高値で安定させてしまい，山採り個体が人工繁殖個体と偽って販売されることも危惧される．

　また，交配によって得られた実生は，園芸的に優れた個体が出現する頻度が高くなるために，市場における優位性は高く，山採り個体を市場から放逐することが可能となる．事実，遅きに失した感はあるが，エビネ属およびウチョウラン属においては，ホームセンターにおいて園芸的に優れた特徴を持つ人工増殖個体が廉価に販売されており，自生地における採取圧は以前に比べて明らかに減少している．今後，人工増殖個体によって自生

地を復元する場合には，上述した方法により採取圧を継続的に排除することが前提条件となる．

2) 遺伝資源の保存

これまで，アツモリソウをはじめとした発芽が困難な地生ランは，種子の長期保存に関する検討がほとんど行われていない．これは，発芽させる際に貯蔵に適していない未熟種子を使う事例がほとんどであったことと，貯蔵に適した完熟種子からの発芽が不可能であったために，経時的に発芽試験を行って発芽率の高低を求め，これを指標とする貯蔵条件の評価を行うことができなかったからである．アツモリソウにおいては完熟種子からの効率的な発芽促進方法が確立したので，今後は，超低温保存を含めた長期保存に適した環境条件の解明が期待される．種子の長期貯蔵は遺伝資源の持続的な利用を可能とし，自生地において種が絶滅した場合，自生地復元の際の最も重要な技術と位置づけられよう．

引用文献

Cribb, P. (1997) The genus Cypripedium. The royal botanic gardens, Kew, 301pp, in association with Timber Press.

Miyoshi, K. and Mii, M. (1998) Stimulatory effects of sodium and calcium hypochlorite, pre-chilling and cytokinins on the germination of *Cypripedium macranthos* in vitro. *Physiol. Plant.*, **102**: 481-486.

コラム3　生物多様性・景観のリージョナリズムと植物利用のグローバリズム

　生物多様性とは種数が多ければよいというものではない．例えば，自然再生推進法の基本方針は「長い歴史の中で育まれた地域固有の動植物や生態系その他の自然環境について，……」として，自然の地域性を重視している．言わばリージョナリズムの立場であり，グローバリズムと対立する考え方とも言えよう．新しく制定された景観法でも，地域性や伝統が重視されている．

　一方，農業をはじめとした植物利用の文化は，その起源の時点からしてグローバリズムの要素を持っている．例えば，7000年前に始まるとされる中国・黄河文明の初期に，すでにコムギは西アジアから導入されているし，その農耕文明を構成する栽培植物のほとんどは外来のものである．

　わが国ももちろん例外ではない．特に最近では，世界的な市場と情報網の発達によって，差別化された商品としての植物種や新品種が，毎年，海外から大量に導入されている．ガーデニングブームは，毎年新たに導入される外来植物によって支えられていると言ってもよいだろう．これは外来植物の侵略リスクが年々高まっていることにほかならない．

　しかし，社会学者ギデンズ（1999）は言う．「リスクは，冒険や危険とはその意味合いを異にしている．リスクは，将来の可能性を積極的に評価したうえで，あえて冒す危険を意味する．未来志向の—未来を征服と開拓の対象とする—社会においてこそ，リスクという言葉は広く用いられるのである」

　我々はグローバリゼーションを享受するコスモポリタン社会に生きているのであり，いっさいのリスクをとらないというのでは何の進歩も生まれない．植物利用の面でもそれは同様である．それを前提にしたうえで，賢くリスクを回避する方途を捜していかなければならない．

（小林達明）

〈参考文献〉Giddens, A.（1999）Runaway World. Profile Books, Ltd..（佐和隆光訳（2001）「暴走する世界—グローバリゼーションは何をどう変えるのか」ダイヤモンド社，216pp.）

第6章

地域性種苗のためのトレーサビリティ・システム

松田友義

6.1 はじめに

　開発地・荒廃地・都市緑地等の緑化に際しては，これまでもその地域に生育する植物と同種の植物の使用が指導されることがあった．しかし，使用する植物の検査やモニタリングが課せられていないために，施工業者が調達した外国産の種子等が多く用いられてきたというのが実態である．それに伴って，外来種の増殖による在来種の生育地消失，外来種と在来種の間の浸透性交雑等，外来系統の導入による在来地域性系統の遺伝的攪乱が問題化し，それに対して生物多様性保全の観点からも，自然環境復元の観点からも，地域性種苗による緑化の重要性が一段と増している．
　一方，地域性種苗の供給体制は未整備のままであり，外来種による遺伝的攪乱を避けるためにも，地域性種苗の生産・流通体制の確立が急務とされている．地域性種苗に対する需要の増大，供給体制の整備の必要性は，いかにして地域性種苗であることを確認し，保証するかという新たな課題を生じさせている．地域性種苗であるかどうかを確認するためには，これまで原産地しか明らかにされてこなかった種子について，より詳細な採取地や，時には採取木の情報を明らかにする必要がある．とりわけ，種子のより狭い範囲での採取地が特定されて識別できることが重要であり，このためには，食品を対象として普及が図られているトレーサビリティ・システムの導入が有効であると考えられる．
　食品業界ではBSE問題などをきっかけに，すべての食品に対してトレーサビリティ・システムを導入することが検討されている．緑化植物のトレーサビリティを考える場合には，食品とは異なり，生命や健康を守るために

原因を迅速に究明するといった緊急性に欠けること，それぞれの種子や苗木の出自を明らかにしながら流通させる体制さえ整えば基本的に問題は解決すること，すなわち，地域性種苗であることが流通過程のどこででも確認できればそれでよい，という商品特性に応じた相違が存在することを考慮しなければならない．このような相違を考慮すると，トレーサビリティというよりは，むしろ商品属性に意味がある場合に用いられる分別流通（IP；Identity Preservation）に重点を置いたシステムが適当であろうと考えられる．

　本稿では，まず，トレーサビリティ・システムと，自然環境復元問題に適用可能なIP機能に重点を置いたシステムについて概説する．次に，このようなシステムを地域性種苗問題にいかにして適用するか，いかにしてシステムを十全に機能させるか等，システムの導入・運用に必要な条件について考察し，最後に，システム構築のための課題について簡単に紹介する．

6.2　トレーサビリティ・システムとIPシステムにおける識別問題

　トレーサビリティ・システムの機能は，遡及（トレースバック，トレーシング）機能と追跡（トレースフォワード，トラッキング）機能に区別できる．遡及とは，流通履歴を消費者側から生産者側へ向かって遡ることであり，追跡とは，生産者側から消費者側へ商品の流れや所在を追いかけることである．食品に由来する事故が起きた場合には，まず遡及機能を利用して事故の原因に遡り，原因を特定した後に，追跡機能を利用して商品の所在を探索するとともに，リスクのある食品を回収する．食品のトレーサビリティ・システムは，遡及・追跡の両方が可能でなければ機能しない．両方が可能になることによって事故の責任が誰にあるのかをはっきりさせると同時に，リスクのある食品を特定し，回収を迅速に行うことによって事故の被害を最小限に止めることができるのである．事故を起こしたり産地等を偽装したりすることが，企業の存立そのものを脅かす重大な影響を与えることは，ここ数年の経験からも明らかである．多くの企業がトレーサビリティ・システムの導入に熱心なのは，このような事態を避けるため

のリスク管理の機能に注目しているからである．

　トレーサビリティ・システムが遡及・追跡の両機能を等しく重視するのに対して，特別な商品を他と混入しないように分別流通させるためのシステム，すなわち分別機能を重視したシステムがIPシステムである．IPシステムの場合には，遡及・追跡以前に，いかにして混入を防ぐかということが大前提になる．流通の過程で商品属性の異なる商品どうしが混入しないことを保証するためのシステムであるといえる．

　地域性種苗に必要とされているのは，消費者の健康を守るというような緊急事態に備えるためのリスク管理手法としてのトレーサビリティ・システムではない．むしろ，食品の場合の異物混入に当たるような，問題のある種苗が混入するという事故を未然に防ぐために，地域性種苗をそれとして確実に流通させるためのシステムが必要とされているのである．この目的を果たすためには，分別流通のための機能を充実させる必要がある．IPシステムは，ある属性を持った商品が他の商品と混入するのを防ぐための，分別流通を確実に行うためのシステムである．地域性種苗の場合も地域性種苗であることが意味を持っているのであり，他地域の種苗と混在してしまえば地域性種苗としての価値はなくなる．このような事情を考えると，地域性種苗のためのトレーサビリティ・システムは，分別機能を重視したIPシステムに近いものが望ましいことは明らかである．

　トレーサビリティの基本は，ある範囲の商品を他と区別して流通させ，その記録を管理することにある，すなわち，分別が基本となる．商品の流通履歴を遡及する際の大きな問題点の一つに，この分別の範囲を決めるための識別単位をどうするかという問題がある．商品をいかにして他の商品と区別するのか，どこからどこまでを同一の商品としてとらえたらいいのかという識別問題は，実際にトレーサビリティ・システムを導入しようとすると非常に重要で困難な問題となる．

　食品トレーサビリティ・システムの目的の一つは，事故が発生した時に事故を起こす可能性のある食品を，迅速に市場から排除・回収することにある．事故の原因を究明し，リスクのある食品の範囲を特定しなければならない．しかし，複数の産地の原料や複数の種類の原料が用いられているような場合には，必ずしも一つの産地や原料を特定しなければならないと

第6章　地域性種苗のためのトレーサビリティ・システム

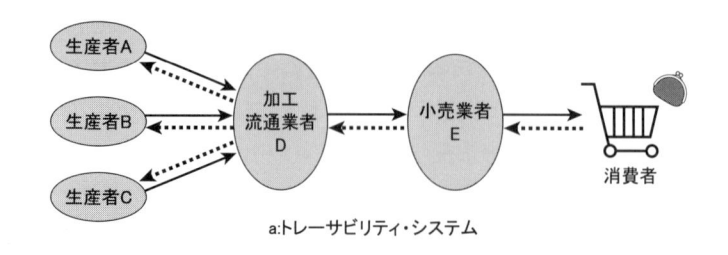

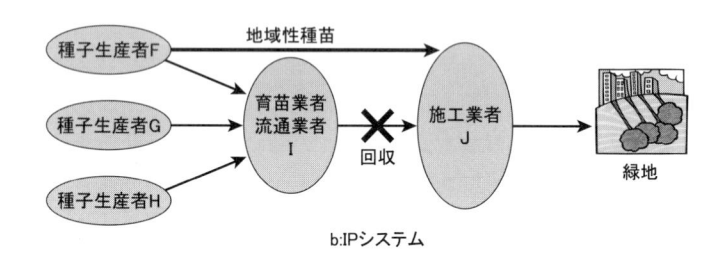

図6.1　トレーサビリティ・システムとIPシステム

いうことではない．加工や流通の過程で複数の原料が混入することは，食品ではむしろ当たり前のことといえる（**図6.1-a**）．原料供給を生産者A，B，Cが担っている食品に問題があった場合，問題の原因が生産者A，B，Cの供給した原料のいずれかにあることしか判明しなくても，リスクの存在する食品である生産者A，B，Cの原料を用いた食品をすべて回収すれば，一応それ以上の事故が発生する可能性を抑えることができる．

しかし，地域性種苗の場合には地域性が問題にされているのであるから，他産地の種苗が混在することは許されない．例えば，種子生産者Fが採取した地域性種苗は他の地域の種子生産者が採取した種苗と混入されることなく，施工業者に届けられなければならない（**図6.1-b**）．もし，地域性種苗以外のものが混じっていることが判明した場合には，種子生産者Fや流通業者Iの出荷した種苗のすべてを，それ以上流通させたり，施工に用いることなく回収，あるいは廃棄すればよいのである．

ところがここで問題になるのが，種苗から育苗を経て苗として販売する場合である．育苗業者Iは，種子生産者Fの種子とともに，種子生産者G，種子生産者Hが種子生産者Fと同様の方法で採取した種子も育苗用に利用して

6.2 トレーサビリティ・システムとIPシステムにおける識別問題

いる可能性がある．通常は，同一地域で，同種の樹木から，同一の方法で採取されたとみなされる種子は，たとえ採取者が異なっていても同一種子としてみなされる．そのため多くの育苗業者は，異なる採取者からの種子の混入は当たり前のこととしてとらえていると考えられる．育苗業者Iが地域性種苗を確実に分別流通させるためには，種子生産者Fと種子生産者G，Hが，ともに地域性種苗の種子を採取していることを確認することが前提となる．

先にも紹介したようなシステム導入の目的の相違によって，トレーサビリティ・システムとIPシステムとでは，識別問題のとらえ方とその困難さも大きく異なる．IPシステムの場合は，目的からいっても複数の種苗が混入するという場合は考えに入っていない．本来このような混入が起きること自体，IPシステムとして十分機能していないことの証となる．

識別単位が小さくなれば，育苗業者Iは，分別を確実に行うために，原料となる種子を生産者別に別商品として扱わなければならない．そうしなければ，IPシステムの狙いである分別流通を達成することが困難となる．さらに，種子生産者Fが同じ地方で多数の樹木から種子を採取している場合，どこからどこまでを同じ特性を持った種子としてとらえてよいのかという困難な問題が生じる．IPシステムは商品としての独自性を保持できる範囲内では有効に機能するが，一般の食品のように生産から消費までいろいろに形を変えたり，複数の商品が加工・流通過程で混入する場合，そのすべての過程に適用することは困難になる．

食品の場合には，消費者の健康を守るためのトレーサビリティ・システムという観点から，遡及の結果必ずしも唯一の供給源に行き着く必要はない．事故の原因物質となった疑いのある食品や，食材を提供した可能性のある供給源をすべて把握できればよいのである．よって，識別単位をIPシステムほど小さくする必要はない．しかし，地域性種苗の場合には分別を確実に行わないと意味がない．混入すること自体が地域性種苗としての価値を失うことに通じる．混入が判明した種苗は，施工に用いられる前に流通過程から排除する必要があるのである．必要に応じて識別単位は十分小さくする必要がある．この点が，トレーサビリティ・システムとIPシステムとの根本的な違いである．地域性種苗の流通には，IP機能に重点を置い

たトレーサビリティ・システム，つまり，IPシステムに近いトレーサビリティ・システムが必要となる．

6.3 地域性種苗の供給とIP機能に重点を置いたトレーサビリティ・システム

初めに緑化植物の流通の実態を紹介する．地域性が問題とされない一般の公共用緑化樹木等は，食品の場合のいわゆる市場流通と大差ない経路をたどって流通している．種子や挿し穂や苗は，輸入物と国産物にかかわらず，その多くが生産者から産地仲買業者や農協等を介して流通している．地域性種苗は，多くが自然回復植物協会等の生産者団体によって直接流通しており，いわゆる市場外流通をしている．地域性を強く問われない一般的な植物の場合は，流通業者の調達が市場で行われることもあるが，これに対して地域性種苗のように商品特性が問題にされる植物の多くは，流通業者を介さない市場外流通によって流通しているのである．

緑化工事と地域性種苗の流通のプロセスを見ると，発注者の設計発注から植物施工に至るまでの過程で，設計者による樹種決定や施工者による植物発注，流通業者による植物発注と植物納品，施工者の植物施工まで複数

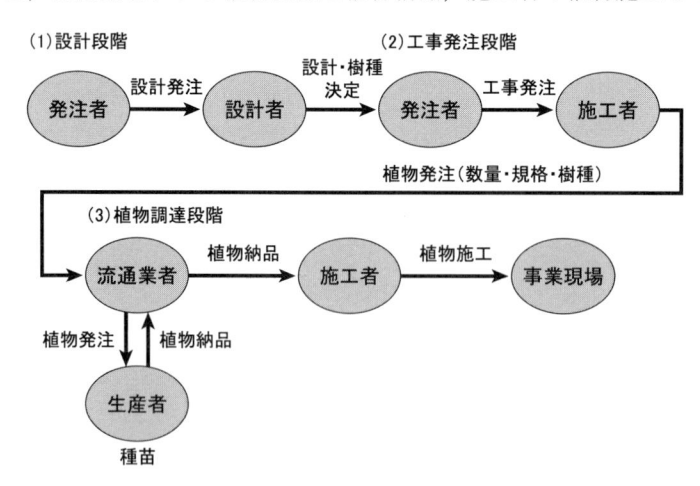

図6.2 緑化植物としての地域性種苗の流通のプロセス
（資料：環境省自然環境局 （2002）『自然環境復元のための緑化植物供給手法調査報告書』）

6.3 地域性種苗の供給とIP機能に重点を置いたトレーサビリティ・システム

の業者が関わっていることがわかる（**図6.2**）．たとえ市場外流通であっても，多くの関係者の手を経ることを考えると，何らかのシステムによって地域性種苗であることを保証しながら流通させる仕組みが必要となる．

地域性種苗は，地域性種苗であることが保証された，差別化の程度のきわめて高い特殊な商品である．したがって，流通過程で他の地域性種苗や輸入種苗と混合されてしまうと，地域性種苗としての価値を失う．ここでの問題は，地域性種苗であることを，いかにして消費者や施工業者に対して保証するかという点にある．それには先に紹介した分別流通のためのIPシステムが役に立つ．地域性種苗と，他の例えば輸入種苗とがいっしょに流通していたのでは，地域性種苗であることを保証することはできない．初めから分別流通が保証されていなければならないのである．IPシステムやIPハンドリング自体は，種苗流通において品種や銘柄の識別などに長い実績を持っている．この点からも，地域性種苗のための分別流通システムを構築すること自体は，さほど難しいことではないと思われる．

地域性種苗のための分別機能に重点を置いたトレーサビリティ・システムを構築するには，まず，種子採取人，苗木生産者等の緑化植物の生産や流通に関わる個人，企業，組織を識別する必要がある．識別は通常，それらの企業や組織に対して識別番号を付与することによって行われる．これが地域性種苗であることを保証する種子識別番号の基本となる．食品に関する関係者数と比べても，その数はそれほど多くはないことが予想されるので，この作業自体はさほど困難ではないであろう．さらに，関係者が流通の各段階で，品種名，採取日等商品を識別するのに必要な情報を取り込んで，種子・苗等に対して商品識別番号を商品に添付すれば，**図6.3**に示すようなトレーサビリティ・システムを構築できる．

種子採取人Aは2002年9月10日に採種した地域性種苗Xの種子1kgに，例えばAX10SE021というような識別番号を与える．Aというのは何らかの機関から発行された種子採取人の識別番号あるいは登録番号，Xは地域性種苗の種類を表す識別子[注1]である．もちろん，採取木を特定する必要のある場合に

注1) ここで示した識別番号は単なる例示のためのものに過ぎない．識別番号については，誰が発番し，管理するのか等の問題とともに，どのような情報を含めるか，コード化をどうするかという問題も存在する．

第6章　地域性種苗のためのトレーサビリティ・システム

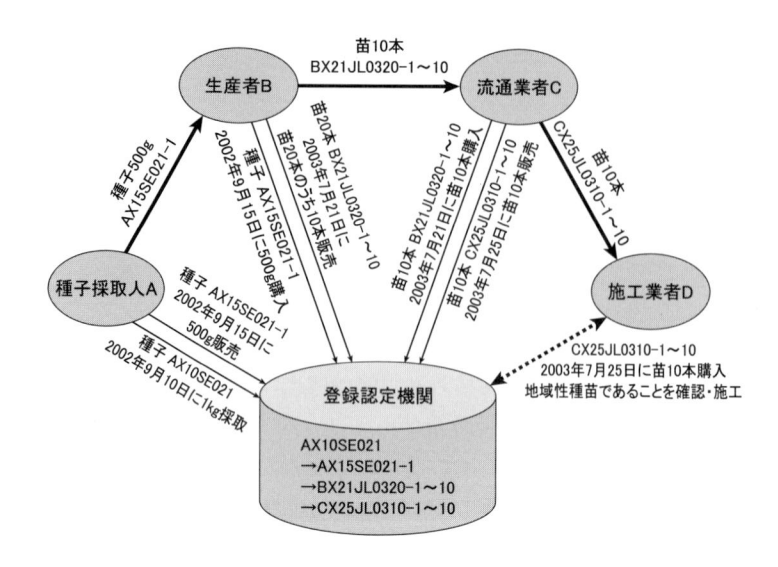

図6.3　地域性種苗のためのトレーサビリティ・システム

はそのような情報を含んだ識別番号を付けるか，あるいは食品の場合に安全情報を関連業者が自己管理しているように，種子採取人がAX10SE021の商品はどの採取木から採取したものかを示す情報を管理する必要がある．識別番号は何らかの形で記録されるとともに，種子の容器にも貼付されなければならない．記録された情報を探索可能にするのが情報のトレーサビリティであり，商品そのものに貼付された識別番号によって商品の所在を確認できることが商品のトレーサビリティである．記録された情報と実際の商品の間には，常に1対1の関係が成り立っていなければならない．この関係が成り立っていることがトレーサビリティの基本である．

　種子採取人Aは，同年9月15日にAX10SE021のうちの500gにAX15SE021-1という識別番号を付けて生産者Bに出荷する．種子採取人Aは，出荷した種子の識別番号と販売数量，販売先を対応づけて記録しておかなければならない．**図6.3**のように，データを集中管理するシステムであれば，そのデータを登録する必要がある．同時に，生産者Bも種子採取人Aから500gを購入したということを記録しなければならない．生産者Bは適当な時間をかけて育苗し，苗20本を生産する．そのうちの10本を2003年7月21日にBX21JL0320-1

6.3 地域性種苗の供給とIP機能に重点を置いたトレーサビリティ・システム

〜10という識別番号を付けて流通業者Cに出荷する．識別番号の記録管理や商品への識別番号の貼付が必要なことは言うまでもない．さらに流通業者Cは，同年7月25日に入荷していた苗10本をCX25JL0310-1〜10という識別番号を付けて施工業者Dに販売・配送し，必要な情報を管理する．施工業者Dはその苗が地域性種苗であることを確認してから施工する．これが，IP機能に重点を置いたトレーサビリティ・システムにおけるIPハンドリングの流れである．

このように，流通の各段階で適当な識別番号を付与しながら他の種子・苗等と混入しないように分別管理していれば，地域性種苗を地域性種苗として流通させることができる．また，取扱量と現物を対応づけながら販売・購入記録を管理しておけば，販売した数量と購入した数量が一致しているかどうかを確かめるための重量会計が可能になり，1kgしか採取されなかったはずの種子が最終的には10kgも販売されているというような事態を避けることができる．魚沼産のコシヒカリが実際の生産量の何倍も販売されていたという，食品の世界では半ば公然と行われていた産地偽装も防ぐことができるのである．

図6.3には中央に登録認定機関が置かれたケースを示したが，これは必ずしも中央管理型のデータベースを必要とすることを意味しない[注2]．もし，種子採取人がAX10SE021という種子を採取し保管しているという情報を何らかの形で関連業者向けに開示できさえすれば，情報を誰が管理していようとかまわない．調達側である施工業者にとっては，どこかにデータベースがあったほうが探索が容易になり，便利であろうということを意味しているに過ぎない．万が一，他の種苗との混入等の問題が起きたときには，何らかの方法で識別番号を使って次々と業者をたどり，問題を起こした業者を探索するとともに，問題のある種子・苗等を回収すればよい．この作業を迅速に行うためには，それぞれの業者が自ら扱った種子・苗等の情報

注2) トレーサビリティに必要な情報を，どのような形で管理するのが最も効率的かは，一概に結論できない．図6.3のように中央にデータを集中的に管理するような組織を置いて，一括して管理することもできるし，個々の関係者が自己の責任に関わる情報をそれぞれ管理することもできる．ただし，採取・販売・購入等，流通経路に関わるデータを関係者に開示する仕組みを整えておかないと，システムは機能しない．この仕組みに関しては，どの程度の情報量を必要とするのか，関係業者が自己管理できるのかどうか等，多くの問題を加味して決めなければならない．

をネット上で管理する必要がある．これがインフラとしてのトレーサビリティ・システムである．トレーサビリティに必要な情報をどのようにして管理するかという問題については，食品分野でも解決が待たれているところであり，どのような仕組みが最も相応しいかは商品特性によって決まってくるものと思われる．

　むしろ，地域性種苗について問題なのは，地域性種苗であることをどの程度の範囲で保証するのか，いわゆる識別単位をどうするのかという識別問題と，地域性種苗であることを誰が保証するのかという認証の問題である．食品のケースでも，識別単位を小さくすればするほど取り扱い費用がかさむことは，多くの例が示している．IP機能に重点を置いたシステムともなれば，識別単位は必要に応じてかなり小さくせざるを得ない．地域の生態系を守るためにどの程度まで識別範囲を狭める必要があるのか，採取木にまで遡れるような仕組みが必要なのか，あるいは山単位でよいのか，市町村単位でよいのか等について早急に検討し，明らかにする必要がある．

　また，栽培履歴のような生産状況に関する情報をどのように取り扱うのかによっても，システムの構成は変わってくる．品目別にシステムを開発したために互換性などにおいて問題が生じている食品業界同様の混乱を招く恐れも存在するので，この点についても早急に議論する必要がある．

6.4　おわりに

　食品の場合は危険とみなされる商品を市場から除去することで，消費者に対する危害を防ぐことができる．怪しきは食さず，これが基本である．しかし，地域性種苗の場合は施工が終わってから怪しい植物を回収するということはきわめて困難である．生産の段階から地域性種苗であることが保証されていなければ意味がない．IP機能に重点を置いたトレーサビリティ・システムは，このような場合にきわめて有効なシステムである．また，IPシステムそのものは種苗メーカー等で，BSE発生以前からすでに何年も利用されてきたという実績を持っている．この意味では，食品産業よりも導入に対する抵抗の少ないことが期待でき，一気に導入が進む可能性も存在する．

6.4 おわりに

　食品トレーサビリティ導入の場合には，商品形態が流通過程において何度も変わることが問題を複雑にしてきた．緑化植物の場合にも，商品形態は，種子から苗，あるいは幼木へと変化する．おそらくこのことによって，何度も識別番号を付け替える必要が発生し，トレーサビリティ・システムの開発を困難にする可能性がある．また，種子や苗等の形態の異なる商品に識別情報を貼付するための情報担架体についても，2次元バーコードやICタグ等新たな技術が次々と登場している．商品形態に応じた担架体を選択することも重要な課題である．

　地域性種苗のためのトレーサビリティ・システムが構築できたとしても，供給体制が整備されていなければシステムは機能しない．どのような形で供給体制を整備すべきか，という問題については，筆者の専門領域を越えるので答えを提示することはできないが，食品同様，供給する側の責任体制の整備が前提となることは明らかである．多くの偽装問題でコンプライアンス（遵法精神）に対する企業・従業員の認識の欠如が露見している．情報そのものの信頼性を確保するためには，上記システムを構築するだけではなく，第三者機関による取り扱いのマニュアル作りや認証等が必要になる．

　最も重要なことは，トレーサビリティ・システムにしろIPシステムにしろ，一部の関連業者だけが導入したのでは機能しないということである．種子の出自を保証し，地域生態系を守るためには業界全体の取り組みが必要となる．すべての関係業者の合意のもとに，すべての業者が導入しやすいシステムを開発する必要がある．また，そのための母体としても，個別企業の利害関係を越えた第三者機関が必要となるであろう．現在，食品のトレーサビリティを巡っては商品別に開発されたシステムどうしの互換性・相互運用性の確保が問題化している．緑化植物の場合にも，草本類用のトレーサビリティ・システム，木本類用のトレーサビリティ・システム等が開発されるならば，食品同様の問題を生じることは明らかである．すべての緑化植物を対象にした標準的なシステム開発が目指されなければならない．そのためにも，すべての関係業界を横断的につないだ組織によるシステム開発が望まれる．

参考文献

松田友義(2001)食品安全性の確保と消費者の安心,農林統計調査,**51**(10): 11-15.

松田友義(2001)リスク管理手法・情報提供手法として注目されるトレーサビリティ,農業と経済,**68**(14): 97-105.

松田友義(2003)トレーサビリティシステムとIPシステム,食品流通研究,**6**: 8-13.

日本緑化工学会(2002)生物多様性保全のための緑化植物の取り扱い方に関する提言,日本緑化工学会誌,**27**(3): 481-491.

第7章

地域性苗木の生産・施工一体化システム
―― 高速道路緑化における試み

上村惠也

7.1 はじめに

　日本道路公団は，日本で最初の高速道路である名神高速道路の建設に際し，大規模な土木工事により出現する大面積の法面を保護するために，法面の急速緑化工法（種子吹付工）を1958年に開発した．それ以来，高速道路の法面は基本的に緑化することとしてきた．また，1976年からは，周辺環境との調和および生態系への配慮を含めた自然環境復元のため，苗木植栽による盛土法面の樹林化を行ってきている．さらに，1994年からは，地球温暖化問題等に対応するために，盛土法面の全面樹林化を実施してきており，法面の緑化・樹林化には積極的に取り組んでいる．

　近年は，地球温暖化問題や生物多様性保全の問題など環境問題の深刻さが強く意識されてきており，開発行為においては環境との調和がいっそう重要なものとなり，自然環境への影響を緩和するミティゲーションに関わる技術の向上が強く望まれている．そのような中で緑化工事を考えてみると，緑化工事自体も開発行為の一種であり，たとえその目的が自然の復元や自然景観の保全にあったとしても，自然豊かな地域で工事を実施する場合においては，可能な限り自然環境への影響を最小にする必要がある．特に緑化工事は生きた植物材料を使用する工事であり，これらの植物による周辺の自然植生への影響を考慮すると，地域に自生する植物を使用することが望ましい．そのため，日本道路公団では自然環境対策の一環として，以下のような地域性苗木による法面樹林化技術を開発した．

7.2 道路緑化用樹木の苗木の区分と適用

　道路緑化に使用する樹木の苗木については，生物多様性保全の観点から検討した．その結果，道路緑化樹木を，地域性苗木と生育地を限定しないその他の樹木に分類した．地域性苗木とは，工事区域を含む限られた地域内の樹木（個体）から採取・育成された苗木とした．地域区分については，樹木の遺伝的な変異等の地域区分が現在のところ明確でないことから，高速道路緑化においては，目安として便宜的に気象予報地域区分を使用することとした（**図7.1**参照）．これは，地域区分として都道府県よりも小さな単位が妥当と判断し，全国的に用いられている気象予報地域区分が今のところ適当と判断したためである．本章における地域性苗木は，以上のような定義を用いることにする．

　適用箇所については，**表7.1**のように，自然環境の復元を要する重要な区域には地域性苗木を使用することとしており，都市地域～人里・田園地域で修景を要する区域には，生産地を限定しない市場で一般的に流通している樹木を適用している．

　地域性苗木は現在のところ市場性がないことから，高速道路の緑化では

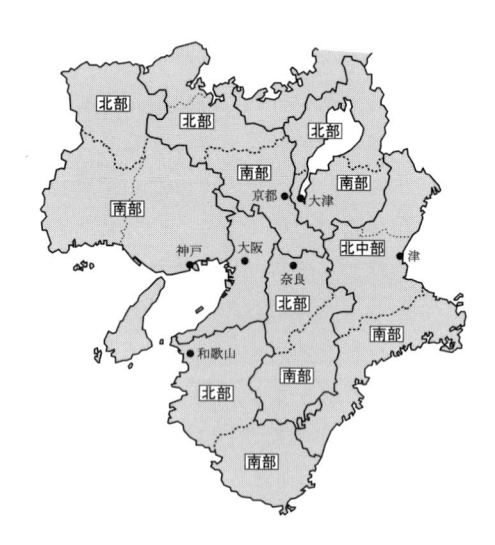

図7.1　気象予報地域区分の例（近畿地方）

表7.1　道路緑化樹木の適用条件

	道路緑化樹木	
	地域性苗木	その他の樹木
材料の定義	工事区域を含む限られた地域内（気象予報区域を越えない範囲）の樹木（個体）から採取・育成された樹木	生産地を限定しない市場で一般的に流通している樹木
材料の市場性	基本的に市場性なし （直営栽培）	市場性あり
材料の適用環境	特に重要な自然地域で，種の保存や，遺伝的攪乱の防止と自然環境の保全を要する区域	都市地域～人里・田園地域で，修景を要する区域
材料の適用場所	①環境影響評価等により抽出された重要な地域に隣接する場所 ②保護・保全を必要とする種が生育する地域に隣接する場所 ③学術的に保護・保全が必要な生態系や動植物分布域に隣接する場所 ④使用したい樹種（貴重種を含む）が市場において生産されていない場合	左記以外の地域
材料の使用条件	工事区域で使用（地域区分内で遺伝的に同一集団と考えられる地域内）	生育可能な範囲で使用（地域区分を越えて使用可）
地域区分の目安	気象予報地域区分〔気象庁〕（図7.1参照）	

自ら生産した苗木を使用して施工する生産・施工一体化システムをとっている．

7.3　地域性苗木の生産システム

7.3.1　高速道路建設の流れと法面樹林化の検討

　高速道路の路線発表から工事施工までの流れは**図7.2**の通りであり，土木工事等の詳細な設計をする時には，法面樹林化の必要性を検討し，自然環境を重視する場合には地域性苗木の使用育成計画を立案する．これは，法面の勾配や形状に応じた緑化基礎工，および，種子吹き付けによる法面

第**7**章　地域性苗木の生産・施工一体化システム

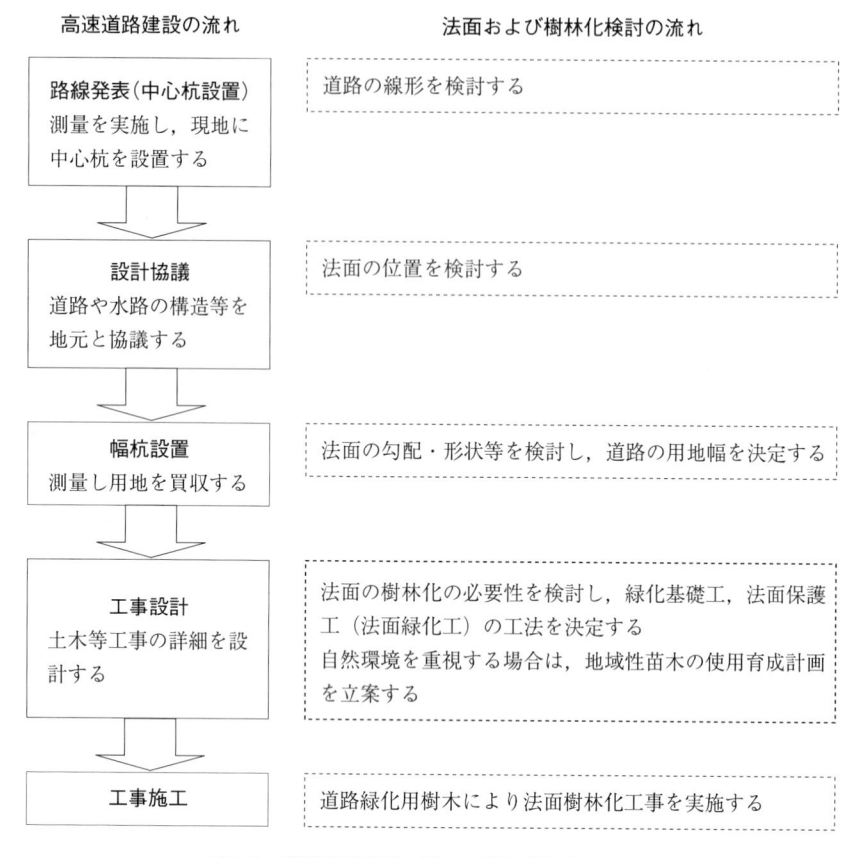

高速道路建設の流れ	法面および樹林化検討の流れ
路線発表（中心杭設置） 測量を実施し，現地に中心杭を設置する	道路の線形を検討する
設計協議 道路や水路の構造等を地元と協議する	法面の位置を検討する
幅杭設置 測量し用地を買収する	法面の勾配・形状等を検討し，道路の用地幅を決定する
工事設計 土木等工事の詳細を設計する	法面の樹林化の必要性を検討し，緑化基礎工，法面保護工（法面緑化工）の工法を決定する 自然環境を重視する場合は，地域性苗木の使用育成計画を立案する
工事施工	道路緑化用樹木により法面樹林化工事を実施する

図7.2　高速道路建設の流れと法面樹林化の流れ

緑化工の施工が土木工事で行われるため，法面の樹林化については土木工事の設計までに樹林化の方針が決定していることが望ましいこと，および後述するように，地域性苗木の生産に3〜4年を要するため，4〜5年で完了する建設工事期間内に植栽するためには工事発注前に苗木の生産を開始することが望ましいためである．

なお，法面を樹林化するかどうかについては，盛土法面は基本的に全面的に樹林化することとなっており，切土法面は周辺環境や景観などを考慮し，個別に検討することとしている．

7.3.2 地域性苗木の生産

　地域性苗木の生産は，種子の採取・精選までの工程と，播種から育成・出荷までの工程の二つに大きく分かれる．高速道路では，種の採取・精選までを建設を担当している各地の工事事務所が行い，播種から育成・出荷までを滋賀県にある中央研究所緑化技術センターで実施している．

1）種子の採取・精選

　工事事務所で実施している，種子の採取から緑化技術センターへの送付までの流れは，**図7.3**の通りである．

　事前調査では，施工対象地周辺にどのような植生が発達しているか把握する必要がある．調査は，施工地周辺の自然林を対象に行い，調査対象地内に出現する樹種をリストアップする．また，環境アセスメント時の調査データがあればこれも活用する．

　苗木の使用計画と種子採取量は，事前調査結果をもとに施工対象地に導入する樹種別の苗木の使用計画が決定され，これに加え，各樹種の過去の発芽率等から種子の必要数量を計算し，種子採取量が決定される．採取量の決定にあたっては，各樹種の過去の発芽率から必要数量を計算する．

　種子の採取を行うにあたり，事前に採取予定地に足を運び，種子を採取する樹木を選定する必要がある．林内にあって日の当たらないような樹木であると結実の状態が確実でない場合があるので，樹木の立地環境や活力状況を観察し，採取樹木を決定する．採取時期は，文献等を参考にしてある程度把握したうえで，採取地の下見を行った後に，良質で成熟した種子を採取する．

　種子の調整とは，採取した着果枝ごとに果実から果肉を除去し，種子を取り出すとともに，大きな夾雑物が多く見られる種子はふるいなどで除去することにより，カビなどで発芽力が低下しないようにすることである．

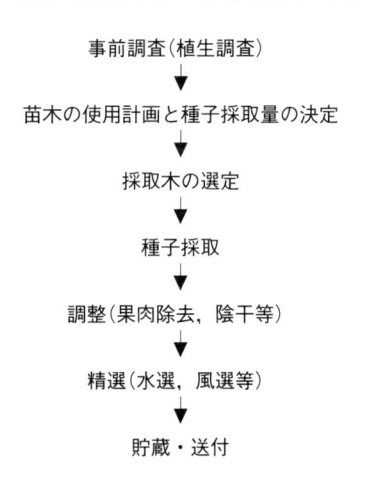

事前調査（植生調査）
↓
苗木の使用計画と種子採取量の決定
↓
採取木の選定
↓
種子採取
↓
調整（果肉除去，陰干等）
↓
精選（水選，風選等）
↓
貯蔵・送付

図7.3　種子の採取から送付までの流れ

精選とは，調整に引き続き行う作業で，調整を行った種子から未熟種子，虫害種子などの不良な種子や小さな夾雑物を除去し，良い種子を選別することである．

調整・精選を行った種子は，緑化技術センターに送付する．送付する際には，樹種別に採取地，採取年月，採取後の保存方法，採取粒数，希望育苗数量を明記する．すぐに送付できない場合は，発芽能力が落ちないように樹種特性に応じて貯蔵する．

2）播種から育苗・出荷

地域性苗木の種子は，緑化技術センターで集約的に播種・育苗される．緑化技術センターでの作業は**図7.4**の通り行われる．

現地から送られてきた種子は，播種されるまでの間に一時的に保存される．保存方法は，種子の特性に応じて保湿低温貯蔵と乾燥貯蔵とに分けられる．

播種は主に，種子到着後の冬季から春先までに行われる．播種方法は，耳掻きや薬さじを利用して1粒ずつ播いており，現在のところすべて発芽率を調査している．発芽率が悪いものは，ジベレリンなどで発芽促進処理を行ってから播種することとしている．また，発芽率の悪い樹種に対しては，発芽能力があるかどうか，テトラゾリウム試験（胚の発芽能力を試薬で調査する試験）を実施して確認する場合もある．

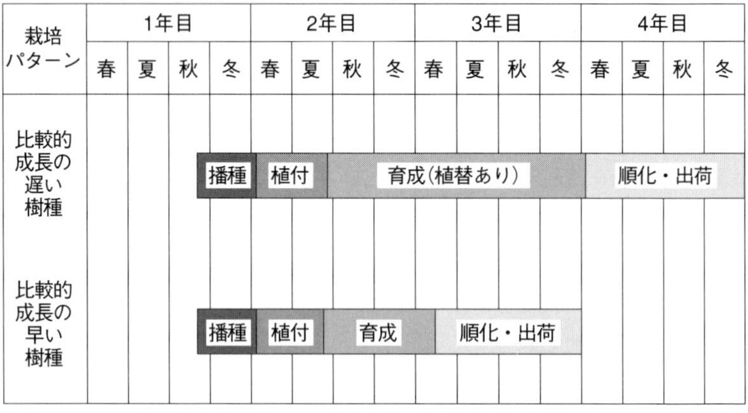

栽培パターン	1年目				2年目				3年目				4年目			
	春	夏	秋	冬	春	夏	秋	冬	春	夏	秋	冬	春	夏	秋	冬
比較的成長の遅い樹種				播種	植付	育成(植替あり)							順化・出荷			
比較的成長の早い樹種				播種	植付	育成		順化・出荷								

図7.4　地域性苗木の育苗の工程

図7.5 発芽の状況
左上から時計回りに，ヤマブキ，ミヤマシキミ，ミツバウツギ，クサギ，アオダモ

　播種後，数週間から数カ月で発芽し（**図7.5**），本葉が数枚展開した段階で植え付けを行う．植え付けは，成長の早い樹種は直接出荷用のφ12cmポットまたはユニットに行い，成長の遅い樹種は一度φ9cmポットに植え付けて1年程度育成した段階で出荷用のφ12cmポットまたはユニットに植え替える．育苗中の苗木には，表に樹種および産地，裏に播種日および植え付け日が記載されたラベルが付けられる．

　育苗初期はハウス内で育成されるが，植え付け後1〜2年経過し幹が木化してきた段階でハウスから外に出され，外気に順化させ出荷の準備を行う．

　建設工事が進み苗木を植えられる状況になると，工事事務所から出荷の依頼が届くので，本数・日時・場所等を決定して出荷する．

7.4　地域性苗木の植栽施工

　地域性苗木として多く播種・育苗されている樹種は**表7.2**の通りであり，本数的には低木類が多い．これは，緑化対象箇所に切土法面が多く，高木性樹木を植栽することが基盤条件から困難であることによっている．

　地域性苗木は，主に盛土法面用のポット苗と，主に切土法面用のユニッ

表7.2 播種の地域性苗木と育苗の数量の多い樹種

順位	播種 (1998〜2002年合計)	育苗 (2003年)
1	ヒサカキ	マルバウツギ
2	マルバウツギ	ニシキウツギ
3	ニシキウツギ	リョウブ
4	リョウブ	ウツギ
5	ウツギ	イズセンリョウ
6	キブシ	コナラ
7	ムラサキシキブ	ガマズミ
8	ノリウツギ	タニウツギ
9	ヒメコウゾ	ムラサキシキブ
10	ヌルデ	ヒサカキ

図7.6 ユニット苗の施工
ユニット苗を置き，四隅に五寸釘を打ちつけて固定する

ト苗に区分される．ユニット苗とは培土を入れた四角い袋に苗木を育苗したものである．

盛土法面におけるポット苗の施工は，通常のポット苗と同様に法面に植え穴を掘り，施肥や灌水，必要に応じてマルチングや土壌改良を行い植え付ける．

7.4 地域性苗木の植栽施工

施工前（1995年）

竣工時（1996年）

施工4年後（2000年）

施工7年後（2003年）

図7.7　地域性樹木を使用したユニット苗の施工例（法面の上側部分）
（中央自動車道高尾地区）

　切土法面におけるユニット苗の施工は，法面にユニット苗を置き四隅に五寸釘を打ちつけて固定する（**図7.6**）．植え穴掘削やマルチングの必要はなく，急斜面でも施工しやすいように施工性に重点を置いた工法である．ただし，法面の地盤が岩である場合は緑化基礎工により植栽基盤を確保する必要がある．

　ユニット苗による施工前後の状況を**図7.7**に示す．これはユニット苗の施工の最も古い事例で，1995年度に中央自動車道高尾地区においてコンクリート吹き付け法面に**図7.8**のように基盤改良を行い，試験生産した地域性苗木

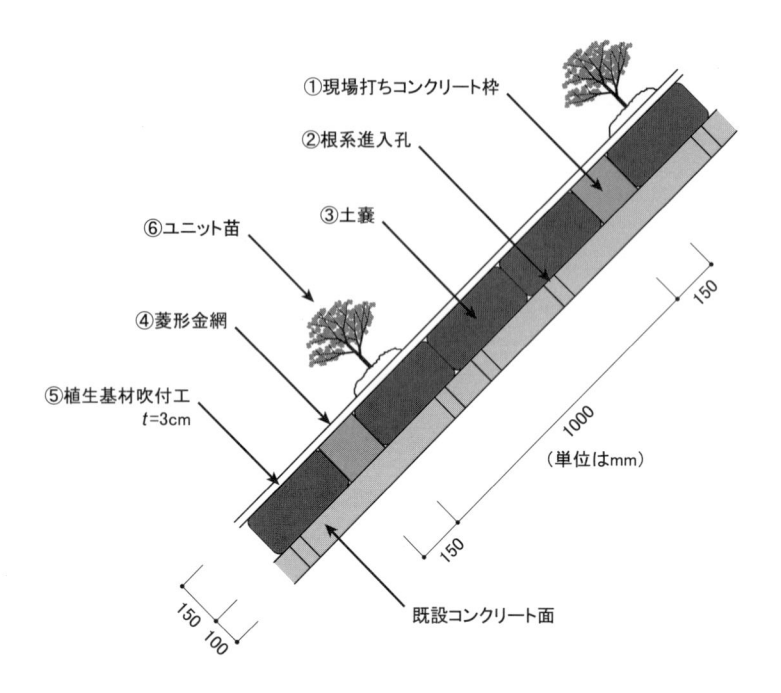

第7章 地域性苗木の生産・施工一体化システム

図7.8 中央自動車道コンクリート法面樹林化工事断面図

①現場打ちコンクリート枠
②根系進入孔
③土嚢
④菱形金網
⑤植生基材吹付工 $t=3\mathrm{cm}$
⑥ユニット苗
既設コンクリート面
（単位はmm）

のユニット苗を植栽したものである．7年後の2003年には，地域性苗木による緑化が行われた法面は，周辺の植生と一体となった景観になり始めている（**口絵写真**）．

7.5 地域性苗木のさらなる技術開発

7.5.1 苗木の生産効率の向上

　地域性苗木は園芸品種と異なり発芽率と生育率の悪いものが多く，生産効率が低い．これを改善しなければ，無駄な作業をすることとなるため，生産効率を向上させる検討を以前から行っている．検討項目としては，種子採取・調整・精選・貯蔵・播種（発芽促進処理）・育成方法について，生産工程上の課題と樹種別の課題に分類して整理している．その結果，全体の発芽率は当初は約20％程度であったが，現在は約40％まで上昇した．

平型ユニット（6本／トレイ）　　　縦型ユニット（10本／トレイ）

図7.9　平型ユニットと縦型ユニット

　育苗期間については，当初は2～3年以上を要するものが多かったが，現在では1年半から2年程度で出荷できるものにしている．

　単位面積当たりの育苗の効率化については，当初，平面的に育成していたユニット苗を，45°傾けた縦型ユニットにすることによって，単位面積当たりの育成本数を多くできるようになった（**図7.9**）．この縦型ユニットは斜面で育成されるため，法面に植え付けたときの勾配の環境変化になじみがよく，施工後の活着率の向上も期待されている．

7.5.2　播種による緑化技術の開発

　地域性苗木による緑化をさらに効率的に実施するためには，種子の吹き付けにより緑化を行うことが考えられる．当初，地域性苗木の種子を植生基材とともに吹き付け緑化できないか試みたが，地域性苗木に使われる樹種の種子は発芽率が悪く生育するものが少なかったため，発芽したものを確実に育成する苗木生産方式を採用した．しかし，地域性の樹種の中には発芽率の良好なものもあり，これらは種子吹付工により緑化可能と考えられるため，これらの中から緑化可能な樹種を抽出していきたい．ただし，種子吹付工などの播種により樹林化する場合，ハギなどのマメ科樹種を混入すると他の樹種が被圧されて単一植生になりやすいので，注意が必要である．

　さらに，吹き付けによらない新たな播種技術の開発も検討中である．

7.6 おわりに

　沿道には様々な種類の植生が成立しており，自然環境の保全・復元の実施にはそれぞれの植生に対応した復元目標の設定が必要となっている．そこで，自然環境対策の復元目標の明確化および設計の効率化を目的に，全国の国土区分ごとに注目すべき生態系（区域ごとの生物学的特性を示す生態系）が整理されている（環境庁，1997；環境省，2001）ことに着目し，緑化技術センターでは，高速道路沿線の各植生タイプに対応した復元目標参考図（樹林将来イメージ，植栽設計）を作成した．今後は，この復元目標参考図を高速道路における自然環境保全を目的とした樹林の管理目標，造園設計業務の着手以前における自然植生復元の検討や地域性苗木の種子採取目標などに利用したいと考えている．

　このように，地域性苗木の生産・施工一体化システムにより，生物多様性を考慮した自然植生の早期復元のための植物材料の供給体制が可能となった．今後，さらに自然に近い状態に復元するためには，復元対象植生の樹種特性等に応じた設計・施工・管理の各種方法を確立していく必要があると考えている．

引用文献

環境庁（1997）生物多様性保全のための国土区分（試案）及び区域ごとの重要地域情報（試案）について，http://www.env.go.jp/press/press.php3?serial=2356.

環境庁（1997）生物多様性保全のための国土区分（試案），
　http://www.env.go.jp/press/file_view.php3?serial=2872&hou_id=2908.

環境省（2001）生物多様性保全のための国土区分ごとの重要地域情報（再整理）について，
　http://www.env.go.jp/press/press.php3?serial=2908.

第8章

地域性苗木の適用事例と今後の供給体制

髙田研一

8.1 地域性苗木の必要条件

本章では，地域性苗木（第1章参照）の適用事例のいくつかを紹介し，その課題をまとめるとともに，現状の地域性苗木供給の生産者の動きを俯瞰しながら，将来の供給体制について考えることとしたい．

地域性苗木は，天然自生地から得られた種子を用いて生産された苗木を指すが，厳密には定義上，運用上の様々な問題が存在する．

遺伝的に見れば，その種子の由来が，明確な自生産地で得られたものであり，かつ，できる限り多くの母樹から種子が採取されていることが求められる．これは，遺伝的に不連続な地域性系統としての遺伝子資源を保全すると同時に，地域性系統内部の遺伝的多様性の保全も，また考慮されなければならないからである．

したがって，地域性苗木の定義は，遺伝的に見てどの地域性系統に属するか（つまり，どの自生地で採取されたか）が明示されていること，かつ，優良系統母樹から得られた種子によって生産されてきた従来の苗木生産（同じ母樹から採取された種子または挿し穂により多数の苗木が生産されるシステム）における「母樹主義」から脱却していることの2点が満たされていることが必要条件となる．

8.2 地域性苗木を使った緑化事例

ここでは，地域性苗木の適用が試みられた緑化の2，3の事例を紹介する．

8.2.1　安房峠道路緑化

　安房峠道路は，中部山岳国立公園の岐阜県平湯温泉地区と長野県中ノ湯温泉地区とを結ぶ安房トンネルを中心とした道路で，1999年に竣工した．そのうち，緑化工事だけでも10年を費やした．緑化計画および緑化施工は，予備調査を含めると20年以上を費やして行われたが，筆者は，1988年の計画段階から竣工までの12年間を，この国立公園の自然回復事業に，計画・設計，施工管理者として携わることとなった．

　当時，緑化の計画・設計経験に乏しかった筆者は，地域性苗木の適用は生態学者として当然のことと考えていたが，いざ市場調査してみると，周辺の原生的自然の構成種で，かつ地域性系統の遺伝子資源を持つ苗木は一つも存在していなかった．

　そこで当初の2，3年は建設省（当時）による自家生産を考慮したが，採算面や用地確保が困難で，最終的には地元苗木生産者による委託生産という形をとることとした．

　この苗木の生産には計画区域の周辺部で採取した23種の種子が用いられ，別に山採り苗として6種を利用した．樹種選択にあたっては，周辺自然林が二次林化しており，植生遷移後期種の自然進入を待つよりも，多様な樹種の直接的導入を図るほうが自然回復に要する時間を短縮できると考えた．このため，植栽位置を考慮しながら，先駆性樹種と遷移中後期種苗木を一定の時間を経た後に植栽する段階的植栽法を採用した．これにより，当初のシラカンバなどを優占種とする落葉広葉樹林から，やがて遷移後期を占めるウラジロモミ林へと発達していく設計とした．

　植栽施工後は自然の淘汰に委ねることを基本としてメンテナンスフリーとし，盛土造成基盤の基盤材に客土部と現場発生土部の2型を設けることとした．植栽配置には極力粗密をつけ，この粗密に合わせて樹種配置を決めること，また，大部分の樹種については同種3本巣植え（1カ所に3本の苗木を集め群状に植栽）を行うこととした．植生構造内の光環境をコントロールする目的で，高木性樹種ばかりではなく，低木性樹種も多く用いた．さらに，法面保護工としての草本播種は，牧草種と地域性草本種子約40種を用いた．地域性草本種子は，周辺の自然草地において，同じ場所で採取期

8.2 地域性苗木を使った緑化事例

を変えて結実種子の採取を数度繰り返す「面取り採取」を実施した．この採取法により，植物名を知らない作業員による採取によっても多様な種子を確保できた．

この結果，植栽後13年を経て，当初の設計通り，トールフェスクなどの牧草種はほとんどが消滅し，地域性草本種約70種を含む自然性の高いシラカンバ林がまず形成され，さらにウラジロモミ林に向かって発達した樹林環境が回復しつつある（図8.1，8.2，8.3）．

8.2.2 王滝村ダム浚渫土法面緑化

長野県王滝村牧尾ダム松尾土捨て場において，ダム浚渫土260万m^3を用いて

a：二次緑化（苗木植栽）1年後の盛土法面（湯ノ平）

b：植栽後10年目の群落．シラカンバ林が成立し，林床には将来の優占種となるウラジロモミなどが育っている．

図8.1　安房峠道路での緑化事例

図8.2 巣植えを行ったダケカンバ苗木（中央）と，下方に雪で倒伏したコハウチワカエデ苗木
雪による倒伏によっても枯損することはなかった．

図8.3 苗木非植栽部分に成立したセリ科などの地域性草本種群落

　造成された盛土法面を緑化するために，2001年から2003年にかけ施工された．浚渫土はコロイド母材が濁水となって流亡し，保水性を著しく欠くとともに，微生物環境の発達が抑制されることが懸念された．この改善のため，ススキによる敷き藁（茅敷き）工，流木発酵チップを用いたマルチングによる土質改善をモザイクに配置したうえで牧草を播種する法面保護工が実施された．
　現地周辺はミズナラまたはアカマツの二次林で，林相は単純である．計画地は公園利用を前提としており，地元から修景機能の高い樹林的環境へ

図8.4 植栽位置を確認しながら，丁寧に植え付ける施工時の状況
あらかじめススキのマルチングの上にジュートマットが敷かれ，これを破って苗木が植栽された．最大植え付け可能本数は200本／人・日まで可能であったが，正しい配植位置，植え付けのためには100本程度が上限かと思われた．

の強い期待もあり，この地域の自然植生に見られる花木，紅葉木を多く選択しながら，地域生態系の先駆性および遷移中後期相に相当する構成種42種を緑化に適用することとなった．このうち，遷移後期種は，配植位置を工夫しても，土質が悪く活着が困難であることが予想されたため，小型分解性植栽基盤柵（エコプランター）を設置したうえで植栽することとした．

大規模な立地に性質の異なる多様な樹種を植栽する場合の施工方法としては，細かな配慮が必要であり，当現場においては，20年後の成長・樹冠発達予測に基づき，12タイプの植栽パターンを定めた．施工時には，それぞれ10×10m²に現場を小区画区分したうえで実施図面として苗木配植図をパターンに基づいて描き直し，4～13種の苗木を植栽していった（**図8.4，8.5**）．なお，ここで用いられた苗木は，市場性がないものが多かったが，市場性のあるものは長野県産のものを，市場性のないものは山採り苗を現場周辺地域で採取することとした．

8.2.3 神流川ダム原石山跡地緑化

長野県南相木村の東京電力神流川ダムの原石山（土取り場）緑化では，周辺自然植生がよく残っていることから，79種に上る樹種の種子採取を2000年から2001年にかけて行い，地域性苗木の自家生産が試みられた（中山ほか，2005）．

2003年から実施されている緑化は，この地域性苗木を活用した自然再生型の生物多様性の高い樹林化を目指している．

図中ラベル:
- 2年後
- 高木性遷移後期種
- 高木性先駆種
- 15年後
- 40年後

概要
① 基盤土壌の透水性，微生物性の改善
周辺草地からのススキ刈り取り茎による厚さ10cmの敷きならしを行い，同時に完熟発酵下水汚泥コンポストを施用した．部分的に流木再利用による基盤材吹付工を併用した．

② 多様な地域性苗木の適用
カワヤナギなど一次遷移性先駆種10種，オオヤマザクラなど二次遷移性先駆種または遷移中期種14種，イヌシデなど遷移後期種18種（いずれも低木種を含む）の地域性苗木を用いた．
高木性遷移後期種苗木は活着補助のために，小型分解性植栽基盤柵（エコプランター）内に植栽した．

③ ランダム集中配植の適用
各樹種の光要求性の違いと将来の樹冠発達予測に従い，苗木の組み合わせ位置，密度を工夫した．集中時の苗木密度は5本/m²以上，平均密度は0.86本/m²とした．施工は樹種判別の混乱を避けるため，10×10m²の丁張り内で12の植栽パターンを参考に施工した．
将来の異齢林化を促進するため，非植栽部の設定または低木植栽部のまとまりに留意した．

図8.5 牧尾ダム松尾土捨て場（浚渫土盛土）緑化模式図

このとき問題になったのは，多様な樹種をどのような立地に配するかという生態学的・森林立地学的な見識と，これを基礎とした生育立地の多様化を図る土木的造成，将来にわたる植栽苗木の種多様性の維持，および世代交代を可能とする植栽技術の確立である．

特にカエデ属の苗木は17種に上り，斜面方位，勾配，土壌粒径，給水性などの立地特性と出現遷移段階，群落内でのニッチに合わせた配し方が難しいが，大きな努力が払われており，今後の成果が期待される．

8.2.4　地域性苗木の適用事例から得たいくつかの留意点

筆者の地域性苗木を用いた緑化の経験から，次の点の配慮の必要性を痛感した．

1）緑化目標を実現できる樹種選択

自然再生を目的とする場合，立地とその土壌遷移に対応した植生遷移のプロセスを想定し，植生の骨格となる樹種が適時確保されるかどうかが重要である．緑化目標の実現のためには，周辺植生からの自然侵入を予測したうえで，当初から必要な樹種を選択する．

2）適用樹種苗木の確保のための事前準備

遺伝的に地域性系統に属する苗木を必要数量分確保するための市場調査を行い，施工工程に合わせて入手できる手配を行う．市場性がない場合には，委託生産させる，または必要とする苗木情報を事前に時間的余裕を持って生産者団体へ伝達する．現状では，委託生産での樹種数量は，樹木側の種子の「なり年，ならん年」による確保の問題や，施工工程による影響をあらかじめ見込んでおくことが難しいため，苗木数量確保が最終的に困難になることが多い．したがって，それを考慮した事前準備が必要である．

3）地域性苗木の仕様と材料検収

地域性苗木を用いた緑化では，材料苗木がきわめて限定される．したがって，緑化の工程に合わせて必要な仕様の苗木を確保するためには，生産者への従来以上の情報提供が求められる．同時に，入手後の検収にあたっては，苗木の樹勢を葉色，葉つき，芽の状態などで確認するとともに，一方では樹高などの発注仕様の許容範囲の幅を従来よりも広げることなども必要である．実際，2003年から2007年にわたって行う奈良県岩井川ダム周辺緑化では，苗木はすべて地域性苗木を用いるとともに，苗木高は設計で指示した仕様の上下20％の幅のものを適用することを認めている．

8.3　地域性苗木の入手確保の問題

8.3.1　地域性苗木の入手確保

緑化現場でその地域に適用可能な系統に属する地域性苗木を探すのは，

現状ではなかなか難しい．適用可能な地域性苗木の入手には，大きく分けて委託生産による場合と市場からの購入による場合がある．

市場に流通する苗木で，正確には地域性苗木と呼べるものはほとんどないと思われる．地域性苗木に近いものとしては，種子採取府県が明らかにされている苗木が流通しており，この生産樹種数は2005年現在では約200種程度とみられる．

委託生産の場合は，植栽に適用される苗木本数はそれほど多くないのが現状であろう．地域性苗木の委託生産は，必要とする時点で必要な仕様の苗木が確保できること，地域性系統の遺伝的性質の保全という意義があるばかりではなく，使用されず廃棄される苗木の無駄が少ないという点で生産者にとっても利益があるため，最も望ましい生産供給の仕組みであると言える．しかし，①緑化計画の情報が生産現場に入りにくいこと，②緑化計画策定時と施工時期までの期間が短すぎることが多く，種子採取から生産まで必要な最低3年程度のうちに間に合わないこと，③委託生産にかかるコストが大きくなりすぎることなどから，あまり普及していない．

なお，小規模な現場では，地域ボランティアが自ら生産して，現場に持ち込むことも見受けられるようであるが，どこから採取してきた種子かのチェックがないという点で遺伝的な配慮に欠け，苗木サイズにも大きなばらつきがあるといった問題点がある場合も認められる．

8.3.2 地域性苗木の入手と適用にあたっての課題

地域性苗木を用いて生物多様性の高い群落をつくり出そうと企図するとき，①適用条件としての苗木の遺伝的性質を巡る問題，②緑化工程管理上の問題，③生物多様性の高い群落構造を育成するための技術的問題の3点について，あらかじめしっかりとした計画を組み立てておくことが求められる．

1）適用条件としての苗木の遺伝的性質

委託生産による苗木入手の場合には，育苗用種子の確保を適用箇所（植栽現場）の近傍の自然の中に求めることができるため，ほとんどの場合，その地域性系統に属する苗木を確保できると言ってもよい．しかし，適用箇所周辺の自然環境が広範に失われている場合や，広大な造林地内に位置

する場合には，適用可能な地域性苗木の樹種数が不足する場合が出てくる．この場合には，例えば次の①～⑧に示す一定基準範囲の地域内で種子採取を行い，生産することとなる（第1章も参照）．

①地理的隔離が起こりやすい種については，個体群間の交雑が起こらないように留意すべきである．

②生育場所の連続性が高い種については，比較的広範囲での適用が可能である．先駆性樹種や高頻度で出現する一部の遷移中後期種はこれに含まれる．

③ただし，生育場所の連続性が比較的高い種についても，大地域的に見て分布域がきわめて隔たっている場合は，移出移入しない．

④標高の高い山地に限って出現する種は，地理的に隔離された他の山地へ移出移入させない．例えば，重力散布型種子をもつブナ科では，関東産のシラカシと関西産のシラカシは峻別しておくことは当然である．さらに例えば，距離的には近接している同じ大阪府南東部の金剛山のブナと北西部の能勢妙見山のブナとは，周辺域の里山を含む広大な大阪平野と低山帯が隔離障壁となって生育地が孤立しているため，人為的に種子の持ち込み等により遺伝的な交流をさせることは適当ではないと思われる．

⑤低山帯に出現する動物媒花の種のうち，岩場や湿地などを生育場所に持ち，ないしは飛翔力がなく生態的，地理的隔離を受けやすい送粉者を持つ場合は，遺伝的隔離を受けやすい．これらの種は，その生育地が連続した低山帯であっても遠隔地へは移動させないことが望ましい．

⑥低標高地を生育場所とする種は，それらにとって大きな隔離障壁となる高標高山地を挟む二つの平野部，低山帯の間では，比較的距離が近くとも相互移入を避けることを原則とすることが望ましい．しかし，平野部に出現する種は人為管理下にあったものや先駆性樹種が多く，花粉移動距離，種子散布力が大きいものが多いため，すでに遺伝的攪乱が起こっていることも多いかもしれないことを考慮すべきである．

⑦今後の研究の蓄積によって，DNAマーカー等を用いた遺伝的解析を進め，地史的なレベルでの植物移動を踏まえた生物地理学的検討を行い，これを基礎とした種別の適用可能範囲を定める努力を継続する．

⑧当面の措置として，以上の点を留意しつつ，地域性苗木とは，その種子の生産地，生育環境が明らかなものを用いて育成したものを指すことと

する．その適用については，一定以上の専門的見識を持った緑化計画者ないしは苗木流通業者の責任の下で行うことが実際的であろう．

一方，市場から購入する苗木の遺伝的性質については，2007年頃から徐々に種子の出所が明らかな地域性苗木へと移っていくものと期待されるが（表8.1の＊）参照），先に述べたように2005年現在の状況では入手できる地域性苗木は全国で約20万本程度（日本植木協会調べ）と，きわめて限られている．

2）地域性苗木適用と生産管理

現状における主な地域性苗木の確保の方法と問題点をまとめたものが**表8.1**である．苗木の確保方法には，生産者に樹種，必要数量，規格を示し，工事箇所の近傍にある自生地から種子を採取したうえで生産を委託する「委託生産」，すでに市場に種子採取地が示されたうえで出回っている市場からの購入（「市場購入」），植栽工事担当者またはこれにより委託を受けた生産者等が自生地で採取する「山採り」の三つの方法がある．

委託生産による苗木の確保を考えるとき，現状の単年度主義の予算システムの中では先行予約が困難なことが障害となる．そこで，予定される適用苗木の樹種仕様，本数についての情報を公開することが求められるが，その場合，ただ情報を発信するだけでは，予定した樹種数量が確保できなかったり，逆に生産過剰による生産者間の競争によって，廃棄される大量の苗木が発生したりすることとなり，ついには，逆に地域性苗木の生産意欲を衰退させることにつながってしまう．

そこで，工事現場で予定される地域性苗木の適用樹種仕様，数量についての情報は，植木協会内に設置された地域性苗木委員会や生産者を中心に

表8.1　現状における主な地域性苗木の確保の方法と問題点

苗木確保法	種子採取地	苗木仕様	長所	短所
委託生産	植栽地近傍	任意	遺伝的に問題がない樹種選択幅が広い	時間的余裕の必要高コスト
市場購入	県内産レベル	限定規格	少量でも購入可能	遺伝的チェック困難＊）
山採り	植栽地近傍	規格なし	遺伝的に問題がない	種数・数量確保が困難，活着が難しい種が多い

＊）市場に出回る地域性苗木は，生産者とは独立して，必要に応じてDNA解析も行う学術的検査により品質証明を受けたものであることが望ましい．日本植木協会では，外部の第三者学術機関に委託して品質チェックを受けたものを協会として認証する事業を2006年度からスタートする準備を進めている．

組織された地域NPOなどの，公平性，透明性の高い生産者団体に集約され，これらの団体を通じて情報が生産技術力，種子確保能力をもった生産者に開示されることなどが，将来検討されてもよいであろう．

3) 生物多様性の高い群落構造を育成するための技術的問題

地域性苗木を用いることの意義は，地域性系統の遺伝的攪乱を防ぐことはもちろんであるが，より積極的には地域生態系を構成する多様な植物材料を用いて，豊かな個性ある地域景観を取り戻すこと，生物多様性の高い群落形成を目指すことなどにその大きな目的を置くべきである．

生物多様性の高い群落構造を実現するためには，多様な種による地域性苗木を用いる植栽工によるのが最も有効な手段であるが，このとき苗木を工程に合わせて必要量確保することとともに，これらの樹種苗木を生態的地位に基づいた立地，苗木位置に配植できるかどうかがきわめて大きな課題である．つまり苗木は，樹種特性にもよるが，上伸成長開始までの一定の期間は成長が停滞する活着期となるので，その期間を見込みながら，成長予測，樹冠発達予測を行うことが必要である．またこのとき，植栽位置（配植）を植栽基盤の状況に合わせて，群落内光環境の多様性を確保できるように工夫することも重要である．

こういったことを容易にするには，土木造成時から植栽基盤の多様化を試みることが望ましく，そのためには土木造成計画立案時に緑化計画を並行的に進めることが求められる．

8.4　生産者側から見た地域性苗木

大部分の苗木生産者にとって遺伝的性質に留意された地域性種子の入手は，これまで経験のなかったものである．種子供給業者は，種が同じであるという基準を満たせば，より安価に入手できる種子をどこから選んできてもよかったが，地域性苗木生産のためには，その基準だけでは不十分となる．

しかしながら，地域遺伝子資源保全についての認識が広まるとともに，遺伝的性質に配慮した地域性苗木の供給体制を図ろうという生産者の動きは近年活発化してきている．

この動きに沿って，母樹の明らかな自生地記録が添付された種子を苗木

生産者が手にすることができるように，全国的な体制整備が急がれている．1999年には，地域性苗木生産を試みようとする一部の生産者たちが集まり，生産者組織を立ち上げたが，需要側の動向を十分把握できなかったため，この組織は休止状態となった．これと並行的に日本植木協会内のコンテナ部会においても研究が進められ，現在では，植木協会内に地域性緑化樹木生産供給を検討する委員会が設置され，具体的な品質管理方法，供給体制などの検討が行われている．一方，九州などの生産者の間では，自らの手による自生地種子採取会も行われたり，森林組合などを通じた種子の共同購入も企画されている．

このようにして得られた種子の出所の明らかな苗木は，2007年頃には地域性苗木として市場に供給されると思われるが，それ以前の段階でも，日本植木協会に所属する生産者を中心に府県単位で生産地が明示された苗木が一部供給可能となっている．

生産者の共通認識は大枠として次の内容に収斂していくであろう．

1）苗木の遺伝的系統について

樹種別の移出移入許容範囲が明確化していない現段階では，大量に苗木を使用し，かつ植栽工事予定までに時間的余裕がある場合には，工事場所の周辺域で採取した種子を用いる委託生産が望ましいが，そうでない場合には，経過的措置として，周辺地域の幅を広げた地域ブロック内だけで流通させる苗木の使用が現実的である．

ただし，地域ブロックの定め方については，議論の多いところでもあり，当面は，種子の生産地情報が明確化された苗木を生産し，その適用範囲については，個別の緑化計画立案者，現場技術者等の専門家の判断に委ねることが現実的な対応策ではないかと考えられる．

適用範囲の一案としては，環境省の生物多様性のための国土区分（第1章参照）や氷期における植物の地理的隔離と後氷期の植物移動ルートの推定などに基づいて，改めてブロック区分を行い，このブロック内では苗木を限定的に動かしてもよいこととする．このためには，分子マーカーなどを用いた分子生物地理学的成果の蓄積が重要であり，この成果に基づいたブロック区分の設定と経過的措置期間などについては，研究者，関係行政機関，生産者等の専門家会議で検討を進めることが必要となろう．この会議

では，樹種別の情報が順次確定していき次第，種ごとの移動許容範囲を定め，順次，ブロック区分内移動へと置き換えていくことが望ましい．

2）生産樹種の拡大とそのリスクについて

わが国の在来種苗木は，従前200種程度の種が生産されてきたと言われている．今後は全国各地域の潜在自然植生を地域生態系として再生していくための樹種ストックとして，生産者の意向としては当面500種程度の地域性苗木の生産を行いたい．このとき，適用頻度の低い種や生産コストがかかり過ぎる種については，生産リスクが大きくなるため，これを補償できる仕組みの検討が必要である．

3）生産技術について

大部分の樹種についての苗木生産技術はすでに整っている．コンテナ容器の品質，形状，苗木規格の変更に対しては，その適用上のリスク回避ができれば，対応はできる．

4）種子の確保について

種子の確保は，個別の生産者の自力確保，各地の森林組合等からの共同購入，苗木の個別委託生産事業内での種子採取などの方法で可能である．ただし，生産者は慣例として限定された「優良」母樹からの種子採取を行っており，遺伝的多様性確保のためには「優良」という意識からの脱却が，地域性苗木の種子確保にとって重要である．

5）生産地について

全国苗木生産地に分散した生産者には，各地域の種子を用いて，分別育成できる技術と体制がある．地域性苗木は，種子の出所を明らかにすれば対応できることを改めて明確化しておく必要がある．

6）供給体制について

将来的には苗木使用数の多い大規模な緑化現場に対しては，委託生産などの計画生産のシステムの導入が不可欠である．どの現場に，どの樹種が，どの程度の本数必要か，という事前情報が，生産者に伝わる仕組みを早急に整備すべきである．

7）価格について

種子の確保に対するコスト，休眠打破などの生産上のコスト，分別生産による圃場経費，コンテナ容器の変更，苗木仕様の変更などを考慮すると，

苗木価格はかなり高くなることが試算される．したがって，現在の市場に出回る種子の出所を問わない苗木とは明確に区別するとともに，市場に出る地域性苗木については，今後，学術的に認定された品質認証を受けることが必要である．

8.5 まとめ

わが国の地域的自然の回復や自然再生を考えるとき，苗木植栽工は多種多様な群落形成に適しており，地域遺伝子資源の保全が考慮された地域性苗木が供給されることは欠かせない．

地域性のある多様な樹種苗木を用いて生物多様性の高い緑化を計画しようとするときには，計画の早い段階で，その緑化材料となる地域性苗木確保の準備を委託生産などの形で行っておくこと，使用する苗木の生態的特性に見合う土木造成計画を立てることなどが重要な課題となる．

地域性苗木の全国的な供給体制に向けて，多くの苗木生産者と関係者が努力を始めており，近い将来，これを用いた緑化が各地で進むと考えられるが，このとき，緑化材料生産者，緑化計画者，施工者，発注者相互の情報交換がいっそう求められるようになるであろう．

参考文献

建設省中部地方建設局高山国道工事事務所（1999）安房峠道路工事誌．
中山和雄・齋藤与司二・吉永剛・恒川明伸・西原義治・等々力敏樹（2005）生物多様性の高い森林復元を目指した自主生産地域種苗の導入について，日本緑化工学会誌，**31**：179-182．
西川史穂・峰島重男（2003）周辺環境に調和した法面樹林化〜牧尾ダム堆砂除去事業，水の技術，**11**:53-61．
髙田研一（1999）自然配植緑化の基本的な考え方，京都芸術短期大学紀要「瓜生」，**22**: 128-139．
髙田研一（2003）緑化プロセスの社会原理的検討，環境技術，**32**(5): 342-348．

第9章

在来種の種子を用いた法面緑化工法

吉田　寛

9.1　はじめに

　「法面緑化」という言葉を聞くと，おそらく多くの方々は緑化用外来牧草やイタチハギなどの外来種（日本生態学会編，2002）による緑化を思い浮かべられるのではないだろうか．特に昨今では，法面や治山緑化で以前から多用されてきた外来草本のウィーピングラブグラス（シナダレスズメガヤ）が河原固有の生態系に悪影響を与えており，今後もその分布域の拡大が予測されるなど（村中・鷲谷，2003），一部では緑化は地域生態系を攪乱する元凶のように思われている感もある．

　緑化工と緑化用外来牧草の関係は古い．オープンサイトへの逸出が指摘されている代表格であるトールフェスク（オニウシノケグサ；当初輸入されたのはトールフェスクの1品種であるケンタッキー31フェスク）とウィーピングラブグラスは，1949年にアメリカ合衆国より輸入され，前者は1951年の広島県における治山工事，後者は翌1952年に岡山県のはげ山復旧工事でそれぞれ初めて使用された（倉田，1979；新田，1995）．それから約50年が経過した今，森林の回復と引き換えに，これらの植物の逸出が問題視されている．

　緑化用外来牧草やイタチハギなどの緑化用植物を主体とする緑化工が，戦後の荒廃の進んだ国土や，高度経済成長期以降の開発によって生じた大面積の法面からの土砂流出を早期に防止し，河川の氾濫を抑制し，緑の回復に大きく貢献してきた事実は，歴史的にも評価されるべきものであろう．しかしその一方で，現在では外来種問題が大きな社会問題になりつつあることも事実であり，私たちは，法面防災とともに要求度が急速に高まりつ

つある自然回復という目的にもっと目を向け，法面緑化のあり方を考え直すべき時期にきている（日本緑化工学会，2002；日本緑化工学会斜面緑化研究部会，2004）．

9.2　播種工による法面緑化の特徴

　一般に「法面緑化」，中でも「法面の樹林化」というと，大多数の方々は苗木を植える「植栽工」をイメージされるのではないだろうか．しかし，庭先や公園などの平地に植栽する場合と異なり，法面のような急勾配斜面に植え穴を掘ったり，土留柵などの構造物を作って植栽すると，法面内への浸透水の増加や地山の風化促進により，法面の不安定化や崩壊の原因となる場合がある．また，植栽工で導入された樹木は，植栽木どうしの根系の絡み合いが少なく，主根が消失してしまうなど，不自然な根系形態になることが指摘されており，法面防災的な見地からも問題があると言われている（福永，1998；山寺，1989；山寺ほか，2002）．

　これに対して，自然林が形成された順序と同じように種子を蒔く「播種工」によって導入された樹木は，成立した樹木どうしの根系の絡み合いが多く（ネット効果），しかも主根が深く伸張する（杭根効果）特徴がある（**図9.1**）．播種工は，こうした特徴から生きた補強土工法として表層崩壊を防止する機能が期待でき，防災機能が求められる法面緑化工法として優れ

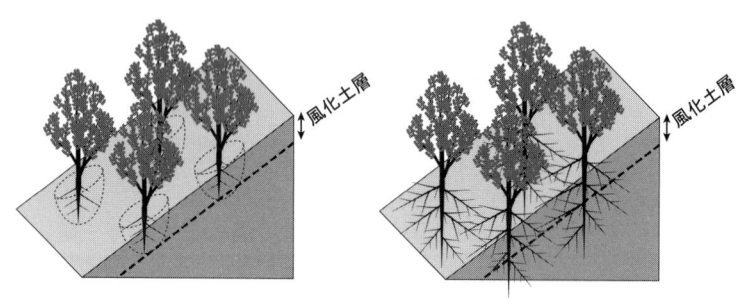

植栽木　根系の絡み合いが少ない
　　　　根系が細い，数が多い
　　　　主根が消失する
　　　　ネット効果が小さい

播種木　根系の絡み合いが多い
　　　　根系が太い，数が少ない
　　　　主根が太く伸長する
　　　　ネット効果が大きい

図9.1　植栽木と播種木の根系の違い（山寺，1995を参考に作図）

ている．さらに，植栽された人工林と比較して，自然間引きによる密度の調整がスムーズに進むことから，健全な樹林を形成するうえでも有効な手法と言える．

9.3 厚層基材吹付工を応用した斜面樹林化工法

　緑化工は，緑化基礎工，植生工，植生管理から成る技術体系を有し（日本緑化工学会編，1990），植生工の一つである「播種工」は機械施工法（植生基材吹付工）と人力施工法に大別される（**図9.2**）．さらに機械施工法は，種子散布工，客土種子吹付工，厚層基材吹付工に分類される．厚層基材吹付工は，空気圧縮機（コンプレッサ）とモルタルコンクリート吹付機（以下，吹付機という）を用いて，生育基盤材，種子，肥料などから成る植生基材を圧送して法面に吹き付けることにより，一般的には3～10cm程度の厚みの生育基盤を造成する工法で，現在の主要な法面緑化工法になっている．

　ここで紹介する在来種の種子を用いた法面緑化工法は，この厚層基材吹付工の施工技術を応用した自然回復緑化手法であり，種子の採種・調整・貯蔵・品質検定から施工に至る一連の流れを統合して，法面に木本植物群落を効率的に形成させる手法を提供するもので，「斜面樹林化工法」と称さ

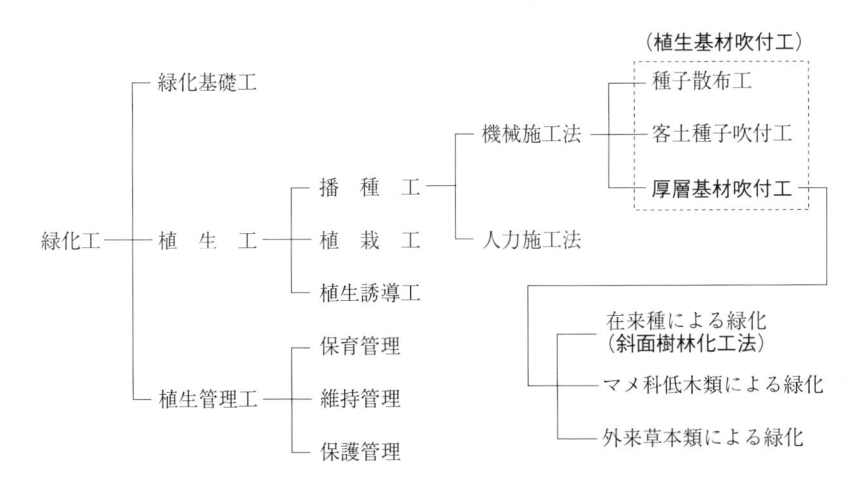

図9.2　緑化工の技術体系と厚層基材吹付工による法面緑化方法の分類

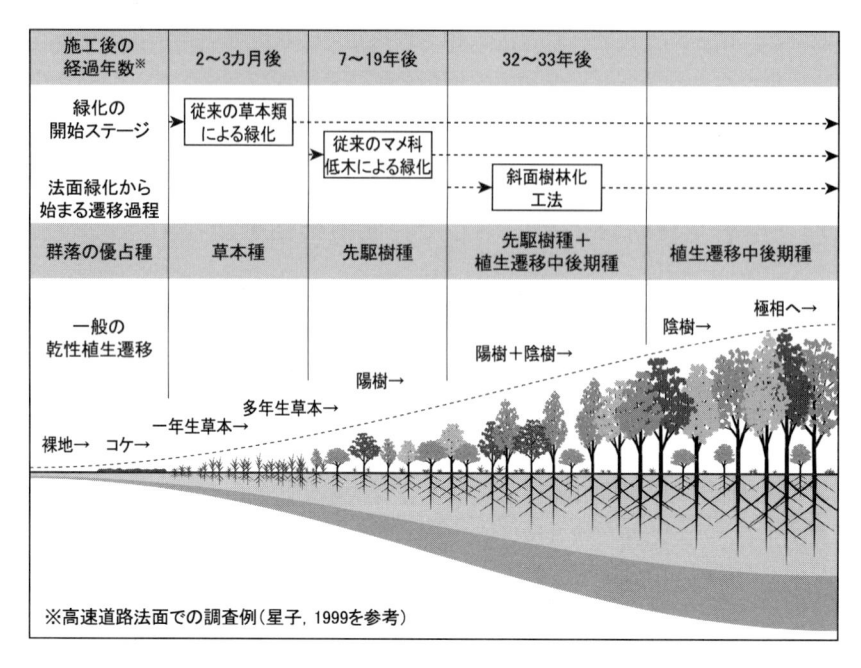

図9.3　植生遷移系列上における法面緑化方法の位置づけ

れている（斜面樹林化技術協会，2002）．

　斜面樹林化工法は，在来種の木本植物を主体に用い，先駆種と遷移中後期種〜極相種の種子を同時に混播することによって，多層構造を有する木本植物群落を早期に形成させるもので，従来の緑化用外来牧草群落やマメ科低木群落からスタートする法面緑化と比較して，植生遷移を早め，自然回復を促進させるところに特徴がある（**図9.3**）．そのため，法面防災機能の向上，生態系の早期回復・保全，周辺の森林環境・森林景観との調和などの諸機能のほか，地球環境問題を踏まえたCO_2固定能においても優れた効果を有している．

　本項では，在来種の種子を用いた法面の自然回復緑化を行ううえで重要な四つのポイントについて解説する．

9.3.1　在来種の種子の採種

　在来種の種子を用いた法面緑化を行う場合，種子の確保は重要な課題で

ある．現時点では在来種の種子は一般的に流通しておらず，これまでの緑化用植物と同じように種苗業者から購入することは難しい．また，種子採種を外注した場合，種子の入荷経路が不透明な場合がほとんどであり，在来種を指定して注文した種子が実は外国産であったなどという本末転倒な話も実際に存在する．このような植物材料のルーツの曖昧さは種子に限定されるものではなく，広く流通している苗木の多くも，外国を含む他地域から集められた種子等をもとに生産されているのが現状である．

　在来種の種子は，その採種年による豊凶があることはもちろんのこと，採種時期（種子の熟度）によっても大きく品質が異なる．したがって，高品質の種子を確保するためには，採種段階まで遡った対策が必要となる．こうした諸問題に対応するため，私たちは1995年に斜面樹林化技術協会を立ち上げ，法面緑化で使用する在来種の種子の採種から積極的に関与する体制を構築し，採種地が明確かつ高品質の種子を緑化工事で使用することにより，自然回復を図る手法を実用化している．

9.3.2　在来種の種子の調整・貯蔵

　種子に関する教科書を紐解くと，木本種子の多くは土中埋蔵や湿潤低温貯蔵を行うとされている．実際に種子の貯蔵を行った方はご経験があると思うが，単に土中埋蔵や冷蔵庫で貯蔵しても種子が劣化・腐敗してしまうことが多く，発芽率を維持した状態で1～2年以上の中長期にわたり貯蔵することは非常に難しい．しかし，法面緑化を行う場合には，工事を行う時期，つまり種子を蒔く時期は採種直後に限定されないため，採種した種子を施工時期まで品質を保った状態で貯蔵することが必要となる．

　種子には，乾燥貯蔵型種子と湿潤貯蔵型種子があるが，在来種の木本種子の多くは湿潤貯蔵型種子であり，その貯蔵には高度の技術を必要とする．実際に種子を緑化工事で使用する場合，従来の貯蔵方法では経済的にも品質的にも満足できる種子を得ることは困難である．そのため，斜面樹林化技術協会では，種子の含水率調整を主体とする前処理と，各種子の生理的特性に応じた湿度管理を行うことにより，少なくとも2年間は種子の品質を保持できる独自の貯蔵手法を採用している．

　近年では，住民参加型の公共事業なども盛んに行われているが，集めら

れた種子の貯蔵に苦慮したケースも多いのではないだろうか．斜面樹林化工法は，地元で採種した種子を施工時まで貯蔵して緑化工事で使用することが可能であり，世界遺産に登録された屋久島における法面緑化などにおいても活用されている（秋田ほか，2001）．

9.3.3 木本種子の早期発芽力検定

　播種工を適用する場合，種子の品質（発芽率）は播種量を算出するうえで重要なパラメータとなる．これまで法面緑化で使われていた緑化用植物は乾燥貯蔵型種子で，種子の劣化は非常に緩慢なため，採種後に行われる品質検定結果をもとに年間を通じて播種量の算出を行っても，形成される植物群落に大きな影響を与えることはなかった．しかし，湿潤貯蔵型種子が多い在来種の種子を用いて自然回復緑化を図る場合には，貯蔵方法によっては貯蔵期間中の発芽率の変動が大きいため，事前に緑化工事で使用する種子の品質検定を行わないと，緑化目標を達成するうえで必要となる正確な播種量を算出することができない．

　これまで，緑化用植物の発芽試験というと，シャーレに濾紙等を敷いて種子を並べて発芽率を測定する発芽試験が行われてきたが，湿潤貯蔵型種子に適用した場合にはすぐにカビが生えて種子が劣化・腐敗し，挙げ句の果てにはキノコまで生えてくることをご経験された方も多いはずである．

　そのため，斜面樹林化工法では，木本種子の発芽率を1週間前後で検定する「早期発芽力検定法」という品質検査方法を採用して種子の品質検定を行っている（日本樹木種子研究所，2002；長ほか，2004）．この方法は，従来の発芽試験やテトラゾリウム試験と比較して，種子配合設計に即した発芽率（早期発芽力検定値）を得ることができる（**表9.1，図9.4，口絵写真**）．早期発芽力検定法の確立により，貯蔵種子の品質管理が飛躍的に簡易化されたほか，例えば，住民参加で採種された種子の品質を速やかに検定して設計に反映することなどが可能となった．

　早期発芽力検定法は，種子の休眠タイプなどの生理的特性や構造的特性に応じて，その種子に適した処理方法を選択して行われる．処理方法は，置床処理，前処理，発芽促進処理の3種類に大別され，試験に供した種子母集団中で発芽兆候を示した種子の割合を早期発芽力検定値とする．発芽兆

9.3 厚層基材吹付工を応用した斜面樹林化工法

表9.1 発芽試験方法の比較

比較項目	従来の発芽試験	テトラゾリウム試験	早期発芽力検定法
試験期間	最低で2〜3カ月間	2日間	1週間前後
得られる結果	発芽率	種子の生死（発芽できない種子もカウントされる）	発芽能力を有している種子の割合（早期発芽力検定値）
試験の難易度	容易　種子が休眠していたり，カビが発生した場合には，正しい結果が得られない	やや難　着色反応の判定基準に個人差があると，正しい結果が得られない	難（技術を要する）実際に発芽能力を有している種子の割合を短期間で正確に測定できる

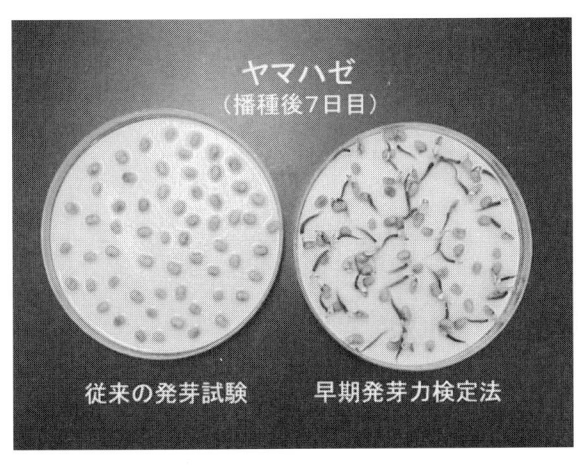

図9.4 早期発芽力検定法と従来の発芽試験法の比較
（写真提供：日本樹木種子研究所）

候は種子の発芽特性や置床方法によって異なるため，①幼根や軸組織が伸長，または種子組織から幼根が突出したもの，②幼根や軸組織が重力方向に彎曲したもの，③子葉組織が堅固なまま膨張したもの，④子葉組織に葉緑素が形成され緑化したもの，⑤不定根が形成されたものの5手法から，種に応じた判断基準を選定して行われる．

1）置床処理

置床処理は，種子が発芽しやすい状態に加工する処理で，①種子の構造的・生理的特性に基づき，外種皮・内種皮の除去，種子組織の切断等を組み合わせて行う処理，②種子組織から胚を取り出す処理，③濃硫酸により種皮を薄層化する処理などの手法がある．この処理を行った種子や種子組

織を，湿らせた濾紙を敷いたシャーレ等に並べて23℃下で7日間前後置床し，上述した判断基準により品質を評価する．

2）前処理

前処理は，置床処理に先行して行うもので，置床処理を行いやすくしたり，置床中の発芽を良好にするための処理で，①水浸処理，②種子精製，③殺菌処理，④油脂成分除去などの手法がある．

3）発芽促進処理

発芽促進処理は，発芽速度を速めるために行う処理で，①植物ホルモンの添加，②発芽促進物質の添加，③高酸素分圧下での置床などの手法がある．早期発芽力検定法の基本的な考えは，種子が保有している発芽力によってできるだけ発芽を実現させることにあるので，休眠性が強い場合を除いて発芽促進処理は可能な限り避けることを前提としている．

9.3.4 厚層基材吹付工2層吹付システム

従来の厚層基材吹付工は，使用する緑化用植物が安価な外来種であったことから，種子の出芽可能な覆土の厚さよりも厚い生育基盤を造成する場合に，その全層に種子を混合しても種子価格が工法価格に与える影響はほとんどなかった．しかし，在来種による法面緑化は，採種や種子の貯蔵に手間のかかる高価な種子を使用するので，工法価格に占める種子価格の割合がきわめて大きくなってしまうため，経費の縮減と貴重な植物材料の有効利用が大きな課題であった．そこで生育基盤を2層にして上層部のみに種子を混合して種子量を減らす方法が考案された．

厚層基材吹付工により種子を含まない層と含む層の2層から成る生育基盤を造成するためには，まず，吹付作業員（ノズルマン）が種子を含まない1層目の生育基盤を吹き付け，次に接着性を高めるための散水やネット張工を行い，その後再び最初の位置に戻って種子を含む2層目の生育基盤を吹き付ける3工程の作業が必要となる．しかし，こうした施工を行った場合でも，2層目が剥離することがあるため，厚層基材吹付工を施工する場合には，結局，吹き付けた生育基盤すべてに種子を混合する1層吹付を行わざるを得なかったのが実情であった．

こうした問題点を克服したのが厚層基材吹付工2層吹付システムである．

9.3 厚層基材吹付工を応用した斜面樹林化工法

本システムは，従来工法の「1層吹付」という常識を打ち破り，種子を含まない生育基盤層（1層目）の上に種子を含む生育基盤層（2層目，種子層）を1工程で吹き付けることにより，一般的に出芽可能な基盤表面から2cmの範囲に種子を混合させ，さらに2層目の剥離を生じることがない生育基盤を合理的かつ経済的に施工することができる（**図9.5**）．この手法は，吹付機から吹付位置に至る材料圧送ホースの途中に種子供給機を接続する簡易な構成であることから，厚層基材吹付工の施工プラントにおいて高い汎用性を有しており（吉田ほか，2004），斜面樹林化工法の標準仕様に設定されている．

1) 種子の混合方法

2層吹付システムでは，種子は吹付機に投入する植生基材とは混合せずに種子供給機に投入する．この際，種子供給機運転時の種子破損を防止する種子保護材（有機質資材とゼオライト）と，種子入り生育基盤の吹き付け時，および吹き付け後の判別を行う識別材（生分解性短繊維）を混合する．識別材は，1層目と2層目（種子層）の接着効果を高める作用も有している．これらの材料は，種子供給用ミキサーであらかじめ混合攪拌した後に種子供給機に投入され，吹付機から圧送される植生基材に材料圧送ホース内で混合される．

2) 2層吹付の方法

2層吹付システムは，吹付作業員が2層目（種子層）を吹き付ける際に，遠隔操作で種子供給機を運転することによって，吹付機から圧送される植

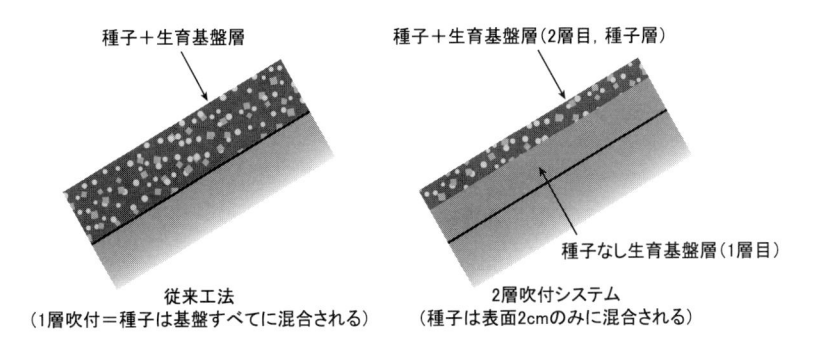

図9.5　従来工法と2層吹付システムの生育基盤の違い

生基材の中に種子を混合させ，種子を含まない1層目に続けて2層目の種子入りの植生基材を吹き付ける．生育基盤の吹付範囲は，法面勾配や法面方位等の施工条件によって変動するが，吹付作業員がロープに下がった一定位置で横移動の可能な範囲において1層目と2層目の施工を行い，これを施工位置を移動するごとに順次繰り返すことにより，法面全面に2層から成る生育基盤を造成する．

9.4　播種工による木本群落の形成事例

在来種の種子を主体に用いた法面緑化事例は多数報告されているが（斜面樹林化技術協会，2004；吉田，2005），本項では代表的な事例として，常緑広葉樹林の形成（三重県），落葉広葉樹林の形成（岩手県），常緑落葉混交林の形成（長崎県）を緑化目標とする3事例を紹介する．これらの施工事例では緑化用外来牧草はいっさい使用していない．

本項では，Braun-Blanquetの全推定法による被度と平均樹高（5〜10個体の平均値）をもとに，施工後の植物群落の推移について解説する．

9.4.1　常緑広葉樹林

本事例は，軟岩法面における工法開発段階のものであり，常緑広葉樹の導入を試みるために便宜的に外来種のトウネズミモチも使用している．

1カ月後にすべての導入種の発芽が認められ，5カ月後にはコマツナギ（平均樹高0.3m，以下「平均樹高」の表記は省略する）が被度3で優占し，2年5カ月後には被度5（1.3m）に達した．3年5カ月後には，上層をセンダン（3.1m），下層をトウネズミモチ（1.7m）がそれぞれ被度5で優占し，コマツナギは被度2（1.8m）に減少した．その後は常緑広葉樹の成長が顕著となり，9年7カ月後には，上層をセンダン（3.4m）が被度3，下層をシャリンバイ（1.3m）とトウネズミモチ（2.3m）が被度4で優占する群落に推移した．

15年1カ月後には，上層を被度2のセンダン（4.7m），中層を被度3のトウネズミモチ（3.1m）と被度2のヤマハゼ（3.1m），下層を被度4のシャリンバイ（2.4m）が優占する群落が形成され，当初優占していたコマツナギは完全に衰退した（**図9.6**，**9.7**）．

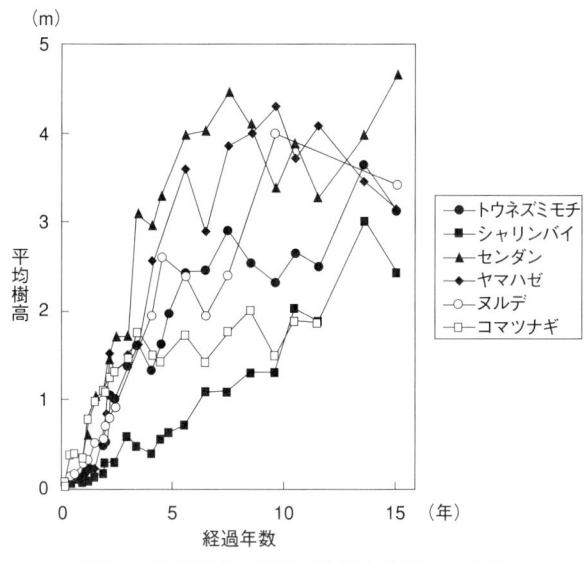

9.4 播種工による木本群落の形成事例

図9.6 平均樹高の推移（常緑広葉樹林の形成）

a：施工前

b：15年1カ月後
（撮影日2004.5.14）

図9.7 常緑広葉樹林の形
成事例（三重県）

第9章　在来種の種子を用いた法面緑化工法

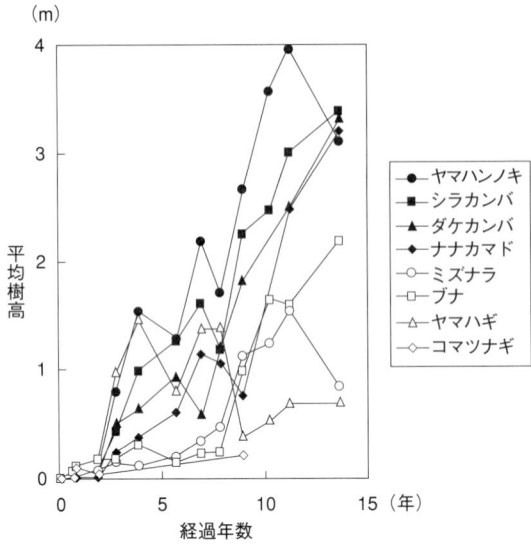

図9.8　平均樹高の推移（落葉広葉樹林の形成）

a：施工前

b：13年8カ月後
（撮影日2004.7.14）

図9.9　落葉広葉樹林の形成事例（岩手県）

9.4.2 落葉広葉樹林

本事例は，高標高寒冷地（標高1,220m）における落葉広葉樹林の形成を目的としたもので，施工は11月に行われた．

10カ月後にヤマハギ（0.1m）が被度2で優占し，ダケカンバとナナカマドは1年10カ月後に発芽が確認された．カバノキ科木本類の順調な成長により，4年後にはヤマハギ（1.5m）が被度5で優占し，ヤマハンノキ（1.5m），シラカンバ（1.0m），ダケカンバ（0.6m）が被度3，その他の植物が被度+で混生する群落に推移した．

当該地は，6月まで残雪の残る積雪地に位置していることもあり，導入種の成長は緩慢であるが，8年11カ月後には，上層をシラカンバ（2.2m）とダケカンバ（1.8m）が被度4で優占し，下層をナナカマド（0.8m）が被度2，その他の導入種が被度+で点在する群落に推移した．11年11カ月後には，ナナカマド（2.5m）とブナ（1.5m）の成長が徐々に促進され，ヤマハギ（0.7m）の顕著な衰退が確認された．

13年8カ月後には，各植物とも積雪のクリープによる根曲がりが顕著に見られたが，ダケカンバ（3.3m）とナナカマド（3.2m）が被度4，シラカンバ（3.4m）が被度3で優占し，ヤマハンノキ（3.1m），ミズナラ（0.8m），ブナ（2.2m），ヤマハギ（0.7m）が被度1で散在する群落が形成された（**図9.8，9.9**）．

9.4.3 常緑落葉混交林

本事例は，工業団地造成に伴って出現する長大な法面に対し，地域の様々な要求に応えるために，常緑広葉樹，花の咲く樹木，鳥類の食餌木，紅葉する樹木などを組み合わせ，公園的要素を持った群落の形成を目的としたものである．また，外国（中国）産のコマツナギも使用している．

7カ月後にはすべての導入種の発芽が確認され，1年4カ月後には，ヤマハギ（1.0m）が被度4，コマツナギ（1.5m）が被度3で優占し，ノシバが林床を被度5で被覆する植物群落が形成された．その後，林床のノシバは木本植物に被圧されて1年8カ月後には消滅し，3年1カ月後には，上層をアキグミ（2.1m），ヤマハギ（1.6m），コマツナギ（2.3m），イロハモミジ（0.7m）が

第**9**章　在来種の種子を用いた法面緑化工法

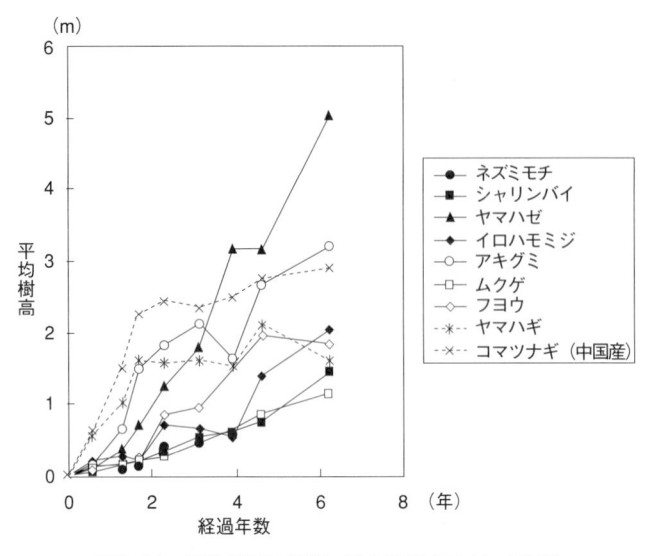

図9.10　平均樹高の推移（常緑落葉混交林の形成）

a：施工7カ月後

b：6年2カ月後
（撮影日2002.4.23）

図9.11　常緑落葉混交林の形成事例（長崎県）

被度3〜4，下層をシャリンバイ（0.5m）が被度3〜4で優占する群落に推移した．

　6年2カ月後には，上層をヤマハゼ（5.0m）が被度2〜4で優占し，中層をイロハモミジ（2.0m）が被度2〜4，コマツナギ（2.9m）が被度2〜3で優占し，アキグミ（3.2m）が被度+〜3，フヨウ（1.8m）が被度+〜1で点在，下層をシャリンバイ（1.5m）が被度4〜5で優占し，ネズミモチ（1.5m）が被度1〜2で点在する群落が形成された．春の新緑から秋の紅葉，そして落葉期の常緑広葉樹の深い緑まで，景観的にも美しい法面緑化が行われている（図9.10，9.11）．

9.5　おわりに

　これまでの法面緑化では，外来種の緑化用植物が主に用いられてきたが，厚層基材吹付工の施工技術を応用して法面に在来種の種子を播種することにより，複層構造の木本群落を形成させることが技術的に可能だということがご理解いただけたと思う．

　法面緑化において，自然回復緑化が求められつつも外来種が多用されてきた理由は，在来種の種子が外来種の種子に比べて高価なために採用機会が得られにくかったことである．経済性や効率性のみを重視して，いたずらに外来種が用いられ続けている事実は反省されるべきであろう．

　これまでの外来種主体の法面緑化に変わり得る，斜面防災と自然回復の両立が可能な木本の在来種の種子を用いた緑化工法が，今後各地の法面で自然回復緑化のために普及していくことを願っている．

参考・引用文献

秋田賢人・下新原博也・牛島和昭（2001）屋久島における自生種による樹林化の施工事例－播種工で導入した自生種の生育推移と今後の課題－，日本緑化工学会誌，**27**(1)：250-253.

長信也・江刺洋司・吉田寛（2004）木本植物種子の早期発芽力検定法，日本緑化工学会誌，**30**(1): 261-264.

福永健司（1998）導入方法の違いと樹木根系の伸長特性－新時代の樹林化技術に生かす－，斜面樹林化技術協会環境緑化技術講習会資料，pp.1-21.

古田智昭・吉田寛（2004）寒冷地におけるコナラ－ミズナラ群落の形成を目標とする播種

工による自然回復緑化事例，日本緑化工学会誌，**30**(2):377-382.
星子隆（1999）高速道路のり面の管理がアカマツ群落の変遷に及ぼす影響，日本緑化工学会誌，**25**(1): 25-34.
倉田益二郎（1979）緑化工技術，森北出版，298pp.
村中孝司・鷲谷いづみ（2003）侵略的外来牧草シナダレスズメガヤ分布拡大の予測と実際，保全生態学研究，**8**(1): 51-62.
日本樹木種子研究所（2002）樹木種子の早期発芽力検定法（解説），13pp.
日本生態学会編（2002）外来種ハンドブック，地人書館，390pp.
日本緑化工学会（2002）生物多様性保全のための緑化植物の取り扱い方に関する提言，日本緑化工学会誌，**27**(3): 481-491.
日本緑化工学会編（1990）緑化技術用語事典，山海堂，268pp.
日本緑化工学会斜面緑化研究部会（2004）のり面における自然回復緑化の基本的な考え方のとりまとめ，日本緑化工学会誌，**29**(4): 509-520.
新田伸三（1995）緑化工戦後50年，緑化工のあゆみ－創立30周年記念出版－，日本緑化工協会，pp.16-31.
斜面樹林化技術協会（2002）斜面樹林化工法技術資料，54pp.
斜面樹林化技術協会（2004）斜面樹林化工法施工事例写真集（CD-ROM版），20pp.
山寺喜成（1989）急勾配斜面における緑化工技術の改善に関する実験的研究（京都大学学位論文），pp.314.
山寺喜成（1995）播種工による早期樹林化の手法，小橋澄治・村井宏編，のり面緑化の最先端，ソフトサイエンス社，pp. 148-170.
山寺喜成・楊喜田・宮崎敏孝（2002）植栽木と播種木との引き抜き抵抗力の相違について，日本緑化工学会誌，**28**(1): 143-145.
吉田寛（2005）播種工による法面緑化とモニタリング手法，日本緑化工学会誌，**30**(3): 532-540.
吉田寛・古田智昭（2004）切土法面における厚層基材吹付工（斜面樹林化工法）による木本植物群落の造成事例，日本緑化工学会誌，**29**(4): 482-494.
吉田寛・古田智昭・伊藤健一・高柳浩樹（2004）国内産自生種種子の有効利用とコストダウンを図る厚層基材吹付工2層吹付システム，日本緑化工学会誌，**29**(3): 438-445.

第10章

埋土種子を用いた耕作放棄水田における湿生植物群落の再生

中本　学・関岡裕明

10.1　取り組みの概要

　本章では，耕作放棄水田において希少な植物種を含む湿生植物群落を再生した事例として，中池見における取り組みを紹介する．

　著者らは，「中池見 人と自然のふれあいの里（以下，「ふれあいの里」）」（口絵写真参照）において，希少な植物種を含む多様な水生・湿生植物が生育する植物群落を再生させる取り組みを1997年より実施してきた（詳細は参考文献参照）．「ふれあいの里」がある中池見は，福井県敦賀市の東部に位置する約25haの山間盆地で，かつては全域で水田が耕作されていた．しかし，減反政策等により1970年代から徐々に耕作放棄が進み，現在は全域が耕作放棄水田になっている．中池見では，周辺からの湧水と表層近くまである地下水位のために湿潤な環境が保たれ，耕作放棄直後には水田雑草を中心に多種多様な水生・湿生植物が発生した．その中には，ミズアオイ，デンジソウなど植物版レッドデータブックに記載された種（以下，希少種）も多数含まれていた．しかし，放棄後年数が経過するに伴い植生遷移が進行し，ヨシ，マコモ，ヒメガマなどの高茎草本が優占する群落の拡大とともに，種多様性の低下と希少種の減少が見られた．

　今回の取り組みを開始した当時は，水田の埋土種子や水田雑草に関しての研究報告はあったものの，大半が水田雑草の防除を目的としたものであり，埋土種子を活用して耕作放棄水田の植物群落を再生する試みはほとんど行われていなかった．そのため，当初は試行錯誤が続いたが，これまで著者らが実施してきた試験によって，田起こしなどの土壌攪乱が種多様性を高める有効な手段であることを確認し，それが多様な埋土種子の存在に

起因していることを明らかにした．ここでは，筆者らが関わった取り組みの中から，現地試験と埋土種子試験に焦点を絞り，耕作放棄水田の湿生植物群落の再生に埋土種子が果たした役割について記す．

10.2 湿生植物群落の再生に必要な維持管理

10.2.1 維持管理作業の実施方針と実施内容

「ふれあいの里」で保全対象とした希少種や植物群落は，本来水田を主な生育地とすることに着目し，従来の営農作業に準じた維持管理作業を基本手法として採用した．

維持管理作業の実施にあたっては，中池見における従来の農作業の方法・時期等について農家からヒアリングし，それに基づいて計画を立て，実際の作業も農家にお願いした．また，「ふれあいの里」のエリア全体で多様な環境を維持するため，約4haの耕作放棄水田に五つの植生管理区を設定した（**表10.1**）．この中で，保全対象となる植物種の主要な生育地は「休耕田管理区」である．休耕田管理区では，田起こし等の維持管理作業をするとともに，水位に変動を与えるなどを試験的に実施し，そこに発達する

表10.1 「ふれあいの里」の植生管理区

植生管理区	目標植生と維持管理作業の概要
現行田区	一年生草本の希少種等の出現を目標とする管理区． 田起こし，代掻き，水管理，除草を行いながら，稲を植え付ける等の維持管理を実施する．
休耕田管理区	一年生草本が優占する植生を目標とする管理区． 現行田区と同様の管理を行う．高茎草本を対象とした選択的除草を行い，稲は植え付けない．
低茎草本区	低茎の多年生草本が優占する植生を目標とする管理区． 田起こしは行わず，ヨシ等の選択的草刈りにより草丈の低い草原を維持する．
高茎草本区	ヨシやマコモ等の高茎草本が優占する植生を維持する管理区． 維持管理作業は実施しない．
水路・池沼区	水辺に生育する希少種等の出現を目標とする管理区． 水管理を容易に行うために泥上げ，草刈りを行う開放水域として管理する．

植物群落をモニタリングした．休耕田管理区で実施している主な管理作業（以下，休耕田管理）と実施時期は，田起こし（4月下旬），水位調整（4月下旬〜9月下旬），および選択的除草（8月下旬）などである（田起こしの様子などは**口絵写真**参照）．

10.2.2 休耕田管理の効果と課題

1）休耕田管理の効果

（A）埋土種子の発芽による希少種と多様な種の出現

耕作放棄水田に休耕田管理を取り入れた結果，サンショウモ，ミズオオバコ，イトトリゲモやヤナギヌカボなどの希少種が発生した（**表10.2**）．これら発生した希少種は，休耕田管理を実施する以前には生育が確認されていなかったものであり，その多くは一年生草本である．

希少種以外にも，休耕田管理を実施しているエリアでは，多様な植物種の発生を確認した．これらは，田起こしなど土壌の撹乱を伴う維持管理作業を実施したため，埋土種子が表層に移動して発芽したものと考えられる．

（B）種多様性の高い植物群落の維持

耕作放棄水田に休耕田管理を導入することにより，種多様性の高い植物

表10.2　休耕田管理により発生した希少種の例

科　名	種　名	希少種の選定根拠		生活型
		環境省版レッドデータブック*	福井県版レッドデータブック**	
ミズニラ	ミズニラ	絶滅危惧II類	県域絶滅危惧I類	多年生草本
サンショウモ	サンショウモ	絶滅危惧II類	県域絶滅危惧II類	一年生草本
アカウキクサ	オオアカウキクサ	絶滅危惧II類	県域絶滅危惧I類	多年生草本
タデ	ヤナギヌカボ	絶滅危惧II類	県域絶滅危惧I類	一年生草本
ヒシ	ヒメビシ	絶滅危惧II類	県域絶滅危惧I類	一年生草本
アカバナ	ミズユキノシタ		県域絶滅危惧II類	多年生草本
ゴマノハグサ	マルバノサワトウガラシ	絶滅危惧IB類	県域絶滅危惧I類	一年生草本
	シソクサ		県域絶滅危惧I類	一年生草本
トチカガミ	ヤナギスブタ		県域準絶滅危惧	一年生草本
	ミズオオバコ		県域準絶滅危惧	一年生草本
イバラモ	イトトリゲモ	絶滅危惧IB類	県域絶滅危惧I類	一年生草本
ミズアオイ	ミズアオイ	絶滅危惧II類	県域絶滅危惧I類	一年生草本
計10科	計12種	計8種	計12種	―

*：環境庁(2000)改訂・日本の絶滅のおそれのある野生生物―レッドデータブック―8植物I（維管束植物）
**：福井県(2004)福井県の絶滅のおそれのある野生植物

第10章 埋土種子を用いた耕作放棄水田における湿生植物群落の再生

群落を再生できることが明らかとなった．「ふれあいの里」の各植生管理区についてモニタリングを実施したところ，休耕田管理区は，ヨシ等の高茎の多年生草本が優占する「高茎草本区」や低茎の多年生草本が優占する「低茎草本区」に比べて，種多様度は相対的に高い結果が得られた（図10.1）．

また，耕作放棄水田の植物群落は，後で述べる埋土種子試験の結果と同様に，水位の相違が種数や種多様性に影響を与えることがわかった（図10.2）．すなわち，水位が数cm程度異なると，そこに成立する植物群落のタイプも異なった．種数，および種多様度指数と水位には負の相関関係があり，水位が低いと出現種数は増加し，高くなると出現種数は減少することが明らかとなった．

2）休耕田管理の課題

（A）課題の発生

以上のように，田起こしを主体とした休耕田管理は，希少種，および種多様性の高い植物群落の再生と維持に有効な手法であることが明らかとなった．それを裏付ける結果として，田起こしを停止すると，停止直後にサンカクイなどの多年生草本が著しく増加し，低茎草本区と類似した植物群落に変化した．

一方で，休耕田管理を数年以上実施している中では，新たな課題も発生した．それは，休耕田管理を実施していても，多年草の割合が徐々に増え，

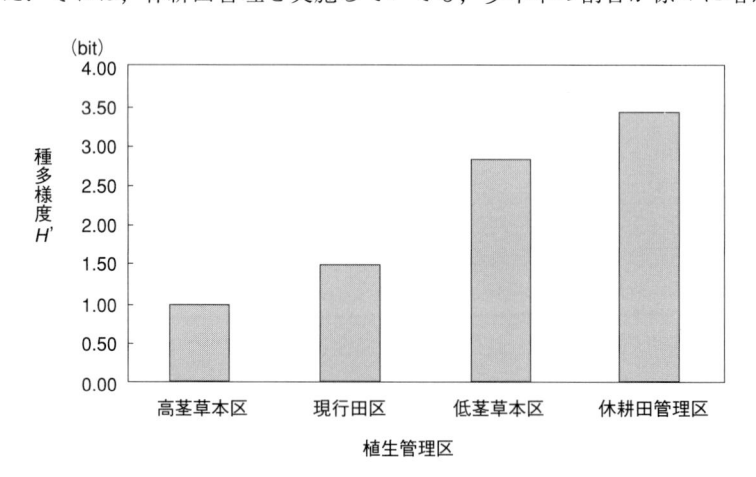

図10.1　植生管理区と再生してきた植物群落の種多様度

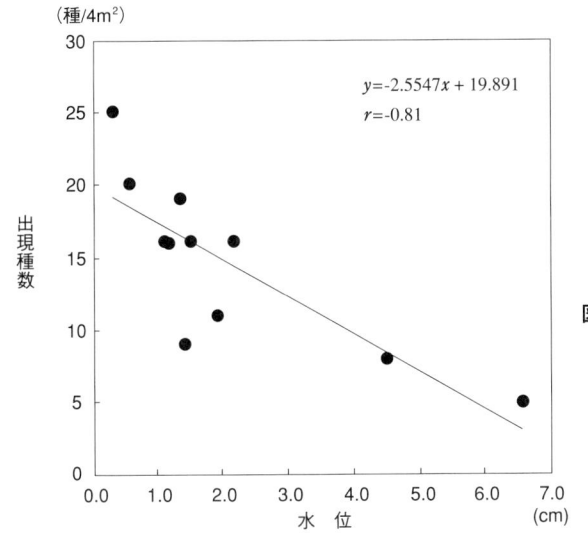

図10.2-a 休耕田管理区における水位と単位面積当たりの出現種数の関係
プロットは，それぞれ一筆の休耕田管理区を示す

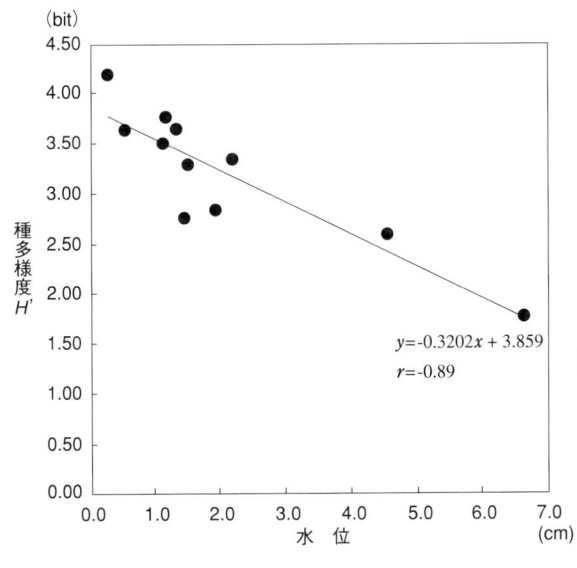

$y=-2.5547x + 19.891$
$r=-0.81$

図10.2-b 休耕田管理区における水位と種多様度指数の関係
プロットは，それぞれ一筆の休耕田管理区を示す

$y=-0.3202x + 3.859$
$r=-0.89$

一年生草本を主体とする植物群落の維持が困難になるということである．具体的には，田起こしを毎年実施していても，徐々にサンカクイなど多年生草本の構成比が増加する傾向が見られた（**図10.3**）．

(B) 休耕田管理に復田を取り入れた効果

上記課題の対策として，多年生草本が優占した休耕田管理区において，2000年より「復田」の作業を試みた．復田とは，耕作放棄水田に稲を植えつけて水田耕作を再開する管理作業である．

図10.4は，復田を実施した休耕田管理区における植物群落の変化をまとめたものである．サンカクイ等の多年生草本が増加した休耕田管理区を復田することで，一年生草本が主体となる植物群落を再生することができた．また，休耕田管理区においていったん消失したサンショウモ等の希少種も，再び発生した．

10.2.3 維持管理作業の工数

休耕田管理，および復田管理を実施する際は，管理する耕作放棄水田のみではなく，周辺の水路や作業道路の確保，および水路や畔の補修・草刈り等の周辺作業を要する．「ふれあいの里」全体では，池沼や現行田等も含めて，維持管理作業に要した人数は，2003年で延べ約350人であった．このうち，休耕田管理にかかる作業人数は1反当たり約14人/年，復田に要する人数は1反当たり約25人/年であった．復田作業は，休耕田管理の一環として実施しているが，作業工数は休耕田管理の約2倍必要である．休耕田管理で発生した課題の

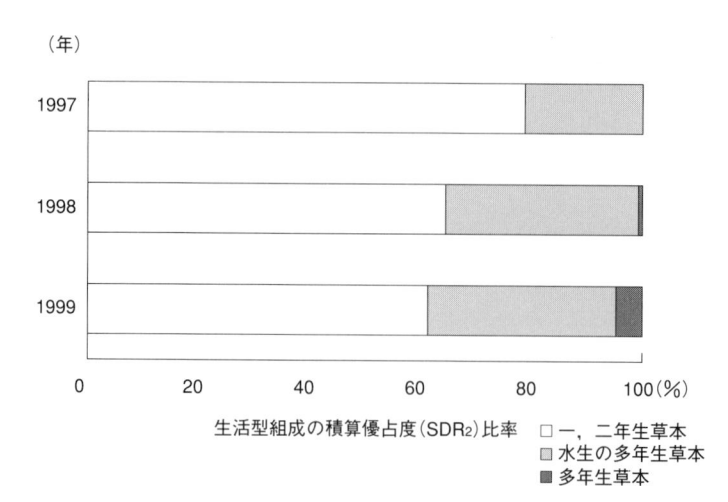

図10.3 休耕田管理区における生活型組成の経年変化

10.3 耕作放棄水田の埋土種子試験

1999年（田起こし停止）		
優占種*	被度**	SDR$_2$***
サンカクイ	2.8	100.0
アゼトウガラシ	1.5	53.5
クサネム	0.3	37.0
ヤノネグサ	0.7	36.4
ヒメジソ	0.1	31.3

2000年（復田実施）		
優占種	被度	SDR$_2$
アゼトウガラシ	1.0	66.9
サンカクイ	0.1	54.0
ヤナギタデ	0.1	25.7
クサネム	0.02	22.5
コナギ	0.3	20.8

2000年（田起こし停止）		
優占種	被度	SDR$_2$
サンカクイ	3.5	100.0
アメリカセンダングサ	0.1	47.2
クサネム	0.4	39.0
ヒメジソ	0.4	33.5
ヤノネグサ	0.8	31.6

図10.4 復田試験区の植生経年変化
網掛けは多年生草本を示す
＊：出現種のうち，上位5種を表記
＊＊：Penfound法の被度階級による
＊＊＊：積算優占度（SDR$_2$＝（草丈相対値＋被度相対値）/2）

対策として，復田作業の導入について述べたが，この作業を実施する際に，休耕田管理区全体で一斉に導入すると，作業負担が大きく増加する．

そこで，実際の管理運営を効率的に実施するためには，**図10.5**に示したようなローテーションを考慮した管理が有効であると考えられる．このようなローテーションを導入することにより，単年度での維持管理作業の負荷を軽減することができる．また，管理区域全体で見たとき，管理区域の中に多様な遷移段階の植物群落が維持されることとなり，生態系の多様性を向上させることも期待できる．

10.3　耕作放棄水田の埋土種子試験

10.3.1　埋土種子試験の必要性

現地試験において，植物群落の再生が田起こしに伴う埋土種子からの発

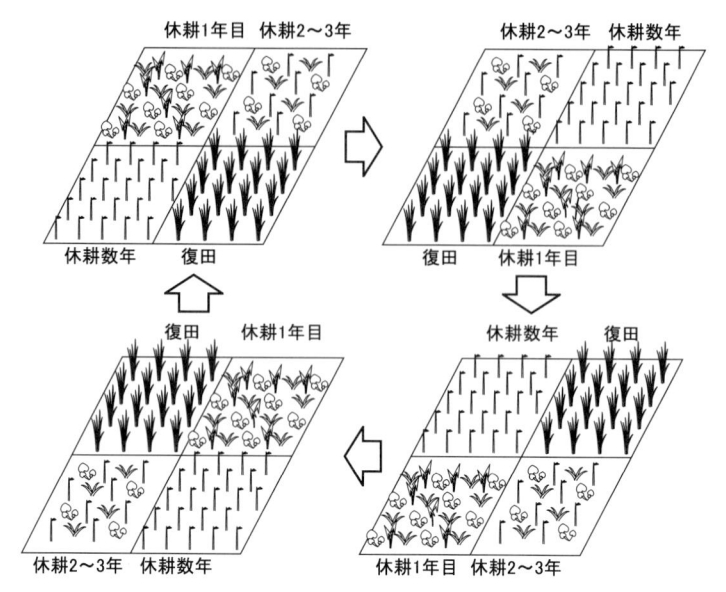

図10.5　復田作業を取り入れた耕作放棄水田のローテーション管理模式図

生に起因していることが，ある程度推察できた．しかし，現地では周辺からの種子散布や地下茎の進入など様々な外的要因があるため，埋土種子からの発生種だけで論じることは難しい．そこで筆者らは，現地試験の補完を目的とした埋土種子試験を並行して行った．

埋土種子試験の方法としては，土壌から回収した種子の形態的特徴で同定する「分離同定法」と，埋土種子から発芽した植物種を同定する「発芽同定法」がある．今回の試験では，発芽活性のある埋土種子だけを検出するため，発芽同定法を用いた．

また現地では，湧水起源の素掘り水路で水位管理をしているため，年間を通じて一定の水位を保つことは難しい．一方で，本試験で採用した発芽同定法はポット栽培での水位管理が容易なため，埋土種子からの発生種と水位との関係についても検討することができる．

10.3.2　試験方法

現況植生と埋土種子の組成を比較するため，埋土種子試験に用いる土壌は，植生が異なる複数の地点から採取した．具体的には，前に述べた五つ

の植生管理区の中から，休耕田管理区，低茎草本区，高茎草本区の各2地点を選び，計6カ所から採取した土壌で試験を行った．

土壌は，田起こしを行う直前の4月中旬に，耕起ローターが届く範囲の深さ20cm程度を対象としてスコップにて採取した．ただし，地下茎からの発生と埋土していない種子を除くため，地下茎が密に分布する表層は取り除いた．

採取土壌は，1/2000aワグネルポットにセットし，異なる水位管理を行った．具体的には，水位条件を「5cm湛水（5cm区）」，「地表面まで湛水（0cm区）」，「常時湿潤（湿潤区）」の3通りとし，灌水により水位を管理した．栽培は側窓を開放した無加温の温室において行い，外部からの種子の侵入を防ぐため，ポットを置いた棚の周辺を遮光性の低い寒冷紗で囲った．同定が可能な時期まで栽培を継続し，重複がないように目印をつけながら同定作業を行った．現況植生の調査法としては，Braun-Blanquetの被度・群度を用いた．

10.3.3 試験結果

1）埋土種子の組成

今回の埋土種子試験により，各試験地点で20～32種の埋土種子が検出され，出現した種数は延べ58種であった．そのうち水生・湿生植物は47種であり，この種数は1993年に中池見全域（約25ha）で調査したときに確認した水生・湿生植物134種の3分の1以上に当たる．

6カ所の試験地点すべてに検出された種は，ミゾハコベ，キカシグサ，チョウジタデ，アゼナ，コナギ，ミズワラビの6種で，いずれも発生個体数が多く，耕作田や耕作放棄後まもない水田に出現する一年生草本であった．

現況植生と埋土種子集団との関係においては，田起こしが行われている休耕田管理区（**表10.3**）では現況植生と埋土種子集団の構成種に共通性が認められた．一方で，土壌攪乱が長期間行われていない低茎草本区（**表10.4**）や高茎草本区（**表10.5**）では，現況植生と埋土種子集団の種構成は明らかに異なっていた．また，今回検出した埋土種子の中には，1993年の調査で未確認であった希少種2種（マルバノサワトウガラシ，クロホシクサ）も含まれていた．

表10.3 休耕田管理区の埋土種子集団と現況植生

種名	埋土種子試験による発生個体数			土壌採取地の現況植生出現種の被度・群度*
	5cm	0cm	湿潤	
ミゾハコベ	5			
コナギ	16	8		3・3
タマガヤツリ		6		
アゼトウガラシ		3		+
ヒメクグ		2		+・2
アメリカアゼナ		2		
タカサブロウ		1		
ケイヌビエ		26	21	4・4
ミズタガラシ		12	18	
ミズワラビ		12	6	
ヌカキビ		11	8	
アブノメ		6	4	
カワラスガナ		4	14	2・3
フタバムグラ		1	15	
イボクサ		1	3	+
ホウキギク		1	2	
アゼガヤツリ		1	2	
ヒメテンツキ		1	1	
ノミノフスマ			1	
タウコギ			1	1・1
ヒデリコ			1	
キカシグサ	12	23	37	+・2
アゼナ	5	7	100<	
チョウジタデ	3	10	12	
キクモ	2	1	1	
サンカクイ				+
オモダカ				+

網掛けは多年生草本を示す
＊：Braun-Blanquet（1990）の被度・群度を示す

　今回の試験では地下茎が詰まった表層を事前に取り除いているため，土壌表面に散布された種子や浅く埋土している種子は除去されている．河川の氾濫など大規模な自然攪乱がない中池見では，散布された種子が人為を介さずに土中深く埋土する可能性は低く，今回検出された埋土種子の多くは，かつて耕作が行われていた頃に田起こしに伴って埋土されたものと推

表10.4 低茎草本区の埋土種子集団と現況植生

種 名	埋土種子試験による発生個体数			土壌採取地の現況植生出現種の被度・群度*
	5cm	0cm	湿潤	
マツバイ	1			
セリ		1		1・2
ケイヌビエ		3	4	
ミズタガラシ			6	
アシボソ			3	+
スギナ			3	2・2
ハルジオン			2	
ヒメムカシヨモギ			2	
ヤナギタデ			1	
タカサブロウ			1	
ヌカキビ			1	
ミズワラビ			1	
ミゾハコベ	31	7	5	
コナギ	23	16	1	
チョウジタデ	10	9	22	
アゼナ	5	100<	100<	
アメリカアゼナ	2	100<	100<	
キカシグサ	1	8	6	
イボクサ	1	1	2	
サンカクイ	4	1		
アゼガヤツリ	1		2	
アゼスゲ				4・4
ミゾソバ				2・2
チゴザサ				1・2
クズ				1・2
マアザミ				1・2
オオニガナ				+
サワヒヨドリ				+
ガマ				+
キツネノマゴ				+

網掛けは多年生草本を示す
＊：Braun-Blanquet（1990）の被度・群度を示す

察される．このことから，低茎草本区や高茎草本区における現況植生と埋土種子の構成種の違いは，耕作放棄後は埋土種子が更新されず，一方で現況植生は遷移に伴って変化したことに起因していると考えられた．また，

表10.5 高茎草本区の埋土種子集団と現況植生

種名	埋土種子試験による発生個体数			土壌採取地の現況植生 出現種の被度・群度*
	5cm	0cm	湿潤	
ガマ	2			
ホタルイ	2			
ヘラオモダカ	1			
ミゾハコベ	1	3		
コケオトギリ		2		
コウガイゼキショウ		1		
クサネム		1		
ヒメクグ		13	17	
チョウジタデ		5	2	
タネツケバナ		3	8	
ヒメガマ		3	4	
タガラシ		2	2	
イボクサ		1	1	
キカシグサ		1	1	
ノチドメ			4	
ミズワラビ			4	
フタバムグラ			2	
アメリカアゼナ			2	
シソクサ			2	
ホソバノヨツバムグラ			1	
コシロネ			1	
アゼトウガラシ			1	
アシカキ			1	
サワヒヨドリ			1	
コナギ	6	4	4	
オモダカ	2	1	2	
アゼナ	1	1	5	
ミゾソバ				5・5
ヨシ				3・3

網掛けは多年生草本を示す
＊：Braun-Blanquet（1990）の被度・群度を示す

高茎草本区では田起こしが20年以上行われていない場所においても多様な埋土種子集団が確認され，埋土種子の発芽活性が長期にわたって維持されてきたことを示した．

2）水位と発生種との関係

本試験の結果から，同じ地点から採取した土壌でも，設定した水位により発生種の構成が異なることが明らかになった（**図10.6**）．全体の傾向としては，水位が高いほど種数が減少した．一方，コナギやミゾハコベなど水生・湿生の水田雑草は，水位を5cm程度に保つほうが発生個体数は増加した．

本試験の結果から，水位が埋土種子の発芽に影響を及ぼしていることが確認できた．このことから，埋土種子を用いて植物群落の再生を試みる場合には，水位のコントロールが重要な要因となり，目標植物群落に応じた水位管理が必要と言える．

10.3.4 現地試験と埋土種子試験の比較

埋土種子試験では，土壌採取地の現況植生にかかわらず，埋土種子からの発生種の大半が一年生草本であることが確認できた．この結果は，現地試験で休耕田管理により一年生草本を主体とする植物群落が再生した結果と一致し，休耕田管理による湿生植物群落の再生が多様な埋土種子の存在によって可能になることが示唆された．また，水位と発生種との相関についても，現地試験の結果と同様の傾向を示し，水位管理の重要性が裏付け

図10.6 水位による埋土種子からの発生種の違い
左：5cm湛水区，右：常時湿潤区

られた．

　両試験の結果から，植生遷移が進行して種多様性の低下した耕作放棄水田であっても，多様な埋土種子が存在していれば，田起こしの再開と適切な水位管理を行うことによって，耕作放棄直後のような多様な植物群落が再生できることが明らかとなった．

10.4　まとめ

　田起こしを主体とした休耕田管理を行うことで，埋土種子を活用した湿生植物群落の再生が可能なことを示した．しかし，これをもって取り組みが完了したわけではない．良好な状態で植物群落を維持するという新たな課題の始まりでもある．

　コナギやアゼナなど小形で一年生の水田雑草を保全するためには，田起こしの継続，すなわち埋土種子の更新が不可欠である．一方で，その後の継続調査から，田起こしを継続しても，多年生草本が増加して種多様性が低下するという新たな課題が明らかになった．その解決策として，「ふれあいの里」では，田起こしの継続に加えて数年に一度の復田を組み入れるシステムを取り入れた．

　また，埋土種子試験の結果からは，ヨシ原など高茎草本群落まで植生遷移が進行した場所でも，一年生草本を主体とする多様な植物群落を再生することが可能であることが示された．しかし，実際の作業を想定すると，ヨシ原の田起こしは容易なことではない．仮に，ヨシの地上部を刈り取っただけで田起こしをしても，残った地下茎が耕耘機のローターにからまって動かなくなってしまう．「ふれあいの里」では，試験的に，ヨシの地下茎を鎌で切断して掘り上げてから田起こしを行ってみたが，一筆の耕作放棄水田（30m×40m）において，ヨシの根切り作業に延べ50人程度の労力を要した．「ふれあいの里」には約1haのヨシ原があり，もしすべてのヨシ原で田起こしを実施しようとすれば，ヨシの根切りだけで多大な作業を要することになる．

　一方，今回の取り組みを開始した当時の中池見は，耕作放棄後まもない水田に成立した一年生草本主体の群落だけでなく，低茎の多年生草本を主

体とする低茎草本群落，ヨシ原などの高茎草本群落がモザイク状に存在しており，このことが，動植物の多様性を高める要因となっていた．特に，低茎草本群落は，ミクリ，ミズトラノオ，オオニガナなど多年生の希少種にとって主要な生育地となっていた．そのため，「ふれあいの里」では，耕作放棄後の年数が経過した低茎草本群落や高茎草本群落も残すようなゾーニングを計画し，休耕田管理は，耕作放棄後の年数が浅い放棄水田を中心に行った．

このように，埋土種子を用いた植物群落再生を実践するには，現場の地形や植生の状況，保全対象種の生活史，許容される労力や費用などを総合的に検討する必要があり，それぞれのケースに適した方法を個々に確立していくことが望まれる．本稿がその一助になれば幸いである．

参考文献

中本学（2002）敦賀市中池見の農村ビオトープ，杉山恵一・重松敏則編，ビオトープの管理・活用－続・自然環境復元の技術－，朝倉書店，pp.14-22.

中本学・名取祥三・水澤智・森本幸裕（2000）耕作放棄水田の埋土種子集団－敦賀市中池見の場合，日本緑化工学会誌，**26**(2): 142-153.

中本学・関岡裕明・下田路子・森本幸裕（2002）復田を組み入れた休耕田の植生管理，ランドスケープ研究，**65**: 585-590.

関岡裕明・下田路子・中本学・水澤智・森本幸裕（2000）水生植物および湿生植物の保全を目的とした耕作放棄水田の植生管理，ランドスケープ研究，**63**: 491-494.

関岡裕明・中本学（2005）半自然湿地－福井県敦賀市中池見の事例を中心に－，亀山章・倉本宣・日置佳之編，自然再生：生態工学的アプローチ，ソフトサイエンス社，pp.84-94

下田路子（1998）福井県敦賀市中池見の農業と植生および維持管理試験について，植生情報，**2**: 7-18.

下田路子（2003）水田の生物をよみがえらせる，岩波書店，220pp.

下田路子・宇山三穂・中本学（1999）深田の植物－敦賀市中池見の場合－，水草研究会会報，**66**: 1-9.

コラム4　エコロジカルインベントリーの重要性

　山林経営の基礎は自分のヤマを歩いてよく知ることだと言われる．どのような樹種が，どこで，どのような蓄積を持っているか把握していないと，収穫に長い時間を要する森林の計画はできないということを示す．地域の環境経営もそれに似ている．生物多様性資源は，山野の中に隠れている．市民自身がそうした地域の生物多様性資源のありかを知らなければ，めりはりのある保全計画は立てられないし，貴重な自然資源を損なう開発計画が知らず知らずのうちに進んでしまう可能性がある．

　ヨーロッパでは，湿地をはじめとしたエコロジカルインベントリーがよく整理されている．また，インベントリーを基礎にした生物多様性ネットワーク計画が組織されている．インベントリーはもともと財産目録のことだが，生物相は地域の財産であるとの考え方から，この言葉が使われるようになった．

　インベントリーは地図と内容目録によって構成される．地図は地形学的・植生学的に整理されたビオトープタイプによって区分され，表示される．例えば，地形タイプは水域―湧水―天然湧水―池湧水というように，階層性を持った内容目録に整理される．それらのビオトープタイプはまた生物相と関係づけられ，その代表種が示される．このようにして，地域にどのような地形・植生が，どのような密度・形状で分布するか知ることができる．また，希少種については，その生息地がスポット表示される．

　これらの図面は地域生態系保全の優先度検討の基礎資料になる．また，緑地の配置や連結，緑地内容の改良など，生態系改善の地域計画が可能になる．これらは具体的な緑化の前提となる，生物多様性に関する上位計画となる．緑化は人によって考え方が異なることが多く，合意形成が難しい場合も多い．このような上位計画は，理解の共有を促し，適切な緑化と植物の取り扱いを可能にする．

　　　　　　　　　　　　　　　　　　　　　　　　　　　　（小林達明）

第11章

緑化における森林の土壌シードバンクの利用

細木大輔

11.1　森林表土利用緑化工法の概要

　本章では，森林表土利用緑化工法と，その工法で重要な役割をする土壌シードバンクについて述べる．さらに，施工する際の留意点と今後の課題について述べる．

　「森林表土利用緑化工法」とは，緑化対象地に森林表土を設置して，その中の種子や再生可能な根茎の断片や鱗茎などを芽生えさせて生育させる緑化方法のことである．一般に森林の土壌や落葉の中には種子が含まれており，その種子のことを埋土種子と言う．「土壌シードバンク」とは「埋土種子の集まり」のことである．

　森林の土壌シードバンクは，攪乱後の森林の再生に重要な働きをしている．森林を歩いていると，ススキなどの草本や，コウゾやサンショウなどの木本が生い茂って藪になっている場所を見かけることがある．伐採跡地でこのような藪を見かけることが多いが，これは主に伐採前から土壌中に存在していた埋土種子が発芽・生育してできたものである．森林では，樹木の伐採のような攪乱が起こった後に，二次遷移初期の現象としてすぐに藪ができる．森林表土中には，地上部の植生によって生産され，散布された在来種の種子により土壌シードバンクが形成されており，土壌シードバンクには，上層木の伐採などの攪乱が起こった際にいち早く発芽・生育する先駆性植物の種が多く含まれている．森林の伐採跡地ではこれらがすぐに発芽・生育して藪ができることで，風雨による土壌表面の侵食が抑えられる．すなわち，森林表土利用緑化工法は，森林の二次遷移の現象を応用して緑化しようという方法である．

緑化において生物多様性の保全に配慮するには，緑化材料に在来種を用いることが原則とされている．また，在来種の利用は，その地域に生育する植物によって長期的に安定した被覆を形成して周辺の自然景観との調和を生み出すため，景観の修復の点でも推奨される．土壌シードバンクは多くの在来種の種子によって構成されており，地域に特有の種組成や，遺伝的特性や変異が備わっているため，生物多様性の保全を目的とした緑化の理想的な材料であると言える（鷲谷・矢原，1996）．森林表土利用緑化工法は，造成工事の際に採取した森林表土を用いた場合には，施工場所に存在する地域性系統の植物を用いて緑化することができ，また，限られた資源を無駄にしないというリサイクルの観点からも評価できる．さらに，先駆性植物の種子が施工後にいち早く発芽・生育することにより，短期間での緑化が期待できる．

この緑化工法に関する実験的研究は，日本では1970年代から行われており（梅原・永野，1997），近年の生物多様性保全に配慮した緑化方法に対する社会的要求の高まりとともに盛んに行われるようになった．ダム，道路，宅地造成地などの法面においてよく行われており，施工方法に関しては，表土を単に撒くだけの方法のほかに，緑化用土嚢に詰めて設置する方法や，植生基材に混ぜ込んで吹き付ける方法などが開発されている．一方，海外では，露天掘りの鉱山跡地の緑化に用いられており，森林表土中の土壌シードバンクを用いて緑化を行うことの有効性は海外でも実証されている（Tacey & Glossop, 1980; Farmer *et al.*, 1982; Holmes, 2001）．

11.2　土壌シードバンクとは

土壌シードバンク（soil seed bank，もしくは単にseed bank；Harper, 1977）とは，英語を直訳すると「土壌中の種子の銀行」という意味である．土壌シードバンクを構成している埋土種子は，地上部の植生で種子が生産されて散布されることによって増え，逆に，発芽，捕食，病原菌による腐敗，寿命による死などによって減る．補充と消失を絶えず繰り返している埋土種子の集団を，お金の預け入れと引き出しが行われる銀行になぞらえているわけである．

土壌シードバンクとして存在している埋土種子は，地上に生育している種子植物によって過去に生産されたものである．種子植物は種子を自らの体から離して散布し，地面にたどり着いた種子は埋土種子となる．埋土種子が土壌中に存在している時間は，種によっても，個々の種子によっても異なり，それには種子の休眠発芽特性が深く関わっている．休眠とは，種子の内部に発芽の阻害要因が存在していて発芽しない状態のことを言う（鷲谷，1996）．春に発芽して生育する植物には，冬期の低温を経験しないと発芽しないものがあるように，種子には生育に最適な時期に合わせて発芽する休眠発芽特性が備わっているものがある．一方，環境が発芽に適さないために休眠状態ではないにもかかわらず発芽しない場合があり，このような種子の状態のことを休止と言う（鷲谷，1996）．休眠，休止のいずれの状態でも，土壌中や落葉中に発芽しないで存在している種子が埋土種子である．

　土壌シードバンクは，土壌中に存在していられる長さによって季節的シードバンクと永続的シードバンクに大別される（Thompson & Grime, 1979, 鷲谷・矢原，1996）．季節的シードバンクは，特定の季節にのみ存在する埋土種子で構成されているものを言い，ヤナギ科の種やカワラノギクなどによって形成されることが知られている．特に，ブナ科コナラ属の堅果は，乾燥に弱いため散布直後に発根して冬を越す特性がある．これは休眠形態の一つで上胚軸休眠と呼ばれるものであり，種子は発根しないまま大気にさらされて乾燥すると死んでしまうため，健全な種子は親個体から散布された後にかなりの割合で発根する（斎藤，1999）．そのため，発根しないまでいる期間は短く，健全な種子として土中に1年以上存在することはない．このように埋土種子として存在する期間の短い種は，便宜的に土壌シードバンクを作らない種と言われることもある．

　一方，永続的シードバンクとは，土壌中に1年以上存在できる埋土種子の集団を指して言う．森林の先駆性植物や雑草と言われる種のほとんどは，永続的シードバンクを形成する．

11.3　暖温帯林の土壌シードバンクの一般的性質

　日本の暖温帯林における土壌シードバンクの空間分布は，土壌の表層部

分に集中し，面的には不均一に存在していることが知られている（林・沼田，1964；中越，1981；Nakagoshi, 1984；浜田・倉本，1994）．また，種組成に関しては，アカメガシワ，クサギ，コウゾ，ヌルデなどの先駆性植物の種が多く含まれている．

地上部の植生と土壌シードバンクの種組成の類似度をSørensenの類似係数（計算式は$2c/(a+b)$，a：地上部の構成種数，b：土壌シードバンクの構成種数，c：共通種数）で求めると，その値は0.1～0.3程度と低いことが知られている．（林，1977；陣門ら，2000；細木ら，2004）．類似度が低い理由としては，地上部の植生で高木層を構成するブナ科の種子が短い期間しか土中に存在しないことや，地上部で生育していない先駆性植物の種子が土壌シードバンクには多く含まれていることなどが挙げられる．

11.4 森林表土で法面を緑化した際に成立する植物群落

次に，法面において森林表土利用緑化工法を施工した際に成立する植物群落について，栃木県安蘇郡田沼町と山梨県大月市の盛土法面の緑化試験地で行った研究をそれぞれ述べる．この工法の目的は，成立する植物群落によって生物多様性を保全しつつ表面侵食を防ぐことであり，目標は，森林が伐採された直後にできる二次遷移初期の植物群落をいち早く成立させることである．以下の研究では，この目的と目標を達成できることを実際に緑化施工して検証した．成立した植物群落を調べて，さらに，法面に散布される種子と緑化で成立する植物群落との種組成の違いについて調べて，この緑化工法で成立する植物群落の特徴について考察した．

11.4.1　FM唐沢山における研究事例

栃木県安蘇郡田沼町の東京農工大学附属広域都市圏フィールドサイエンス教育研究センター・フィールドミュージアム唐沢山（FM唐沢山）において，標高150m程度の林道の盛土法面で森林表土を用いた緑化試験施工を行った（図11.1-a）．緑化材料には，表土（50%）と土壌改良材と肥料を用い，簡易編柵を利用する方法と緑化用土嚢を利用する方法でそれぞれ施工した．それと同時に近隣の森林に皆伐地を設けて，そこに成立する二次遷

11.4 森林表土で法面を緑化した際に成立する植物群落

a：施工直後（枠内左側が土嚢区，右側が簡易編柵区）

b：施工後3年目

c：施工後5年目

図11.1 緑化試験地の経年変化

移初期の植物群落についても調べた．双方の植物群落を比較することで，上に記した目的と目標が達成できるか否かの検証を試みた．

　それぞれの緑化工法で成立した植物群落には大きな違いはなく，二つの試験区に成立した植物群落は，施工してから2年ほどで皆伐地と同様に高い割合で地表面を被覆した．施工後3年目，5年目の写真（**図11.1-b，11.1-c**）では年を経るごとに緑量が多くなり，5年目には法面が完全に被覆されているのがわかる．緑化試験地と皆伐地の施工後3年目の出現種数はいずれも6m^{2}当たり45種程度であり，多くの種が生育していた．また，緑化試験地と皆伐地では，ヌルデ，コウゾなどの先駆性木本が共通して繁茂しており，樹高2m以上の木本の個体数は同程度（約4本/m^2）であった．施工後5年目の緑化試験地では，ヌルデ，コウゾ，クサギなどの樹種が開花・結実しているのが確認され，さらに，樹高4mほどのクサギには鳥の巣がかけられているのが見られた．

　一方，この工法の問題点の一つとして森林の土壌シードバンクに含まれる外来種の種子のことが挙げられるが，この緑化実験の出現種数に占める外来種の割合は10%程度であり，外来種が占める被度の値も小さく，成立した植物群落は主に在来種で構成されていた．緑化で成立した植物群落と皆伐地の植物群落とでは，地表面の被覆率や出現種数は同程度であり，先駆性木本が繁茂している点でも類似性が認められた．これらのことから，森林表土利用緑化工法では，在来種が優占する二次遷移初期の植物群落を早期に成立させられることが明らかとなった．

11.4.2　山梨県大月市における研究事例

　山梨県大月市の標高約350mに位置する盛土法面では，近隣のオニグルミ林，アカマツ林などの5種類の森林で表土を採取し，その表土を法面に撒き出して緑化試験施工を行った．被覆率は，3月に施工してから6，7月に比較的大きく増加して，10月まで増え続けた（**図11.2**）．アカマツ林の表土を用いた区画だけは他と比べて施工当年の被覆率が低かったが，この理由としては，土壌水分の不足により埋土種子の発芽・生育が抑制された可能性が挙げられる．一般的にアカマツ林が多く成立している尾根部では，乾性褐色森林土が形成されており，この土壌は水をはじく菌糸網層の作用によ

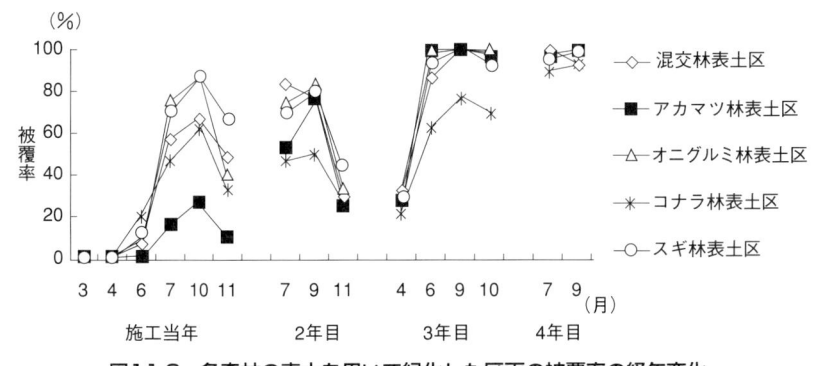

図11.2　各森林の表土を用いて緑化した区画の被覆率の経年変化

り乾燥しやすい（森林土壌研究会，1993）．そのため，アカマツ林の表土を用いる際には，侵食防止と土壌水分環境向上のためにマルチング等の処理を施す必要があると考えられる．

　施工後4年を経過した時点ではいずれの区画でも被覆率が90％以上に達しており，いずれの森林の表土を用いても被覆率の高い緑化が可能であることが確認された．施工後4年目の各区画には3m²当たり16〜39種が出現し，在来種のタチツボスミレやススキなどの多年生草本や，コウゾ，ヌルデ，アカマツなどの先駆性木本が共通して多く生育していた．一方，外来種は，前述のFM唐沢山における試験と同様に繁茂しておらず，成立した植物群落は主に在来種によって構成されていることが認められた．この緑化工法においては，長期にわたり外来種が繁茂する心配はなさそうである．

　施工後4年を経過した法面の植物群落と表土採取地の植物群落とのSørensenの類似係数は0.08〜0.26と低かったが，この緑化工法の目標が二次遷移初期の植物群落をいち早く成立させて土壌侵食を防ぐことであるのを考えると，このことは何ら問題ではない．類似係数の値は低いが，表土採取地で高木層を構成しているアカマツ，オニグルミなど木本種が出現している区画が見られたことから，高木層を構成する一部の種はこの緑化工法で生育させられることがわかった．また，施工後4年目の木本の生存個体数は8.7〜27.7個体/m²と各表土区で違いが見られたが，いずれも十分に多くの木本が生育していたと言えよう．

　法面にシードトラップを設置して周囲から法面に散布される種子（シー

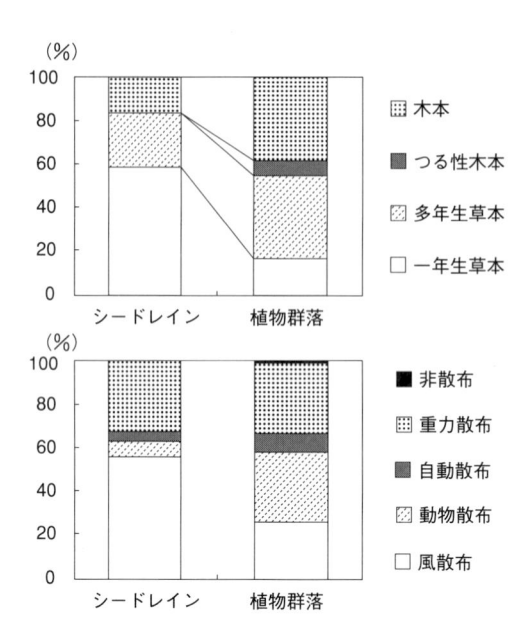

図11.3　緑化試験地のシードレインと植物群落の構成種との生活型別（上）および散布型別（下）の比較

ドレイン）の種組成を調べたところ，**図11.3**に示すように緑化で成立した植物群落とシードレインの種組成とは，種の生活型別の割合も種子の散布型別の割合も異なっていた．

　種の生活型別に比較してみると，シードレインでは一年生草本の割合が大きくて多年生草本や木本の割合が小さいのに対し，植物群落では逆に多年生草本と木本の割合が大きかった．

　種子の散布型別の比較では，植物群落では動物散布型の割合が大きいのに対して，シードレインでは逆に動物散布型の割合は小さかった．緑化で成立した植物群落に動物散布型の種が多かったのは，一般に森林表土中の土壌シードバンクには動物散布型の種子が多く含まれているからである（Nakagoshi, 1984; 1985）．一方，シードレインで動物散布型の種子が少なかったのは，法面には鳥類が止まるような場所がなかったためであると考えられる．というのも，造成後初期の法面のような開けた場所では，種子

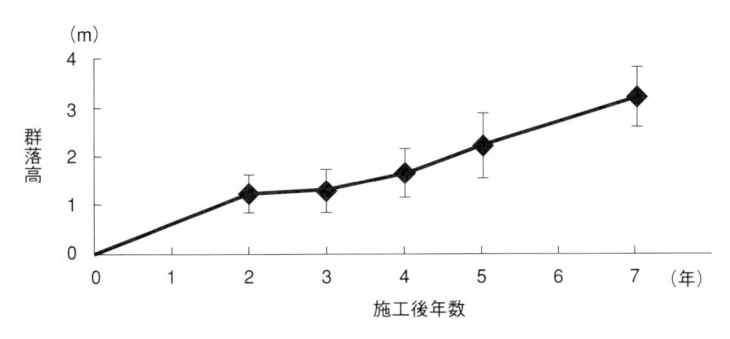

11.4 森林表土で法面を緑化した際に成立する植物群落

図11.4 緑化で成立した植物群落の高さの経年変化
エラーバーは標準偏差を表す

の主な散布媒体となる鳥類は止まり木のあるところに集中的に種子散布するからである（小南，1999）．森林表土利用緑化工法では，造成直後の法面に周辺植生から散布されることが少ない多年生草本や木本，および動物散布型の多くの種を出現させられるという利点がある．

次いで，施工後7年間の木本の成長について調べたところ，群落高は**図11.4**に示すように経年的に増加して，施工後7年目には平均3.2m程度に達していることがわかった．**図11.5**は7年目の状態であり，緑化試験地では低木林が形成されていた．生育していた主な樹種はイヌザンショウ，ネムノキ，コウゾ，ヌルデ，クマノミズキ，アカマツ，アカシデ，イヌシデ，クマシデであり，各種の最大樹高は2.1～4.8mであった．クマノミズキ，アカ

図11.5 施工後7年目の緑化試験地に成立した植物群落

マツ，アカシデなどは樹高が20m以上になる高木種であることから，今後これらが成長することによって植物群落が高木層を有するものへと遷移する可能性がある．また，成長した木本は，前述したように鳥類の止まり木としての効果を発揮し，被食動物散布型の種子が周囲の植生から運び込まれやすくなるであろう．

11.5　施工における留意点と今後の課題

　森林表土利用緑化工法は，場所や季節によって多様な土壌シードバンクを緑化材料とする点から，均一な牧草の種子を用いる急速緑化工法とは根本的に異なっている．そのため，森林表土利用緑化工法を効率的に行うためには，従来からある急速緑化工法の作業工程とは違った，この工法のための新たな作業工程を考案する必要がある．森林表土利用緑化工法の作業の流れとして最良と考えられるのは，開発予定の森林の表土を緑化材料としての適性を検査した後に採取し，土地の造成中に表土を一時保存して，緑化施工できるようになった時点で利用して緑化を行うという流れである．このような流れに即した作業工程を，開発計画を立てる時点であらかじめ作成しておく必要がある．

　上記の流れにおいて，最初の作業である森林表土の緑化材料としての適性検査では，埋土種子の密度を知ることが重要である．早期の被覆と低木林形成を期待するうえでは，特に先駆性木本の埋土種子の密度を知ることが重要であり，これを適性を測る尺度の一つとすることができる．表土を採取する際には，埋土種子は面的に不均一に分布していることから，小さいサンプルを多くの地点から採取する必要がある．表土中の土壌シードバンクを調べる方法には，埋土種子を発芽させて調べる方法（実生出現法，実生発生法）と，土壌から埋土種子を直接分離して調べる方法（種子選別法，直接計数法）がある．どちらも一長一短があり，実施には種子や幼植物の同定能力といった特殊な能力を要する．より多くの機会で土壌シードバンクを緑化に活用できるようにするためには，効率的な検査方法の開発と，判断基準の設定が必要であるとともに，実生や種子の検索が可能な図鑑を作成したり，施工者において土壌シードバンクの組成をある程度正確

に測定できる技能を養うことも必要であろう．

　緑化材料としての表土の採取は，人力でスコップを用いて採取したり，バックホウなどの重機で削り採ることが従来から行われている．人力で採取する場合は，埋土種子密度の高い表層部分の土壌のみを採取することができるが，人手と時間がかかる．重機を用いる場合には少ない労力で多くの表土を採取することができるが，表層部分の土壌のみを採取することは難しく，重機が入れる場所でのみ可能である．また，最近では空気の負圧を利用して土壌を吸い取る装置が考案されており，この方法だと表層部分の土壌のみを効率的に採取することができる．

　採取する時期は，暖温帯林においては基本的にはいつでも可能であるが，季節的シードバンクを利用したい場合には，利用したい種の生理生態学的特性を考慮して設定する必要がある．採取した後の表土の保存方法に関しては，表土を土嚢袋に詰めて2年間野外で保存した研究で，緑化に用いるのに十分な量の埋土種子が生存していたことが報告されている（梅原・永野，1997）．しかし，表土を積み上げ保存すると内部が嫌気的な環境になり，種子が細菌に侵されたり，二酸化炭素濃度が増加することによって種子の生存率が下がる可能性が指摘されている（Tacey & Glossop, 1980; Davy, 2002）．そのため緑化材料としての表土の保存方法に関しては，さらなる知見の蓄積が必要である．

　施工後の成果の評価方法に関しては，従来からある急速緑化工法に対する基準や方法では不適当であることが指摘されている（宮本ら，2002）．森林表土利用緑化工法では，急速緑化工法に比べて緑化材料として用いる種子が多様であり，また，成果が現れるのが遅く，施工後1～2年目以降に出現種数が増えることが多いからである（細木ら，2000; 2001）．よって，成果の評価は新たな基準を設けて行うべきである．

　施工費に関しては，現在のところ森林表土利用緑化工法は牧草の種子を利用する急速緑化工法よりも施工単価が高い．事業の受注者において施工単価を下げていく努力が必要であると思われるが，施工単価が高い分だけの効果が期待できることに対する発注者側の理解も望まれる．また，緑化施工後に管理の手を加えることで，目標とする植物群落の成立を早められる場合がある．高木種の生育を望む場合には，元肥が切れる頃に追肥を行

ったり，選択的な草刈りを行うことが有効であろう．

　大阪府の箕面川ダムでは，施工後約20年を経た時点でも相観が先駆性木本のアカメガシワ林であることが報告されているが，人工的な林冠ギャップを形成して林床の光環境を改善することで，先駆性低木林から高木林へと遷移させることが可能であると指摘されている（梅原，2002）．法面の緑化などでは，施工後に植物群落の調査や管理が行われることは稀であるが，このような緑化目標の達成にかかる時間を短縮するための調査と管理を，予算を計上して積極的に行うことは，よりよい環境を創出するために重要であると考えられる．

　今後，森林表土利用緑化工法を生物多様性の保全に配慮した効率的な緑化技術として確立するためには，この工法に即した作業工程の考案や，表土の保存方法や施工方法の開発，成果の適切な評価方法の検討，施工後の調査と管理などの課題に対して，研究者と事業の受注者と発注者が協力して総合的に取り組む必要があろう．

引用文献

Daby, A. J. (2002) Establishment and manipulation of plant populations and communities of terrestrial systems, *In*: Handbook of Ecological Restoration (eds. Perrow, M. R. and Davy, A. J.) pp. 223-241, Cambridge University Press, Cambridge.

Farmer, R. E. Jr., Cunningham, M. and Barnhill, M. A. (1982) First-year development of plant communities originating from forest topsoils placed on southern Appalachian minesoils, *J. Appl. Ecol.*, **19**: 283-294.

Harper, J. P. (1977) The seed bank, *In*: Population biology of plants, 892 pp., Academic Press, New York.

林一六（1977）埋土種子集団，沼田　真編，群落の遷移とその機構－植物生態学講座4－，朝倉書店，pp. 193-204.

林一六・沼田真（1964）遷移からみた埋土種子集団の解析Ⅲ－とくに成林したクロマツ期について－，生理生態，**12**：185-190.

浜田拓・倉本宣（1994）実生出現法によるコナラ林の埋土種子集団の研究およびその植生管理への応用，ランドスケープ研究，**58**(1)：76-82.

細木大輔・米村惣太郎・亀山章（2000）埋土種子を用いたのり面緑化で成立した植生の推移，日本緑化工学会誌，**25**(4)：339-344.

細木大輔・米村惣太郎・亀山章（2004）関東の森林の土壌シードバンクにおける緑化材料

としての利用可能性とその測定方法，日本緑化工学会誌，**29**(3)：428-438.
細木大輔・吉永知恵美・中村勝衛・亀山章（2001）埋土種子を用いたのり面緑化で成立する植物群落の特性，日本緑化工学会誌，**27**(1)：114-119.
Holmes, P. M. (2001) Shrubland restoration following woody alien invasion and mining: Effect of topsoil depth, seed source, and fertilizer addition, *Restoration Ecology*, **9**(1): 71-84.
陣門泰輔・佐藤治雄・森本幸裕（2000）森林表土播きだしによる荒廃地緑化に関する研究，日本緑化工学会誌，**25**(4)：397-402.
小南陽亮（1999）鳥類に食べられて運ばれた種子の空間分布，上田恵介編，種子散布－助けあいの進化論〈1〉，築地書館，pp. 17-26.
宮本亜紀・谷口伸二・小畑秀弘（2002）表土シードバンクを吹付けに活用した施工事例の報告，日本緑化工学会，**28**(1)：162-164.
中越信和（1981）再度山の森林群落における埋土種子集団の研究，再度山永久植生保存地調査報告書第2回：pp.69-94.
Nakagoshi, N. (1984) Ecological studies on the buried viable seed population in soil of the forest communities in Miyajima Island, southwestern Japan II, *Hikobia*, **9**: 109-122.
Nakagoshi, N. (1985) Buried viable seeds in temperate forests. *In*: The population structure of vegetation, (ed. White, J.) pp. 551-570, Junk, Dordrecht.
森林土壌研究会（1993）森林土壌の調べ方とその性質，林野弘済会，334pp.
斉藤真一郎（1999）リスやカケスが森をつくる，上田恵介編，種子散布－助けあいの進化論〈2〉，築地書館，pp. 86-103.
Tacey H. W. and Glossop, L. B. (1980) Assessment of topsoil handling techniques for rehabilitation of sites mined for bauxite within the jarrah forest of Australia, *J. Appl. Ecol.*, **17**: 195-201.
Thompson, K. and Grime, J. P. (1979) Seasonal variation in seed banks of herbaceous species in ten contrasting habitats, *J. Ecol.*, **67**: 893-921.
梅原徹（2002）植生復元，考え方と方法，環境情報科学，**31**(1)：20-24.
梅原徹・永野正弘（1997）「土を撒いて森をつくる！」研究と事業をふりかえって，保全生態学研究，**2**：9-26.
鷲谷いづみ（1996）休眠・発芽特性と土壌シードバンク調査・実験法，保全生態学研究，**1**(1)：89-98.
鷲谷いづみ・矢原徹一（1996）保全生態学入門，文一総合出版，256pp.

第12章

表土ブロック移植技術を用いた森林生態系の移植とその効果

河野　勝

12.1　はじめに

　生物多様性を保全する緑化技術として，表土を植物とともに移植する技術があるが，近年，重機のアタッチメントの改良などにより，大規模な表土ブロック移植技術が発達してきた．表土ブロック移植は，森林の表土に着目して，表土に含まれる植物の根，種子，土壌動物，土壌微生物を腐植に富む表土とともに移植するものである．この技術を用いて森林生態系をそのまま移設する技術の全体を「森のお引越し」と名づけている．類似の技術としては，ササ地下茎の土壌緊縛力を利用して，表土全体を移植するササマット工法なども開発されている．

　ここでは表土ブロック移植の技術を中心に，「森のお引越し」について解説し，そうした表土・植物移植法による森林復元効果を報告する．

12.2　表土ブロック移植の考え方

　森林の土壌は，落葉や落枝として地表に供給される有機物と，地下にある母岩の風化によって供給される無機質の鉱物によって層位が形成されている．そのため，有機物は表層ほど多く，下層になるほど少ない．

　森林土壌のうち最上層は，落葉や落枝などの有機物だけの層であり，A_0層と呼ばれる．A_0層の下には，有機物に富んだA層，有機物が少なく特徴ある色を示すB層，土壌の母材となっているC層といった土壌層が存在する．A層は腐植に富んでおり，A_0層と合わせて表土と呼ばれている．表土には土壌のほかに，多くの土壌動物や土壌微生物が生息している．土壌動物は有

第**12**章　表土ブロック移植技術を用いた森林生態系の移植とその効果

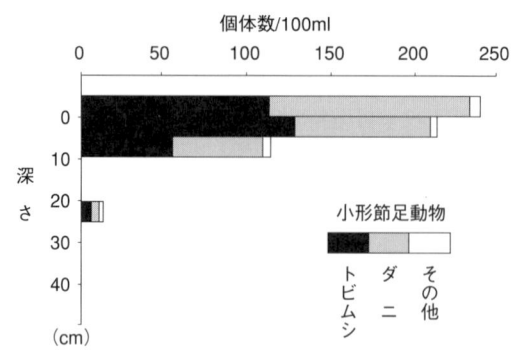

図12.1　コナラ二次林における小形節足動物の土壌層位別分布の例
（岩波・土屋，1974）

機物を細片化し，土壌微生物は，土壌動物が細片化した有機物を細胞から分泌した体外酵素で分解する．森林土壌は生物のこのような働きによって形成される．

図12.1は，ダニ類やトビムシ類などの小形節足動物の土壌層位別分布を示したものであり，表土の表層部分に個体が集中していることがわかる．

樹木の根も表土に集中している．スギ，ヒノキ，アカマツなどの根の垂直分布を調査した結果によると，地上1.3mの幹周りが50cm以下の場合，表層から30cmまでに70%以上の根が含まれていたと報告されている．

表土は自然が長い時間をかけて作ってきた貴重な資源であり，保全しなければならない財産である．表土ブロック移植はこのような考えに基づいて開発された技術である．

これまで森林の表土を資源として活用する方法として，表土保全の工法がある．この工法は次のような手順で表土を活用している．

①樹木を伐採，伐根し，
②表土をバックホウ等によって一定の厚さにすき取って集積し，
③ダンプトラック等に積み込み，運搬し，
④ブルドーザーで敷き均し，転圧する．

しかし，この方法では生育している樹木を活用できないばかりか，土壌の物理的な構造が変化してしまうため，移設当初は土壌動物や微生物が生息できない．そこで表土ブロック移植では，表土をブロック状に採取し，

ブロックを運搬・定置することによって，動植物を生きたまま移植する．

12.3 表土ブロック移植の手順

表土ブロック移植の調査・計画・施工・モニタリングと維持管理の手順を**図12.2**に示し，それぞれの段階における留意事項を述べる．

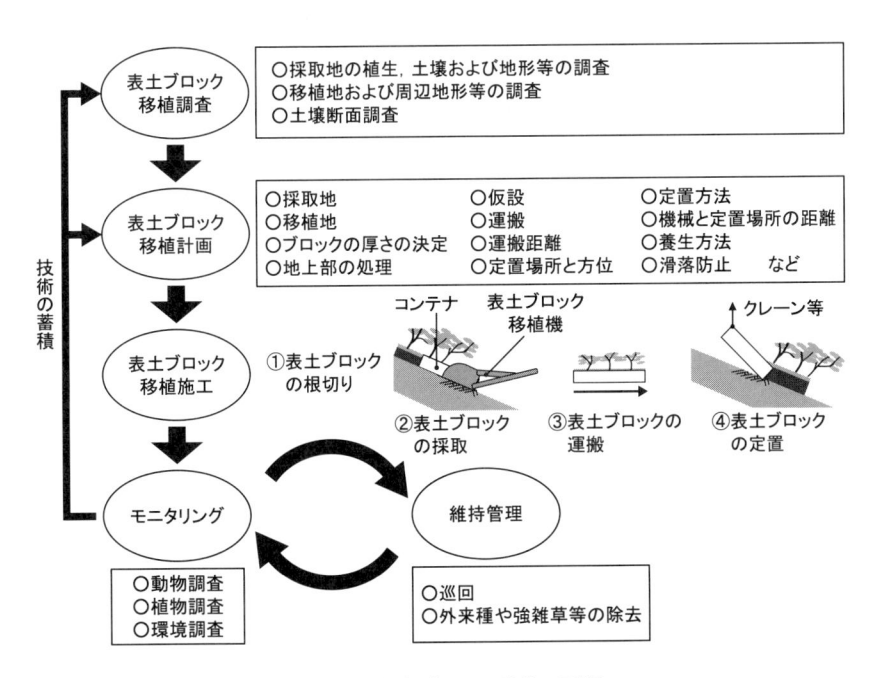

12.3.1 表土ブロック移植調査

表土ブロック移植計画を作成するのに必要な情報として，表土ブロック採取場所の植生，土壌および地形等について調査する．

高中木の植生調査では，樹木の種類，樹高，胸高周囲，本数等を調査する．高中木でも幼木であれば表土ブロック移植で移植することが可能であるが，大径木が密に生育している場合には，採取できる表土ブロックが少なくなるため，表土ブロック移植は適していない．林床植物の植生調査で

図12.2 表土ブロック移植の手順

は，種類，草丈や樹高，個体数等を調査する．

　土壌調査では，断面層位の調査を行い（**図12.3**），土層の厚さを測定する．この結果をもとに採取する表土ブロックの厚さを決める．

　地形の調査では，採取地の斜面の方位や傾斜を調査して，移植地にできるだけ近い環境から表土ブロックを採取する．移植地と傾斜が異なる場所から採取した表土ブロックを移植すると，高中木の幹が曲がってしまうため，見た目にも不自然になる．その場合には高中木の地上部を伐採し，萌芽させる方法をとる．

　また，表土ブロックを採取するための重機の足場や採取地から移植地までの仮設道路等が必要な場合には，どこに重機の足場を設け，どのルートで運搬するかを決めるための現地調査が必要である．

12.3.2　表土ブロック移植計画

　表土ブロック移植計画とは，表土ブロックを移植するための施工の計画である．この計画では，はじめに復元目標を明確にして，その目標に向けて施工し，維持管理することが重要である．計画では，前項に述べた調査の結果に基づいて，表土ブロックの採取場所，表土ブロックの厚さ，表土ブロック内に生育する樹木をそのまま残すか，根株として活用するのか等の活用方法，仮設道路の取り付け方，運搬機械，定置用クレーンの規格，定置後の養生方法などについて検討し，明確にする．

図12.3　土壌層位の調査
表土ブロック移植に先立って行う土壌層位の調査は，採取するブロックの厚さを決定することを主目的に行う．

12.3.3　表土ブロック移植施工

　表土ブロック移植のために，表土を収容するコンテナを開発し，これを装着できるように，積み込み用ブルドーザーのバケット部分を改良した．ここでは，コンテナを装着できるように改良したブルドーザーを表土ブロック移植機と呼ぶ．コンテナの大きさは，幅1.0m×奥行1.0m×高さ30cmであり，材質は鉄製で，4面の壁のうち前後2面が取り外せるように工夫されている．また，積み込みと定置の際に使われるフックが掛けられるようになっている．コンテナの大きさは1.0m×1.0m×30cmを標準としているが，樹林内の樹木密度や土壌の発達状態，対象とする植物の根の分布状況を考えて効果的な形状に変更する．

　厚さ30cmの標準的なコンテナでは，地上1.3mの幹周囲が約20cmまでの樹木を表土ブロックとして移植できる．これらの樹木をそのまま生かして使うか，伐採して萌芽させるかは，樹種や採取地と移植地の傾斜の違い等から判断する．

　表土ブロック移植の作業は，以下の手順で行われる．

　1）根切り

　はじめに表土ブロックを採取するために根切りを行う．根切りは，採取するブロックに合わせて，1m×1mの大きさで30cmの深さに根切り用チェーンソーを用いて切断する（**図12.4**）．このとき，コンテナと同じ大きさの木枠等を定規として用いると作業が効率的である．また，土壌内に石が含まれている場合にはチェーンソーの刃の消耗が激しくなるため，油圧等によって表土を押し切る方法などを検討する．

　2）採取

　表土ブロック移植機のバケットに，前面の壁を取り外したコンテナを装着する．採取する表土にバケットを合わせ，前進する力を利用してコンテナ内に表土を採取する（**図12.5**）．採取が完了したら取り外しておいた壁をコンテナに取り付け，コンテナを表土ブロック移植機から取り外して，運搬機械に積み込む．

　3）運搬

　運搬に用いる機械は，表土ブロックを採取するのに要する時間と移動に

第**12**章 表土ブロック移植技術を用いた森林生態系の移植とその効果

図12.4 根切りの作業
チェーンソーによる根切りの作業．このほかに，油圧を用いて表土を切断する方法もある．

図12.5 表土ブロック移植機による採取
表土ブロック移植機を用いて表土を採取する．この機械はブルドーザーのバケット部をコンテナが装着できるように改良したものである．

要する時間などを考えて規模を決める．運搬路が舗装されている場合にはホイール式が効率的であるが，舗装されていない場合にはクローラ式を選択する．

4）定置

表土ブロックを採取したコンテナにワイヤーを掛け，移動式クレーンで定置する場所に置く．コンテナの下辺側の壁を取り外し，上辺の2点にワイヤーを掛け，上辺側だけを持ち上げることによって表土ブロックを滑り下ろすように定置する．このとき，採取したときに前面だった側を必ず斜面の上辺にする．これは，表土ブロックの向きを採取地と合わせるためである．定置する場所の勾配が急な場合には，下辺に編柵を設置したり，表土ブロック内に杭を打ち込むことによって表土ブロックの滑落を防止する．また，表土ブロックは，隙間なく配置することが困難なため，生じる隙間には現地で採取した表土を詰め込む．

12.3.4 モニタリングと維持管理

表土ブロック移植の目的の達成状況を確認するため，モニタリングを実施して，結果を維持管理に反映させる．自然再生を目的とした事業では，管理作業は最小限に留めて，自然の遷移にまかせるのがよい．ただし定期的に巡回して，強雑草やつる植物等の一斉繁茂などの異状が発見された場合には速やかに対処する．

12.4　表土ブロック移植を用いた「森のお引越し」

12.4.1　「森のお引越し」の考え方

　森林には，表土ブロック移植で運搬される土壌のほかに，地上部に高木，中低木，草本類が生育している．森林が作り出したこれらの資産が開発行為によって失われようとするときに，その資産を必要とする場所に移設する試みを「森のお引越し」と名付けて技術開発を進めている．「森のお引越し」は表土ブロック移植を主要な工法として，大径木重機移植や根株移植などの工法と併用して行うものであり，併用する工法は現地の状況に応じて選定される．

12.4.2　高速道路の建設における「森のお引越し」

　高速道路の建設においては，沿道の環境保全は重要な課題であり，特に保全対象となる施設が道路近傍にある場合には十分な対応が求められる．

　滋賀県内の名神高速道路と第二名神高速道路を結ぶ連絡路において，インターチェンジ予定地付近に福祉施設が近接していることから，既存の森林をできる限り多く残すことを目的として，高速道路と福祉施設の間に築堤して，その上に樹林の整備を行うこととした．樹林の整備に関しては，高速道路が建設される用地内にある森林を移設することとし，「森のお引越し」が進められた．

　「森のお引越し」の対象とされた森林はアカマツ林とコナラ林であり，表層地質は第三紀古琵琶湖層群の砂礫層と粘土層のため，土壌が浅く，乾燥した尾根部や斜面上部には主としてアカマツ林，比較的土壌の発達した斜面や谷部にはコナラ林が分布していた．この森林から**表12.1**に示す工種を用いて，森林の資産をできる限り移設した（**図12.6**）．

　表12.1に示した工種の内容を以下に概説する．

1）大径木重機移植

　大径木重機移植とは，大径木の移植専用に作られた大型の重機を用いて移植することである．重機移植の場合にも一般の樹木の移植と同様に，活着率を確保するために，移植する1〜2年前に根廻しを行うことが効果的である．通常の移植における根鉢（掘り取る根の部分の全体）の直径は，樹

第**12**章　表土ブロック移植技術を用いた森林生態系の移植とその効果

a：生活環境保全植栽ゾーン

b：自然環境保全植栽ゾーン

図12.6　「お引越し」された樹林

木の根元直径の4～5倍が目安になる．根鉢の平面形状は通常の移植の場合，円形であるが，重機の移植の場合には重機の特性から正方形になる．根廻し時に掘り出された根のうち，太いものは環状剥皮を行う．環状剥皮とは，根の表皮を約15cmの幅に鋭利なナイフ等を用いて形成層まで環状に剥き取

表12.1　「森のお引越し」の工事概要

工　種	対象植物
表土ブロック移植	ブロック内に生育，生息するすべての動植物
大径木重機移植	コナラ，ヤマザクラ，リョウブ等
従来工法の樹木移植	コナラ，ネジキ，ソヨゴ，モチツツジ等
地被類移植	オオイワカガミ
幹挿し	ソヨゴ，リョウブ，ヤブツバキ等

12.4 表土ブロック移植を用いた「森のお引越し」

り，その部分から発根させることである．バーク堆肥で埋め戻す林試法を用いると発根がよい．細いものは鋭利な刃物で切断し，殺菌剤を塗布する．

掘り取りは，樹木の周囲をバックホウと人力を併用して丁寧に行う．その後，移植重機によって根鉢をバケットで挟み込み（**図12.7**），掘り取った樹木を移植重機で抱えたまま移動する（**図12.8**）．そのため運搬路は凹凸がないように事前に整備する．また，周辺の樹林や構造物等によって幹や枝が傷つかないように充分に幅を確保する．

2）従来工法による樹木移植

根元直径の4～5倍を直径とした根鉢を掘り取り，菰やわらなどを用いて根鉢を十分締め付けて掘り上げる．「森のお引越し」では，樹林内に生育する樹木を移植することが多く，重機による運搬は困難なので，移植する樹木の規格を人力で運搬可能な範囲で計画するのが望ましい．移植地では，

図12.7 掘り取りの状況
掘り取り後に幹を重機のアーム部分に固定することによって運搬時に鉢が崩壊するのを防止する．

図12.8 運搬の状況
掘り取った樹木を抱えたまま，植え付け場所まで自走する．樹木を抱えたまま運搬するため，重心が高くなる．そのため，運搬路の不陸や勾配の整備が重要になる．

蒸発散量を抑えるために枝葉を剪定してから植え付け，しっかりと水極めする．水極めとは，土が根鉢によく密着するように，土を埋め戻すときに棒で突きながら水を十分に注ぎ込む方法である．

3）地被類移植

移植対象となる地被類を人力で丁寧に掘り取り，わらや緑化テープ等で根鉢を巻いて移植する．園芸等で用いられるビニールポットを用いると効率的である．

4）幹挿し

発根力の強い樹木の根元近くの幹を70cm程採取し，中央部を環状剥皮および発根処理をしたうえで，挿し込む方法である．

12.5　「森のお引越し」の効果

　高速道路を建設した日本道路公団では，「森のお引越し」による樹林の復元について検証することを目的として動植物の調査を行っている．調査は，「森のお引越し」によって復元された樹林（以下，復元樹林という），「お引越し」される以前の樹林（以下，既存樹林という），および供用後38年を経過した高速道路の盛土法面に植生遷移によって成立したアカマツ林（以下，比較樹林という）を比較した．以下に検証結果を示す．

　図12.9は，施工5カ月後における復元樹林の階層別の植物種数とその構成比を既存樹林と比較したものである．復元樹林の種数は，既存樹林に生育していた種のうちから復元樹林で確認できた種のみを計数した．既存樹林に生育していた140種のうち復元樹林では115種，82％が確認され，復元が効果的に行われたことが確認された．また，構成比についても同様の傾向が確認された．一般的な表土移植工法では種子の休眠性が高い特定の植物種が繁茂する場合が多いが，本法ではそのような偏りがなく，既存樹林と同程度の植物相が復元された．

　既存樹林，復元樹林，比較樹林の植生の遷移度を比較した．遷移度とは植生の遷移の進行を数値的にとらえたものであり，沼田の遷移度 DS が一般に使われる．

$$DS = [(\Sigma\, dl)/n] \cdot v$$

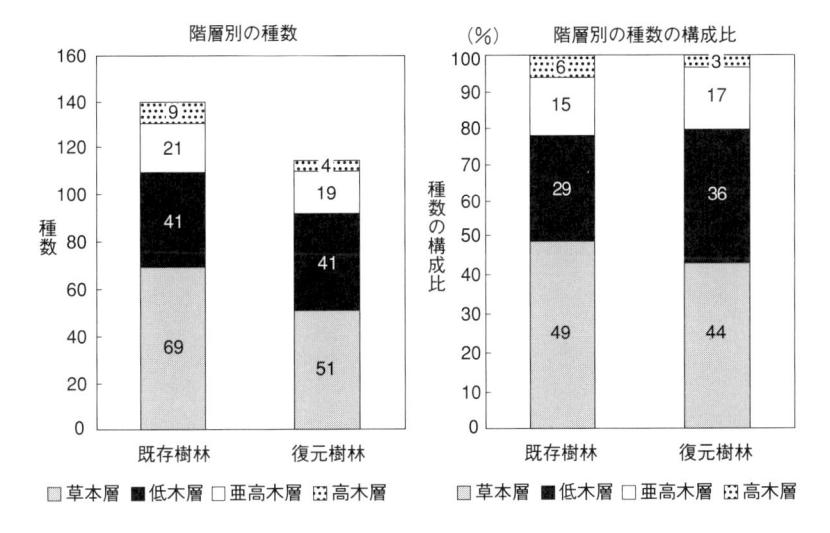

図12.9 既存樹林と復元樹林の階層別の植物種数（左）とその構成比（右）

d：積算優占度（0〜100），l：生存年限，n：種数，v：植被率（0〜1）
しかし，施工直後の復元樹林では，一，二年草の種数が一時的に多くなることによって遷移度が低くなることを考慮し，通常の算出法と異なり，種数（n）を考慮しない方法（改良型遷移度という）で算出した．その結果，復元樹林と既存樹林は，ほぼ同程度の改良型遷移度であることを確認した（**図12.10**）．

既存樹林，復元樹林，比較樹林の土壌動物の調査結果から，土壌動物による自然度とササラダニによる自然指数を算出して比較した．土壌動物による自然度は，土壌動物を人為に最も敏感に反応して消滅するとされるAグループ，人為の影響を受けるがAグループに比べて鈍感なBグループ，人為の影響を受けにくいCグループに分けることによって，自然度を評価する．この結果，復元樹林においても，既存樹林には及ばないもののAグループが確認されていること，比較樹林と類似した自然度が得られていることが確認された（**図12.11**）．

ササラダニによる自然指数は，ササラダニ類の環境の変化に対する反応によって「自然林および二次林で出現頻度が高い種」（5点），「自然林および二次林，人工林で出現頻度が高い種」（4点），「人工林で出現頻度が高い

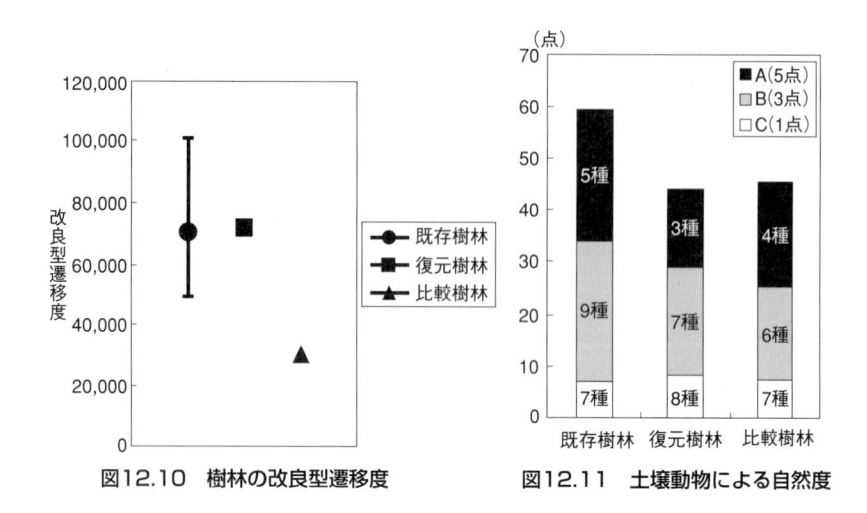

図12.10　樹林の改良型遷移度

図12.11　土壌動物による自然度

種」（3点），「人工林，果樹園および公園緑地で出現頻度が高い種」（2点），「果樹園および公園緑地で出現頻度が高い種」（1点）に分けて点数化し，その合計点を種数で割った値を指数として評価する方法である．

この結果，復元樹林においては，種数，指数ともに比較樹林と同等の値を示したが，自然林や二次林で出現頻度が高い種（5点，4点）が出現していた．その一方で，公園緑地等で出現頻度が高い種（2点，1点）も多く出現していることから，樹林環境を復元することができたと同時に，施工直後の時点では一時的に攪乱状態が生じていると考えられる（**表12.2**）．

12.6　おわりに

表土ブロック移植を用いて森林生態系全体を移植する「森のお引越し」

表12.2　ササラダニによる自然指数

	5点	4点	3点	2点	1点	計	種数	指数
既存樹林	1種	4種	0種	1種	1種	24点	7種	3.43
復元樹林	2種	2種	2種	2種	4種	32点	12種	2.67
比較樹林	2種	4種	3種	3種	4種	45点	16種	2.81

が，自然環境を復元する技術として有効であることを確認した．しかし，まだ表土ブロックの根切りの方法や採取したブロックの仮置きの方法等に課題が残されている．

現段階においては，「森のお引越し」に限らず，自然環境に手が加えられたときに，その後の環境の変化等を適切に予測する技術や，その変化に対応するための知識や技術が十分とは言えない．復元した自然環境を管理・育成していくために知見を積み重ね，その手法を確立することが重要である．

参考文献

青木淳一（1981）土壌ダニによる環境診断，科学，**51**(3): 132-141.
苅住昇（1979）樹木根系図説，誠文堂新光社，1122pp.
森林土壌研究会（1993）森林土壌の調べ方とその性質（改訂版），林野弘済会，334pp.
渡邊哲也・小倉功（2004）自然環境復元を目標とした新しい既存樹林地の移植・移設方法について，第46回日本公園緑地全国大会および第20回IFPRA世界大会，pp.113-116.
山辺正司（2003）「森のお引越し」による自然環境の復元効果について，道路と自然，**119**: 30-33.
山本正之・河野勝（2003）自然再生工法としての「表土ブロック移植」技術の開発について，都市緑化技術，**49**: 27-30.

コラム5　雑草（weed）とは

　わが国では，weedを「雑草」と訳して，従来用いてきた．1910年にわが国初めてのテキスト『雑草学』が出版されたが，その中で，雑草を「人間の使用する土地に発生して人類に直接あるいは間接に損害を与ふる植物」と著者・半沢洵は定義している．このように，weedは元来，人を中心とした考え方である．

　筆者の一人の学生時代最初の研究テーマはウマスギゴケの生態だった．ウマスギゴケとは通称「杉苔」であり，日本庭園の重要な地被材料である．しかし，その生活はたいへん雑草的だ．コケには根に相当する器官がないが，本種は仮根系と呼ばれる地下茎を張って，栄養的にその生育範囲を増やしていく．また，コケには維管束がなく，道管・仮道管といった通水組織もないが，本種は類似した通導組織を持っている．さらに，一般のコケ植物の葉は細胞層が1層など薄いのが普通だが，本種はその表面に厚い柵状組織を持っている．このようなことから，コケの中では例外的に乾燥に強い．本種はまた，酸性・貧栄養条件に強く，そのような中でも旺盛に生育する．

　このような条件は，寝殿造りで作られる白砂敷きにちょうど適合した．平安京の湿潤・酸性・貧栄養の条件下で，ウマスギゴケは強靭な雑草だったと考えられるのである．白砂の広場を美しく管理するために，平安の人々はさらに砂を敷き，また盛んに熊手で除草した．

　室町時代中期になると，京の地には戦乱が続き，洛中の庭も荒廃する．コケはそんな庭に茂っていたと考えられる．その混乱の後に現れたのが枯山水の庭だった．その庭は絵画的であり，平面的なデザインの材料としてコケは注目された．その後発達した茶庭では，踏石の幾何学的パターンとともにウマスギゴケは欠くことのできない材料となる．人はその群落に美を認めたのである．

　それ以来，ウマスギゴケは栽培植物になった．しかし，野生の気難しい性質を持っているので，栽培は容易ではなく，高級な地被材料として君臨している．人の考え方―文化によっても，weedは変わりうるのである．

（小林達明）

〈参考文献〉小林達明（1986）スギゴケ考―侵入の生活史と共存の文化史―，自然学研究，1: 33-41．

第13章

根株や多年生植物ソッドを用いた植生復元

養父志乃夫

13.1　はじめに

　根株や多年生植物ソッドを用いた陸上植生の復元方法は，造成地などで伐採された樹木の根株を用いる方法，草地や湿地などの表土ソッドを採取する方法，表土ソッドを畑で生産して行う方法に分けられる．表土ソッドとは植物の茎葉・根茎・土壌を含むマット状の植生断片であり，表土ソッド移植工法とは，この植生断片を使って土手などの草地，湿地等を再生・修復することである．以下では，施工例をもとに，その工法の概要を解説する．

　土地造成を伴う開発地においては，従来，表土は，腐植を含む土壌として採取・保存され，事後の植栽工事に使われてきた．ここで述べる根株移植や樹林移植等による植生回復の方法は，根株や表土の中に，植物の根系のほか，埋土種子，土壌微生物，腐植などを含み，生きたままでリユースして有効に活用できる．また，従来の苗木などによる植栽施工に比べ，生態系回復にも効果的な工法として期待されている．

　周囲に既存林が残されているニュータウンの造成地において，他の地方で生産された緑化樹木を植栽すると，交雑などによって，植栽地周辺に自生する同種や近縁樹種の地域個体群の遺伝子資源を攪乱する可能性が高い．自生種の根株を造成地の緑化に活用することは，このような種の保全のうえからも望ましい．

　なお，地域の生態系や動植物の地域個体群を保全するという視点から，根株や多年生植物ソッドを用いた植生の移植先は，近隣，または，少なくとも採取元と同じ流域の範囲内に限定することが望ましい．

13.2 根株を用いた植生復元

根株採取の適期は，秋から春である．樹幹の伐採後にブルドーザーやユンボ等の重機で，埋土種子や土壌微生物などを含む表土とともに根株を掘り上げ，植生回復地に運搬し，植え付ける方法である．採取後は，植え傷みを防ぐためにできるだけ早く運搬して植栽することが望ましい．

この工法は，都市整備公団八王子ニュータウン（都市整備公団八王子開発事務所，1995；阿江・養父，1991），日本道路公団第二名神高速道路（山辺・小倉ほか，2003），東北地方整備局仁井宿道路などで実施されている．

八王子ニュータウン（東京西部都市整備事務所）では，1989年1～5月，造成前の雑木林に自生するヤマツツジやコナラやエゴノキ，クリ，ヤマザクラなどの根株1,122本を移植し，事後の活着状況をモニタリング調査してきた．調査結果は，次のように整理される．

1) 樹種別活着状況

樹種別の活着率はヤマツツジが84％と良好であり，エゴノキが64％，コナラが62％，クリが58％，ヤマザクラが55％であった．アカシデやイヌシデなどのシデ類は11％と低い値であった．

2) 樹幹直径別の活着状況

樹幹直径別に活着率を比較すると，直径が11～19cmのものが66％で最も

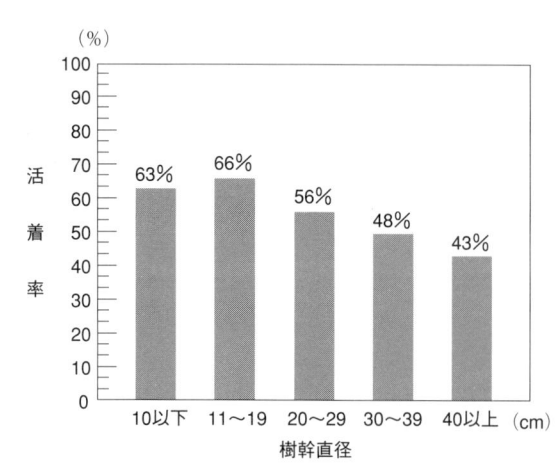

図13.1 樹幹直径別の根株活着状況

高い．次いで10cm以下が63％，20〜29cmが56％となり，直径が大きいと活着率が低くなる傾向が見られた（**図13.1**）．

3）植え付け時期別の活着状況

植え付け時期別の活着率は，4月が70％で最も高く，3月が58％，5月が53％，7月が44％であった（**図13.2**）．5月と7月には，根株からの萌芽が進んでおり，根系も伸長を始めている．5月と7月の活着率が4月と3月に比べて低いのは，移植に際して根系を傷め，これによって水分供給が不足して植え傷みが生じたことが主因と考えられる．

4）伐採後の移植植え付けまでの期間と活着率

7月に根株を植え付けた場合，樹幹の伐採後2カ月前後に移植した根株よりも，6カ月程度経過した根株のほうが移植後の活着率が81％と高くなる．移植までの期間が長い場合に活着率が高いのは，伐採後の経過時間が長いほど，根株の切り口の治癒が進み，これによって移植後における樹体からの水分の発散が少なくてすむなど，活着にかかわる条件がよくなるためと考えられる．

5）生育不良と枯損の原因

モニタリング調査では，上述したように移植した株の萌芽の一部に，水分不足が原因と見られる枯損が観察された．

樹幹を伐採する地表面からの高さと活着率との関係は，切り高の低いほ

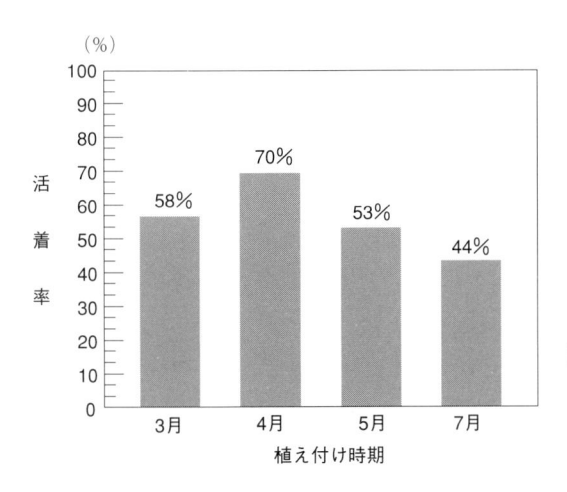

図13.2　植え付け時期別の根株活着状況

うが活着率が高くなる傾向が見られた．これは，切り高が高いと乾燥や日焼けによって樹幹部の樹皮が剥がれやすくなり，発芽した芽が枯死する場合が多くなるためと考えられる．なお，晩霜害が発生しやすい地域では，萌芽を霜害から守るために，高い位置で樹幹を伐採することがある．

根株移植においては，その時期や樹幹の伐採から根株の植え付けまでの期間のほかに，地上部の樹皮の剥がれも，活着率を左右する要因の一つと考えられる．そのため，根株の移植に際しては，樹種別の萌芽位置の違いを考慮のうえ，切り口等を保護することが望ましい．

6）移植後の樹林再生状況

移植された根株は，移植5年後の1994年には5m×5m当たり4〜5本の密度で，樹冠がほぼ閉鎖した樹高3.5〜4.5mの低木林に成長した．さらに，移植15年後の2003年には樹高7〜8mになり，低木層を交えて，景観的にも「雑木林」と言える状態まで成長した（**図13.3-a〜c**）．

根株移植後の進入植物種として，コゴメウツギ，フジ，ヌルデ，タラノキなど，鳥散布型の先駆種が目立った．土壌生物についても調査されており，十数年の経過によりアリ相の回復が目立ったが，ダニ目，トビムシ目，コムカデ目などの種類の回復は，端緒についた段階であった．

7）根株移植の利点と特徴

①根株移植の経費

根株移植の経費は，幹と枝葉をつけた樹木の移植に比べて20分の1から40分の1であり，しかも，根株の大小によって費用に大きな差が生じない．

根株の場合には，根系に付く土がわずかであるため，規格が大きくなっても重量は幹と枝葉をつけた樹木ほど重くならない．そのため，掘り取りに用いる重機の能力の範囲内であれば，根株の大小によって経費に大きな差がつくことはない．

②根株移植の利点

根株の移植は，造成工事の際に伐採される樹木の切株を緑化資源として活用するものであり，根系部が萌芽枝を伸張させる可能性に期待するものである．この工法の特徴は，自生樹木を活用できること，造成工事に組み込むことができること，工法が簡単であること，移植の適期が比較的長期にわたること，経済的であること，などである．

13.2 根株を用いた植生復元

図13.3-a 根株移植試験地
（移植直後の八王子ニュータウン，図13.3-a,b,cはすべて同所）

図13.3-b 根株からの萌芽状況
（移植2年後）

図13.3-c 根株から再生した雑木林
（移植15年後）

13.3 多年生植物の表土ソッドを用いた植生復元

　表土ソッド移植工法は，表土に含まれる自生植物の根系や埋土種子や土壌微生物を有効に活用する工法であり，土壌の物理的構造を壊すことなく事後の緑化に活用することができる．移植の適期は，凍上害や積雪の少ない地方では3～5月であり，多い地方では，雪解け直後から植物がその年度の茎葉を出芽し始める春～初夏である．

13.3.1　湿地の植生復元

　表土ソッドの活用は，湿地植生や水生植物群落の復元において有効である．香川県満濃町に位置する国営讃岐まんのう公園工事事務所では，トキソウ，サギソウ，モウセンゴケなどの貴重種が自生する溜池源頭部の貧栄養湿地において，出水による洗掘箇所やイノシシのヌタ場化による表土攪乱箇所の修復に，表土ソッドを用いた植生管理を実施している（養父，2002）．

　イノシシによる湿地の攪乱は，乾性草地化しつつある湿地植生の遷移段階を逆戻りさせることから，湿地の植生管理に有効と考えられる．しかし，貴重種の自生地は1カ所に限定され，攪乱が植生に対して破壊的に働くことが考えられるので，このような不確実な攪乱に依存することなく，科学的知見に基づいて植生の遷移を管理する必要がある．

　図13.4は，出水による洗掘とイノシシにより掘り返された箇所に，現地

図13.4　洗掘を受けた貧栄養湿地の心土詰め土嚢による水位調整
（香川県満濃町国営讃岐まんのう公園，図13.4と13.6は同所）

13.3 多年生植物の表土ソッドを用いた植生復元

図13.5 湿地修復に使うサギソウなどを含む湿地表土ソッドとそのサイズ

採取の心土（表土より深いところにある土）を充填した土嚢を埋め，湿地の水位調整を行っている状況である．この復元対象地に湿地植物を含む表土ソッド（**図13.5**）を周囲から移植し，湿地の復元を図った．**図13.6-a**は表土ソッド移植後1年目の状況であり，**図13.6-b**は移植から3年を経過し回復した湿地とサギソウの花である（**口絵写真**）．この方法は，陸地に生える木本や草本が定着した遷移の進みすぎた湿地の回復を図るためにも効果的である．

13.3.2 雪田草原と池塘での植生復元

　群馬県と新潟県の県境に位置する日本百名山の一つ巻機山（標高1997m）の頂上付近には，多雪によって植物の生育期間が制限されるために樹林が成立せず，雪田草原が広がっている．雪田草原の主要構成種は，ヌマガヤ，ショウジョウスゲ，ヤチカワズスゲ，ワタスゲ，ハクサンコザクラ，タテヤマリンドウ，イワイチョウなどである．

　雪田草原は，1970年代前半まで，自然発生的につけられた登山道の拡幅と登山者の踏圧により，たいへんな損傷を被っていた．さらに，健全な雪田草原に裸地化した場所から浸食砂礫土が流入して堆積し，二次的な破壊を受けてきた．

　これを復元するため，1977年から，地元の新潟県塩沢町役場，ボランティア組織，（財）日本ナショナルトラスト，それに研究者が一体となった活動が始まった．雪田草原の修復技術は知見の蓄積が乏しいことから，1980

図13.6-a 心土詰め土嚢と湿地表土ソッドによる湿地修復後1年目の状況

図13.6-b 湿地修復後3年目の状況
湿地植生が回復し，サギソウやトキソウ，モウセンゴケなどの植物の再生が進んでいる

〜1990年にかけて，構成植物の播種をはじめとする複数の実験が試みられた．

そのなかで特に実践的な方法として，ヤチカワズスゲの株を含む表土ソッドの移植が行われた．移植後のヤチカワズスゲの株の分けつ数の推移は，**表13.1**に示した通りである．

移植地の勾配や土壌条件は異なるものの，植え付け2年後の分けつ数は平均値で植栽時の1.96倍に増加し，その他，株移植や播種されたワタスゲ，ミヤマイヌノハナヒゲ，ミノボロスゲ，ヌマガヤなどの植物種とともに植生復元に大きな効果を発揮することが確認された（麻生，2001）．

13.3 多年生植物の表土ソッドを用いた植生復元

表13.1　破壊された雪田草原に移植されたヤチカワズスゲの分けつ数

勾配(°)	土壌条件	分けつ数 植栽時	10カ月後	1年後	2年後
15	良1	49	75 (1.53)	86 (1.76)	114 (2.23)
	2	55	59 (1.07)	59 (1.07)	82 (1.49)
	3	46	72 (1.57)	84 (1.83)	87 (1.89)
	悪4	55	20 (0.36)	45 (0.82)	57 (1.04)
12	良1	56	77 (1.38)	108 (1.93)	149 (2.06)
	2	61	84 (1.38)	112 (1.84)	201 (3.30)
	3	44	52 (1.18)	53 (1.20)	66 (1.50)
	悪4	46	56 (1.22)	69 (1.50)	62 (1.35)
7	良1	43	46 (1.07)	57 (1.33)	85 (1.98)
	2	47	57 (1.21)	71 (1.51)	94 (2.00)
	3	54	37 (0.69)	71 (1.31)	86 (1.59)
	悪4	35	41 (1.17)	59 (1.69)	85 (2.43)

麻生（2001）から引用
（　）内は移植時に対する増加率．土壌条件の良悪は表土ソッドの植栽場所における土の厚さや膨軟度合いによる．

13.3.3　土手草地の植生復元

　千葉ニュータウン中央地区（千葉県印西市）では，1992年3月，北総開発鉄道の切土法面に，周辺の造成予定地から土手草地の表土ソッドを採取して移植した（住宅・都市整備公団，1994；**図13.7**）．土手草地の表土ソッドは，縦30cm×横40cm，厚さ10cm程度に掘り取り，法面に市松状に張り付けたノシバの間の方形面に，竹串で固定して植え付けた（**図13.8**）．

　移植後の出現種の植被率の推移を**表13.2**に示す．この移植地では，6月

図13.7　土手草地の表土ソッド．大きさは30cm×40cm

第13章　根株や多年生植物ソッドを用いた植生復元

図13.8　ノシバの市松張りの間に土手草地の表土ソッドを植え付けた切土法面
（千葉ニュータウン）

表13.2　切土法面に移植した土手草地の表土ソッドにおける出現種の植被率の推移

出現種	平均植被率（%）							
	1993年		1994年			1995年		
	8月	10月	6月	8月	10月	6月	8月	10月
シバ	50.00	54.00	60.00	67.00	65.00	57.50	62.50	62.50
ススキ	3.00	3.00	4.00	3.00	4.00	8.50	6.00	3.50
メマツヨイグサ	0.40	1.75	6.00	1.50	2.50	4.00	6.00	1.25
ネコハギ	0.50	0.15	1.50	1.50	1.00	2.00	2.00	2.00
ヨモギ	1.00	1.00	0.75	0.65	0.90	1.75	2.05	2.05
チドメグサ	0.25		0.50	0.25	0.25	0.15	0.10	0.50
ナワシロイチゴ	0.05		0.05	0.05	0.05	0.05	0.15	0.10
オトコエシ	0.50	0.25	0.50	0.50	0.50	0.50	1.50	0.50
ヒメジョオン	0.05		0.10	0.15	0.10	0.50	0.15	0.05
セイタカアワダチソウ	3.00	3.00	3.50	2.00	3.00	1.50	3.50	0.75
ワレモコウ	1.00	1.00	1.25	2.50	1.00	2.00	0.25	0.50
ノコンギク	0.25	0.50	0.05		0.25	0.10		0.05
アケビ	1.00	0.50	0.25	1.50	0.10	1.00	0.50	0.50
ミツバツチグリ	0.50	0.05	0.05	0.15	0.05	0.55		0.10
アズマネザサ	1.50		1.00	0.60	0.05	2.00	0.15	0.25
ドクダミ	0.25	0.10	0.10	0.25		0.50	0.05	
スイカズラ	0.25	0.25	0.10	0.05	0.10	0.15	0.05	
ツルウメモドキ	0.10		0.05	0.10		0.05	0.05	
コナスビ	0.10	0.30	0.25	0.20	0.05	0.20		
タチツボスミレ	1.00		0.05	0.05				
アオスゲ		1.00		0.25	0.15	10.00	8.00	8.00
スズメノヤリ		0.10		0.15		1.50	1.50	1.00
ノアザミ		0.05	0.15			0.50	0.25	0.25
コウゾリナ		1.00	0.15	0.10	0.10	1.25	0.55	0.15
アキカラマツ		1.00	2.25	1.50	3.50	1.00	0.25	0.25
ジャノヒゲ		0.25	0.50	2.00	0.10			0.10
キジムシロ			0.15	0.05	0.05	0.20	0.05	0.10
ブタクサ			0.15	0.50	0.10	0.10	0.10	
チゴユリ			0.05	0.65		0.40	0.05	
メガルカヤ				2.20		0.10	0.15	0.10

住宅・都市整備公団（1994）から引用・編集
3回以下の出現種は削除．シバは土止め用に導入した張り芝を指す

と10月の年2回の刈り払いが行われた．切土法面に移植したため，出現種の植被率は低いが，在来種では，ススキ，ネコハギ，ヨモギ，ワレモコウ，スゲ類，スズメノヤリなどが目立ち，年数の経過とともに次第にススキ草地に遷移していくことが予測された．

13.3.4 表土ソッドの生産と利用

市街地などで，対象地に移植する土手草地などの表土ソッドがない場合には，生産した表土ソッドを用いることもできる．この表土ソッドは，周囲に種子の供給源がある田園地帯の畑であれば生産可能である．**図13.9**は，埼玉県大里郡花園町の畑で，在来の野生草花を含む草地の表土ソッドを生産している状況である（養父，2003）．

畑に埋め込んだ方形の木枠内に，基盤となる草種の種子を自生個体から採種して播種し，半年程度そのままにして周辺の畦や土手から自然力による種子散布を受け，事後は年1〜3回の刈り払いを継続して育成する．

基盤となる草種とは，ここではシバ，チガヤ，ススキなど，群落の優占種になり，しかも根茎が密で強く，法面などの表土を押さえる力の強い植物を指す．育成する表土ソッドの優占種タイプにより，刈り払い回数は異なる．草丈の低いシバ型のものでは年3回程度，草丈の50cm程度のチガヤ型のものでは年1〜2回である．少なくとも2〜3年程度で出荷可能な状態になる．

図13.10は，畑で生産された表土ソッドを移植し，土手草地の植生を形

図13.9 土手草地の表土ソッドの生産状況
（埼玉県花園町）

図13.10 生産された土手草地の表土ソッドを屋上ビオトープに搬入する
（東京都板橋区立エコポリスセンター）

成した板橋区立エコポリスセンターの屋上ビオトープ（地上8.7m）の事例である（養父・中島ほか，1997；養父，2003）．植栽土壌には，屋上での軽量化を図るため，人工土壌が厚さ30cmで施用された．

表13.3は，植栽後1〜2年目の主要な出現種の植被率を示したものである．チガヤやヨモギ，ノコンギク，ナワシロイチゴ，ススキ，トダシバ，カタバミ，チドメグサ，ヘビイチゴなどの野草が目立ち，ヌルデなどの木本の定着も見られた．これらの植生に対して，マルハナバチ，ナミアゲハ，ヤマトシジミ，イチモンジセセリ，オオカマキリ，ツユムシなどの昆虫類が飛来し，ヤマトシジミなど一部の種類が定着した．

飛翔力の弱いオオカマキリとツユムシは，表土の中や植物体に卵が含まれて発生したものか，軽量な若齢幼虫の段階で風に巻き上げられて飛来したものと推察される．土手草地の植生の形成は，生物の生息地としても機能している．

屋上ビオトープの植生については，6月と10月の年2回の草刈りが行われたが，一度に刈り払うと定着した昆虫類のすみかを消失するため，区画を決めて，刈り払い後の植生の再生が進行してから次の区画を刈り払うよう配慮した．

表13.3 土手草地の表土ソッドで形成した植生の生育状況

コドラート番号	No.1					No.2					No.3					No.4		
調査年 (年)	1995		1996			1995		1996			1995		1996			1996		
調査月 (月)	8	10	6	8	10	8	10	6	8	10	8	10	6	8	10	6	8	10
草本層高さ (m)	0.7	1.5	0.7	0.9	0.8	0.8	1.2	0.7	0.5	0.6	0.8	0.8	0.9	0.8	0.8	0.9	0.5	0.6
草本層植被率(%)	65	80	65	80	80	75	78	65	80	75	65	95	80	80	80	90	80	75
チガヤ	2·3	2·2	1·2	2·3	3·4	3·3	3·3	2·2	2·3	2·2	3·3	3·3	3·4	3·4		3·3	3·3	3·3
ヨモギ	2·2	2·2	2·3	2·2	2·2	1·2	2·2	3·3	3·3	3·4	2·2	3·3	2·3	3·3		3·4	3·3	3·4
ノコンギク	3·3	2·3	2·2	3·4	3·4	2·3	3·3	3·3	3·3	3·4	+·1	1·2	2·2	2·3		2·2	2·3	2·3
ナワシロイチゴ	1·2	2·3	2·2	2·2	3·3	2·3	2·3	2·3	2·3	1·1	1·1	+·1	2·3	1·1		2·3	1·2	1·2
ススキ	2·3	3·3	2·3	1·2	1·2	2·2	2·3	1·2	2·2	1·2	+·1	+·1	1·2	3·4		1·2	1·2	1·2
メヒシバ	·	+·1	+	2·3	1·2	3·4	1·2	1·2	2·2	2·2	3·3	1·1	2·2	1·1		1·1	1·2	1·2
トダシバ	2·3	3·3	3·3	3·3	3·3	·	1·1	+·1	1·2	2·2	·	2·2	2·2	1·2		·	·	·
カタバミ	·	+·1	+·1	+·1	+·1	+·1	+	+·1	+·1	+·1	+	+·1	1·2	1·1		+	+·1	+·1
アオスゲ	1·2	1·1	1·2	1·2	2·2	·	·	·	1·2	2·2	·	·	·	+		+·1	1·2	1·2
アレチマツヨイ	1·2	2·3	2·2	+·1	1·2	·	+·1	·	·	·	+·1	+·1	+·1	+		1·2	·	·
ミツバツチグリ	+	1·2	1·2	2·2	2·2	·	·	·	·	·	·	·	·	·		·	·	·
ヌルデ	+·1	1·2	1·2	+·1	1·2	·	·	·	·	·	·	·	·	·		·	·	·
イヌホオズキ	+·1	+·1	+·1	+·1	1·2	·	·	·	·	·	·	·	·	+		·	·	·
アキノエノコログサ	1·2	+	·	+	+	1·2	·	·	·	·	1·2	·	·	·		·	·	·
クマイチゴ	·	+·1	+·1	+·1	+·1	·	·	·	+	+	·	·	·	·		+·1	1·2	+·1
アズマネザサ	·	·	·	·	·	·	·	+	·	·	+·1	+·1	+·1	+·1		·	·	·
ツユクサ	·	·	1·1	·	·	·	·	·	·	·	1·2	+·1	1·2	1·1		1·2	1·2	1·2
チドメグサ	·	·	·	·	·	1·1	+·1	+·1	+	+	+·1	2·2	+·1	+		1·1	1·1	1·2
ヒメジョオン	·	·	·	·	·	1·2	2·2	2·2	1·1	+·1	·	+	1·2	+		1·2	1·2	+·1
ヤブガラシ	·	+	·	·	·	2·2	+·1	1·2	2·2	3·4	·	·	·	·		1·2	1·2	·
イシミカワ	·	·	·	·	·	1·2	1·1	1·2	1·2	1·1	·	·	·	·		·	1·1	+
オニタビラコ	·	+	·	·	·	1·1	+·1	+	+	+	·	·	·	·		+·1	·	·
ヘビイチゴ	·	1·2	·	·	·	+	+	+·1	+·1	+·1	·	·	·	·		·	·	·
ヒメムカシヨモギ	·	1·2	·	·	·	·	+	+	+	+	·	·	+	·		+·1	+·1	+·1
イヌタデ	·	·	·	·	·	·	+·1	+·1	1·2	+·1	·	·	+	+·1		·	·	·
オオイヌタデ	·	·	·	·	·	+·1	+·1	+	1·1	+	·	·	·	·		·	·	·

養父志乃夫・中島敦司 (1997) から引用・編集
3回以下の出現種は省略. 表中の数字は, 植物社会学的調査法による被度・群度を指す

引用文献

阿江範彦・養父志乃夫 (1991) 大規模宅地造成地の緑化における既存樹木の根株移植手法, 日本緑化工学会誌, **16**(2): 33-38.

麻生恵 (2001) 巻機山の景観保全と植生復元活動, (社)日本造園学会ランドスケープセミナーテキスト, pp.21-31.

住宅・都市整備公団 (1994) 都市空間における草花による草地等の緑化に関する調査研究 (その3) 報告書, pp.32-62.

第**13**章　根株や多年生植物ソッドを用いた植生復元

都市公団八王子開発事務所（1995）平成7年度根株移植追跡調査報告書.
養父志乃夫（2003）ホームビオトープ入門，農文協，197pp.
養父志乃夫（2002）自然生態修復工学入門，農文協，170pp.
養父志乃夫・中島敦司ほか（1997）市街地ビル屋上における小ビオトープの形成に関する実証的研究，(社)土木学会環境システム研究Vol.25，pp.67-75.
山辺正司・小倉功ほか（2003）表土移植工法を用いた森林復元の試み，（社）日本造園学会技術報告集No.3，pp.132-135.

第14章

水辺緑化と水辺植物の地域性種苗
——植生護岸技術と種苗生産から維持管理まで

辻　盛生

14.1　水辺緑化の必要性

　身の回りを思い浮かべてみれば，様々な水辺が存在することに気づく．しかし，都市部にとどまらず農村部においても，戦後の高度経済成長に伴う治水・利水の目的のもと，その水辺環境は大きく姿を変え，いつの間にか人々の意識は水辺から遠のいてしまった．さらに，維管束植物の絶滅危惧種の中で，湿地に依存する種が2割近くを占める（環境庁，2000）など，水辺環境の改変による影響が如実に現れるようになってきている．このような状況の中で，姿を変えてしまった水辺を少しでも自然豊かな姿に修復することで人々の意識を水辺に引き戻し，身近な水辺環境の復権を目指す試みが水辺緑化である．

　水辺といってもその形態は様々であるが，水際部に植物群落の存在する水辺は，水域と陸域という性質の異なった環境をゆるやかにつなぐエコトーン（推移帯）を形成し，**表14.1**に示すように様々な機能を発揮することが知られている（桜井，1994）．

　植物による水辺のエコトーン形成を目的とした緑化を行うためには，単に植物を植栽する技術を扱うだけではなく，目的に応じた種苗の生産や維持管理など，全体を見通した立場に立って実施する必要がある．ここでは，植生護岸技術や，それに用いる種苗生産，さらに施工後の維持管理を含む水辺緑化の実態について述べる．

表14.1　水辺植物群落のエコトーンとしての機能

機能		植物群落	水辺林	湿地植物群落	抽水植物群落	浮葉植物群落	沈水植物群落
動物の すみ場		魚・エビ類の産卵と稚魚・幼生のすみ場		○	○	○	○
		野鳥の営巣・育雛・かくれ場	○	○	○	+	○
		野鳥への餌の供給	○	○	○	○	○
		昆虫類・両生類のすみ場と餌の供給	○	○	○	○	○
		底生動物や貝類への餌の供給	+	+	○	○	○
		付着生物の着生基体			○	○	○
そ の 他	水質の 浄化	土砂や汚染物質の流入阻止	○	○	○	○	+
		有機物の分解浄化		○	○	○	○
		湖水と底泥から栄養塩の吸収		○	○	○	○
		植物プランクトンの抑制			○	○	+
	湖岸の 保護	密生した根系による浸食防止	○	○	○		
		密生群落による消波としぶき防止	○	○	○	+	+
	資源の 供給	人間の食べ物	○	○	○	○	+
		生活用品の材料	○	○	○	+	+
		家畜の餌と農地の肥料	○	○	○	○	○
		おだやかな水辺景観の形成	○	○	○	○	+

桜井善雄（1994）「水辺の自然環境－特に植生の働きとその保全について」より引用

14.2　植生護岸の形成に向けて

　水辺は，流れや波の影響を受けるため，植栽には不利な条件となることが多い．したがって，植生護岸を形成させるには，植栽してから植物が根を張って定着するまでの不安定な状況をいかに克服するかが課題である．そのために水辺緑化では，積極的に多年生草本を植栽し，水辺に安定した植物群落を形成させることによって植生護岸を創出し，水辺環境を修復するための技術を取り扱う．さらに水辺植物によるエコトーンとしての諸機能は，植生護岸として安定して初めて発揮される．

　したがって，①現地の条件に適合した植物種の選定，②現地の条件に適合した工法の選定（他工法との組み合わせを含む），③十分に育苗された植物苗の使用，④適切な維持管理の実施，といったことが成功の条件になる．

　なお，植生護岸はすべての水際部に応用できるわけではなく，例えば，礫河原のような水辺では不適である．対象とする水辺が本来どのような自然環境であったかを十分考慮したうえで，緑化について検討することが重

14.2.1　水辺緑化における一年生草本

　洪水や埋め立て等の土木工事によって新たにできた湿った裸地には，イヌビエ，ケイヌビエ，サヤヌカグサ，アメリカセンダングサ，ミゾソバなどの一年草が優占する群落が成立するが，しばらく経過すると，次第にヨシやガマ，あるいはスゲ類，ヒメシダなどの多年草が優占する群落に遷移していく（桜井，1994）．攪乱後，初期の段階で先駆的に一年生草本が進入して群落を形成するが，一年生草本では永続性のある植生護岸は形成されない．また，成長の早い一年生草本によって多年生草本は被圧され，その定着が遅れるなど，水辺緑化を行うにあたり支障をきたす場合が多い．また，アメリカセンダングサやオオブタクサなど，繁殖力の大きい外来種も問題視されている．維持管理の際に除去対象となるのは，このような一年生草本が中心となる（澤田ほか，2002）．水辺緑化において，多年生草本を積極的に植栽する目的は，これら一年生草本が優占する不安定な段階を人為的に回避し，植生護岸を素早く安定した状態に導くことにある（**図14.1，14.2**）．

図14.1　初期の段階で一年生草本が繁茂した水辺

図14.2　多年生草本の植栽と適切な維持管理により良好な水辺環境が維持される

14.2.2 植生護岸を形成する植物の条件

植生護岸は，水辺の植物群落による，①流失しやすい水際の土壌を植物の根系により緊縛する，②地上部によって流れや波の力を拡散させて浸食を防ぐ，といった機能を期待して形成される．そのため，これらの機能を満たすためには，①多年生草本，②柔軟な地上部を持つ，③根をしっかりと張る，④地下茎等で増殖する，⑤再生が早く密な群落を形成する，といった性質を持つ植物が必要である．

景観形成や生物の生息空間，水質浄化など，植生護岸以外に期待する機能によって，用いる植物種は異なる．また，水辺の環境条件は，流れの強弱，波浪の有無，水際部の土質や土木的な構造物の種類によって異なるため，生育可能な植物種は水辺の環境条件によって規定される．例えば，花物の湿生植物は，流れや波による攪乱の発生しない池沼の景観形成の有効な材料になる．アゼスゲやカサスゲは池沼や人工水路，攪乱の少ない中小河川において植生護岸や景観形成機能を発揮するとともに，生物生息空間としての機能も期待できる．ツルヨシは攪乱の生じる中小河川における植生護岸の形成や生物生息空間形成に，ヨシやマコモやガマは広い水面を伴う水辺における生物生息空間形成や水質の浄化に重要な役割を果たす．

さらに，外来種の除去や藪化の調整のために維持管理も必要になるが，これも水際の条件や植物種によってその手法や頻度が決まる．池沼や人工水路など，人が近寄り，修景的な機能が期待される水辺では，外来種の除去や藪化の調整などの維持管理が欠かせない．河川においても，侵略的外来種には，除草等の対処が必要である．目的とする機能の発揮が期待できる植物種を，後に必要となる維持管理を想定したうえで選定することが大切である．

水辺緑化の計画段階における植物の選定にあたっては，現地調査や地方植物誌等の文献，聞き取り調査等により，現地付近に自生する，あるいは自生していた可能性が高いと思われる植物で，対象地の環境条件に適合したものを選び出し，その中から目標とする植生護岸や景観形成が可能であると思われる種を選択するのが原則である．そして，選択した植物を，あらかじめ生産圃場で育苗し，根系のしっかりした植物材料とすることによ

って，水辺の緑化がより確実なものとなる．

14.2.3　使用する植物苗

　植生護岸のための水辺緑化用植物は，近年多く流通するようになってきているが，スゲ類など見分けの難しい種や，ヨシとツルヨシ，ガマとコガマなど，形態の似た種もあるので，一般に流通している苗を使用する場合には注意を要する．計画時には周辺の環境条件や自生状況，水深などを考慮して植栽種を選定していることから，形態が似ていても取り違えることがあってはならない．

　スゲ類では，アゼスゲやカサスゲが植生護岸や景観形成の目的で多く用いられるが，スゲ類は形態的に似た種が多いので注意が必要である．**図14.3**は，水際部にアゼスゲの植栽を計画していた場所において異種のスゲ類が使用された事例である．植栽されたスゲ類は地下茎を伸ばさず，湿った条件には不適なものであったため，結果として水辺の植物群落が形成されず，不本意な結果となってしまった．

　生産が少なく流通も少ない種においては，施工の際に「山採り苗」が使用されることもある．「山採り苗」は，移植のストレスのために植栽後の活着が悪くなる場合が多いので，注意が必要である．

図14.3　水際に不適なスゲ類が植栽され，植生護岸が形成されなかった水辺

14.2.4 工法の選定

植生護岸の工法の一つとして，ヤシ繊維を生育基盤とする植物材料を用いたものを紹介する．ヤシ繊維は，水辺植物の初期の生育基盤と護岸材料の働きをするものであり，目的とする植物が根系を張り巡らし，群落を形成することで役割を終える補助資材である．最終的には分解される天然素材を主原料とするため，目的とする植物群落に素早く導き，植生護岸を形成させることが重要となる．現地の環境条件に適合した植物を圃場であらかじめ植栽・育苗して導入することによって，それが可能になる（**図14.4**）．

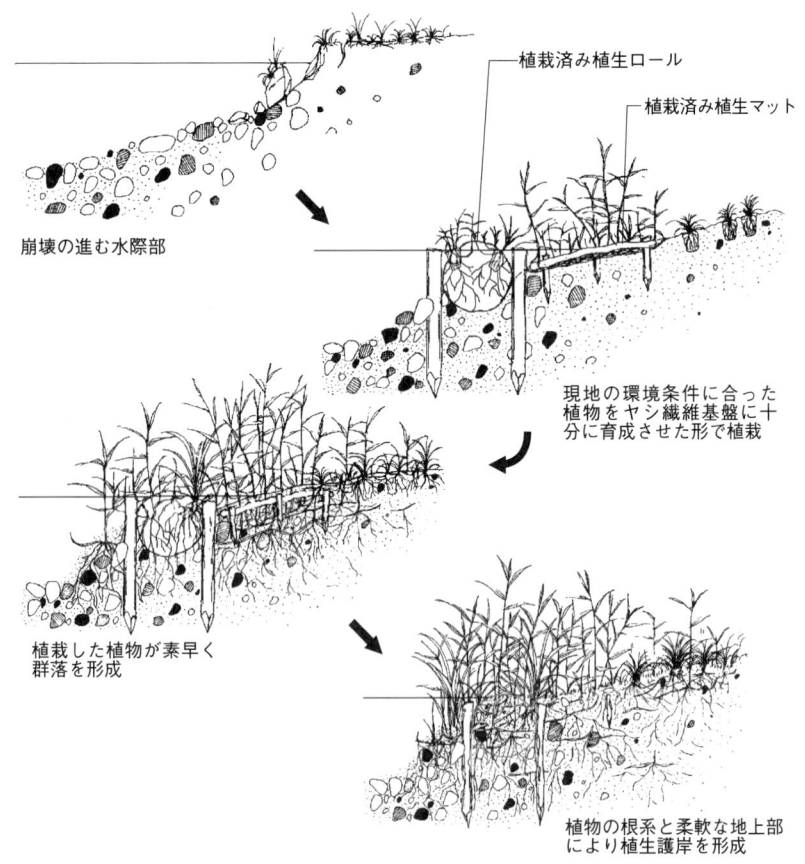

図14.4 ヤシ繊維植生基盤を用いた植生護岸の形成イメージ（原図：木村保夫）

水際の洗掘が植生による護岸能力を上回るような場合には，他の工法との組み合わせを検討する必要がある．自然石，コンクリート二次製品を用いた工法，蛇籠や粗朶柵といった伝統工法によって基幹となる護岸を形成し，そこに植物による群落形成を図る（軍司ほか，1999；軍司ほか，2001）．

植生護岸を他の土木的工法と加えて補助的に用いると，護岸としての安定性をより高める効果が期待できる（堀口ほか，1995；木村ほか，2002）．

14.3 水辺植物の生産

小岩井農牧（株）水辺植物生産圃場においては，農場内を流れる沢水を利用して，水辺緑化用植物苗を生産している（**図14.5**）．

ここでは実生での生産を基本としており，種子の採取〜播種〜育苗〜出荷の過程のデータは，生産が開始された1994年からデータベース化して蓄積されている．一つの地域から採取した種子による育苗植物群は，それぞれ独立した状態で管理しているため，データベースと連動して在庫管理され，最終的な出荷先まで追えるトレーサビリティを確保している．

寒冷地であり，冬季には雪に閉ざされる厳しい条件ではあるが，地域に適した植物苗の生産を行うことで，良質な苗の生産が可能になっている．また，生産を通じて各植物の性質を把握することができることも実際に育てているメリットであり，後述する契約生産もこのノウハウの上に成り立つ．

図14.5　沢水を利用した水辺植物生産圃場

14.4 水辺緑化における地域性種苗

14.4.1 地域性種苗の必要性

　生物多様性保全の議論の中で，同じ種であっても地域によって遺伝子レベルでの違いが見られることが知られており（津村ほか，2003；第2章参照），一定の範囲を超えた種苗の流通には注意を要する．水辺緑化に用いられる種苗においても，生産業者数が限られることもあり，地域を越えて流通していることが多く，自然界には起こりえない生物種の人為的移動が問題視されている．しかし，確実な植生護岸や景観形成のためには，十分に育成された植物苗の供給が必要であり，適切に育苗された苗の使用が必要とされる．したがって，遺伝子レベルで植物種を保全する地域において，地域性種苗が必要になる．

　水辺緑化は，河川や湖沼，農業用水路，公園の流れや池など，対象が多岐にわたり，期待される機能も様々であることから，どのレベルで保全すべきかをあらかじめ明確にしておくことが重要である．また，植物種によって種子の散布形態が異なることから，植物種によって地域の区分も変わってくるものと思われる．

14.4.2 地域性種苗の入手

　遺伝子レベルの生物多様性を踏まえた水辺緑化を行うには，
　①現場発生土の使用による埋土種子の活用
　②植生基盤を設置するが，新規植栽はせず周辺からの植物の進入に期待する
　③植栽予定地に近い生産者から生産地証明付きの苗を入手する
　④現地から種子（もしくは栄養繁殖可能な植物体）を採取し，育苗したうえで植栽する
　といった対応が考えられる．

　①，②は，シードソースに侵略的外来種が少なく，かつ，緑化を行いたい水際部が安定していることが条件となるが，現状としては先駆的に繁茂する侵略的外来種が全国的に広がっている状態であり（安島，2001），管理が適切に実施できる場所においてのみ適用可能と考えられる．③は，在庫

があれば植栽をすぐに実施できるというメリットがあるが，各植物種において地域別に十分な在庫を確保しておくというのは現実には困難である．④は，苗生産に時間がかかるため，年度を越えた計画的な育苗が必要となる．

ところで，「生物多様性保全のための緑化植物の取り扱い方に関する提言」（日本緑化工学会，2002）の中で定義されている遺伝子構成保護地域と系統保全地域においては，他地域からの植物材料の導入を避け，地域性系統を用いるとされている．水辺緑化においては①，②，④の方法をとる必要があるが，早期緑化と維持管理，そして目的とする植物の優良苗を確保できるというメリットを踏まえると，④の方法が有利と考えられる．つまり，地域性種苗を入手する場合には，計画的な委託生産が重要な役割を果たすと考えられ，生産業者の社会的役割も大きい（第1章参照）．

14.5　水辺植物の委託生産

委託生産は試行段階であり，十分な成果が挙げられている段階ではないが，ここでは，水辺植物の委託生産を実施するにあたって必要となる作業内容を概観し，生産の可能性の検討とそのコストの試算を実施した（辻ほか，2004）．なお，委託生産対象とする植物種はあらかじめ決められており，自生地が確認済みであることを前提とする．

14.5.1　委託生産作業の概要

生産作業は，1）種子採取，2）播種・育苗・製品化確認（生産作業），3）標準管理，4）委託生産管理，という項目に大別して考えることができる．なお，ここでの製品化は，$\phi 8 \sim 10.5 cm$のビニルポットに入ったヤシ繊維基盤コンテナであり，水辺植物の植栽に一般的に用いられるものである．

1）種子採取

初めて訪れる場所で種子を採取するには，以下に述べる3回の現地訪問が必要になる．

①事前調査：生育場所を確認する（対象とする植物が花をつけている時期が望ましい）

②採種前調査：結実する頃を見計らって結実状況を調査し，適正採取時期と採取可能な種子の量を推定する
③採種：種子を採取する

2）播種・育苗・製品化確認（生産作業）

ここでは，各生産作業と，それを実際に実施してかかる費用を示す．
①播種作業：現地から採取した種子の精製と，苗床（プラグトレー）への播種（**図14.6**）
②育苗作業：実生苗のポット上げ
③製品化確認作業：ポット上げされた植物苗から，生育状況が良好であり，製品として出荷可能であるものを選別する

これらの工程で発生するコストを総和して播種・育苗にかかる費用として試算する．なお，種によっては枯損率が高いものもあるので，試算における生産数量は，危険率を加味して予定数量の2倍とした．

3）標準管理

標準管理費は，生産圃場を運営するにあたって1年間で発生する費用を1pot当たりに換算した．

4）委託生産管理

委託生産管理費は，植物の生育状態を確実に把握し，その過程を証明するためにかかる費用である．つまり，播種時⇒播種後⇒発芽時⇒育苗⇒製品化作業時⇒製品化作業後⇒製品育苗⇒出荷写真管理（一連の生産の流れを証明する写真管理），および月2回のペースで実施する委託生産生育状況

図14.6　播種作業の状況
水辺植物の種子を苗床にピンセットで播いている様子
（撮影：阿久津研二）

特別管理において発生する管理の総額である．なお，特別管理においては，標準的な育苗期間として1年，そのうちの植物の生育期である4～11月までを対象としている（図14.8参照）．

14.5.2　委託生産コストの試算結果

　種子採取費，生産費，標準管理費，委託生産管理費から，各数量における1pot当たりの生産単価を算出したものが図14.7である．なお，種子採取にあたっては，日帰り圏内を想定している．

　数量が少ない場合は単価が高く，300pot未満では1,000円/pot以上の単価となる．数量が増えるにしたがって単価は下がり，5,000potで約500円/potとなる．なお，播種や製品化確認作業において種ごとのばらつきが大きく，本来であれば個別に単価設定を行うべきものとは思うが，ここでは平均的なコストで代替し，概算として算出している．

14.5.3　生産期間および対応可能植物種

　種子からの委託生産の場合，種子を採取し，発芽，育苗したうえでの製品化となるため，各植物を生産するためには一定の期間が必要になる．

　図14.8は，過去の生産実績から，対応可能植物種において典型的なものをパターン化し，生産に要する期間を示したものである．種子結実時期が

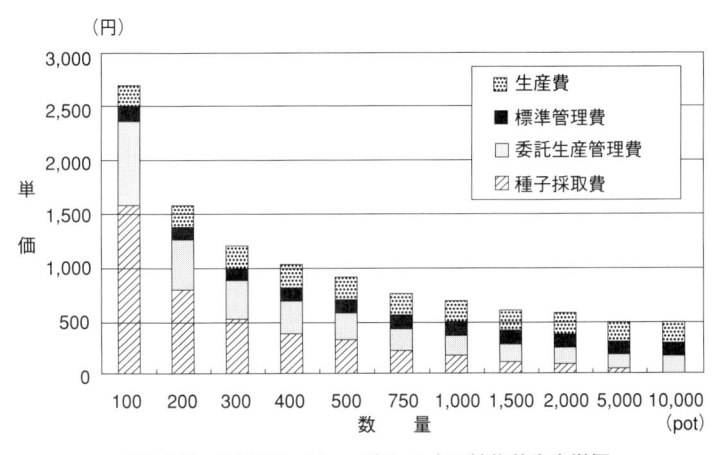

図14.7　数量ごとの1pot当たり水辺植物苗生産単価

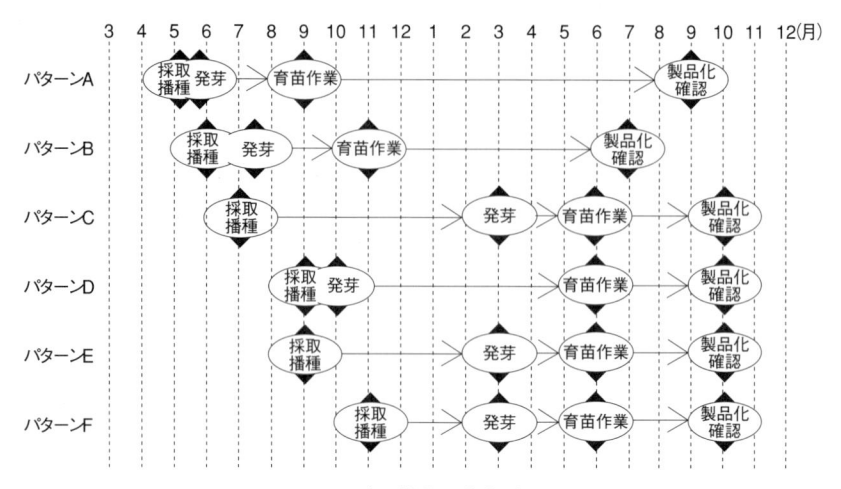

図14.8　水辺植物の生産パターン

種ごとに大きく異なるため，生産のタイミングもそれぞれ異なっている．種子採取のタイミングを逃すと翌年まで待たなくてはならないため，計画の際に十分注意する必要がある．

　種によっては，さらに長期間の育苗期間を必要とするものもある．また，現時点では対応可能な種が限られているため，生産の可否についてもあらかじめ確認しておく必要がある．なお，植栽済み植生ロール，植栽済み植生マットの委託生産においては，さらに1年の育苗期間が必要になる．

14.5.4　委託生産における課題

　委託生産を実施するにあたり，問題になると思われる項目を以下に挙げる．

　①種によっては，地域的に不稔個体が多い場合や，また，年によって発芽率にばらつきが見られる．そこで，採取した種子を播種し，その発芽率を見たうえで正式な生産委託契約を結ぶような方法が考えられる．さらに，必要数量確保のためには，複数年での生産が必要となる場合がある．

　②不慮の事故による枯損は生産管理の中で極力防ぐ努力が必要であるが，生き物が対象であるため100％防げるという保証はない．枯損によって生産数量が減ったことにより契約数量を確保できなかった場合の補償について

は，契約時に明確にしておく必要がある．

③育苗期間が長期にわたるため，事業内容の変更などの理由により利用する数量の減少や植栽の中止といった状況になることも考えられる．その際の補償なども契約時に明確にしておく必要がある．

なお，園芸種と異なり，野生種の生産は，発芽率のばらつきもあり，育苗技術も未確立な種類がほとんどである．今後の事例の積み重ねにより，地域性種苗の生産技術の確立および生産コスト低減を目指したい．また，対応可能種数を増やし，植物ごとに異なる枯損率や育苗期間の違いを価格に反映させることも今後の課題である．

14.6 カルス培養によるヨシの種苗生産技術

自然復元事業の緑化において地域性種苗が必要とされる場合，現地に自生する系統が求められる．その場合，種子からの生産が可能であればよいが，採取時期の問題や不稔，結実不良等により種子の確保が困難になる場合が考えられる．特にヨシは，倍数体や異数体の存在により，稔性の地域差が大きいと考えられる．このような問題を回避するために，ヨシ稈の茎頂分裂組織を用いたカルス培養による繁殖（軍司ほか，2001）も，地域性種苗生産の選択肢として有効と考えている（図14.9）．

14.7 水辺緑化における維持管理

水辺緑化における維持管理は，水面の大きさや水深，流れの状況などの水辺の環境条件や，人のアプローチによってその目的や必要性が異なる．特に，人が訪れることを前提とした公園のような水辺環境の整備においては，視界を確保するため，草丈の低い植物群落を維持していく必要がある場合が多く，維持管理は必要不可欠である．施工後の状況に応じた維持管理をしていくことによって，修景的機能を発揮することができる事例も多い．小規模な水辺においては水深も制限される場合が多く，藪化を避けるために大型の植物種は敬遠されることが多い．逆に，水面が大きく，人の利用にとって草丈が問題にならないような場所においては，大型の植物に

第14章 水辺緑化と水辺植物の地域性種苗

図14.9 ヨシの茎頂分裂組織を用いたカルス培養（撮影：斉藤友彦）
左上：茎頂分裂組織の摘出，左下：液体振とう培養における細胞集塊，右：順化時の草

よる緑化が可能になり，群落形成後の維持管理の必要性は低くなる．

14.7.1 維持管理の目的

水辺緑化を行うにあたり，維持管理は以下に示す二つの目的から実施される．

1）外来植物等の目的にそぐわない植物の除去

植生護岸の形成や景観形成を阻害する要因となる侵略的外来種や一年草等の植物のシードソースが周囲あるいは現地土壌にあり，それをもとにした群落が形成されるような場合には，目的とする植物群落形成のために，人為的に選択除去していく維持管理が必要となる．特に植栽後，目的とする植物群落が形成されるまでの間の管理として必要不可欠である．

2）藪化の調整

植栽した植物においても，視界をさえぎってしまうような場合や，水面を覆い尽くしてしまうような場合には，除去範囲を決めて定期的に抜き取るような維持管理が必要となる．維持管理は，人間の利用の多い公園のような目的を持った場所において必要性が高い．

進入してくる植物種の中には，水辺緑化の目的に反しないものもある．これらについては除去対象から外して残すような対応が必要になる．

14.7.2 維持管理の担い手

近年注目されている里地・里山の景観においても，農業や生活物資の調達などの日常的な営みの中に組み込まれていた自然への働きかけが，維持管理の働きをしていたと言われている．しかし，生活体系の変革や作業人口の高齢化などによってその働きかけがなくなり，植生が遷移することによって様々な問題が発生している．

一方，管理の役割を果たす主体を，地域住民のボランティアに期待する動きが多くなってきている．しかし，地域のボランティアといってもその質は様々であり，かつ，対象となる水辺緑化実施箇所の状況も，現地の環境条件や施工後の経過時間によって変わることから，維持管理の方法はその場所ごとに試行錯誤のうえで作り上げていくことが重要である．また，仮に目的に反する一年生草本等が繁茂してしまったような場合には，除草作業にかなりの労力を要するため，ボランティアの力だけでは困難が予想される．植生が安定し，現場ごとに異なる維持管理方法を産・官・学・民が協働で確立した後に，地域ボランティアに引き継ぐようにすることが望ましい．また，このような維持管理を担うことができる主体の育成や相応の代価の支払いなどは，検討すべき課題と言える．

14.7.3 維持管理の省力化に向けて

以上のように，維持管理作業は，水辺緑化を進めるにあたって必要不可欠であるが，計画段階で施工後の植物の生育状況を予測することにより，これを省力化することはある程度可能である．

1) 外来植物の侵入の予防的防除

現場の環境条件や植生を調査し，適切な植物種の充実した苗を積極的に植栽し，目的とする多年生草本群落に素早く導くことで，他の植物の侵入を減らすことができる．また，シードソースとなる現場発生土の使用の可否を的確に判断することも重要である．水辺緑化においては，植物の肥料分は流入水からの供給が期待できるため，土壌シードバンクからの植生復元という明確な目的がない場合には，外来植物等の種子の混入の可能性のある表土より，砂質土のほうが維持管理の省力化につながる場合もある．

2）植栽地の物理的な構造による植物の制御

　植物種によって，流れや水深にどの程度まで耐えられるかが決まる．そのため，流れとの位置関係や，水深の設定によって，植栽植物の開水面への広がりをある程度コントロールすることが可能である（辻，2004）．また，植栽する植物の性質に合わせた浅水部に植栽することで，陸生の雑草の侵入を防ぐ効果も期待できる．

14.8　まとめ

　水辺緑化の目的と方法，地域性種苗を含めた施工に伴う問題点，さらには維持管理について示した．事業の実施にあたっては，計画段階において対象地の生態的，社会的な位置づけを明確にしたうえで，工法や植物種の検討だけではなく，①どのような種苗を使用するか，②目的に応じた維持管理の手法や主体をどうするか，といったことを踏まえたうえで事業計画を作成することが重要である．

引用文献

安島美穂（2001）埋土種子集団への外来種種子の蓄積，保全生態学研究，**6**: 155-165.
軍司俊道・斉藤友彦・辻盛生・斉藤れい子（2001）ヨシ（*Phragmites australis* (cav.) Trin. ex Steudel）のカルス培養による幼苗生産の検討，応用生態工学研究会第5回研究発表会講演集，pp.45-48.
軍司俊道・澤田一憲・辻盛生・林賢吉（2001）改良円筒形じゃかご（ki型）について，応用生態工学研究会第5回研究発表会講演集，pp.41-44.
軍司俊道・辻盛生（1999）コンクリート2次製品による護岸への水辺植物による緑化事例，日本緑化工学会都市緑化研究部会　都市緑化技術成果報告会発表要旨，**8**: 1-2.
堀口剛・菅和利・伊藤弘樹・岡本享久（1995）植生ポーラスコンクリートブロックの流水抵抗に関する研究，コンクリート工学年次論文報告集，**17**(1): 301-306.
環境庁（2000）改訂・日本の絶滅のおそれのある野生生物－レッドデータブック植物Ⅰ（維管束植物），自然環境研究センター，662pp.
木村保夫・鈴木正幸・水沼薫（2002）植生の導入による河岸の安定化に関する研究－植生及び河道の動態を中心に－，自然環境復元研究，**1**(1): 59-66.
日本緑化工学会（2002）生物多様性保全のための緑化植物の取り扱い方に関する提言，日本緑化工学会誌，**27**(3): 481-491.

引用文献

桜井善雄（1994）水辺の自然環境－特に植生のはたらきとその保全について，人と自然，**3**: 1-15.

澤田一憲・辻盛生・阿久津研二（2002）自然再生事業における維持管理－せせらぎ水路造成後の維持管理－，日本造園学会東北支部会，東北のグリーンマネージメント事例報告集，pp.49-52.

辻盛生・軍司俊道（2004）植生ロールによる水辺緑化施工事例の検証，日本緑化工学会誌，**29**(3): 400-403.

辻盛生・軍司俊道・斉藤友彦（2004）生物多様性保全に向けた水辺植物の地域性種苗に関する契約生産とそのコストの試算，日本緑化工学会誌，**29**(3): 404-407.

辻盛生（2004）植生護岸による景観形成・生物多様性保全の可能性，農業土木学会誌，**72**(8): 681-684.

津村義彦・岩田洋佳（2003）遺伝的変異性を考慮した緑化とは，日本緑化工学会誌，**28**(4): 470-475.

第15章

カワラノギクの生態・遺伝と個体群の保全・復元における市民活動

倉本　宣

15.1　はじめに

　市民といっしょにカワラノギクに関わる生物多様性緑化を実施していると，野生とはどのようなことか，そして，私たちの活動は野生を守るに値することなのかということが問題となった．本章では，市民参加によるカワラノギク個体群の復元を例にして，生物多様性緑化の根源的問題としての「野生」について考えてみたい．

　カワラノギク *Aster kantoensis* Kitamura は，安倍川では絶滅し，多摩川，相模川，鬼怒川の丸石河原に分布するキク科の1回繁殖型の多年生草本である（倉本，1995）．かつてはこれらの河川に普通に見られたカワラノギクは，河原の草原化などの環境の変化によって著しく減少しており（倉本ほか，1998），環境省のレッドデータブックでは「絶滅危惧IB類」に位置づけられている（環境庁，2000）．

　カワラノギクは1980年代から多摩川沿川の自治体が発行した植物ガイドブックの表紙を飾ることが多く，多摩川の河原の自然保護のシンボルとなっていた（倉本・曽根，1985）．さらに，保全生物学的な研究の普及活動は，カワラノギクという植物を多くの市民に知らしめることとなった．

　その結果，多摩川流域においてカワラノギクは，1980年代後半から次第に流域の市民に保全の対象として注目されるようになった．積極的に展開される保全運動は，カワラノギクの保全に一定の成功を収めるとともに，新たな保全上の問題も引き起こしている．その中で最大の問題は，多摩川に生育しているカワラノギクが野生個体であるのか，植栽起源によるものであるのかの判断を困難にし，カワラノギクの生態の把握を難しくする結

果となったことと，本来の分布域外にカワラノギクが植栽されるようになったことである．

15.2　カワラノギクの特性

15.2.1　保全生物学の研究対象としてのカワラノギク

先に述べたように，カワラノギクはわが国においては保全生物学的な研究が進んだ植物の代表の一つである．

カワラノギクは，保全生物学の研究対象として有利な以下の特性を持っている（倉本・野村，2004；倉本・古賀，2004）．その特性とは

1) 栄養繁殖をせず，個体性がはっきりしていること（Takenaka et al., 1996）から，個体数を数えやすいこと，
2) 開花結実すると枯死することから，世代が明瞭であること（Takenaka et al., 1996），
3) ロゼット個体と開花個体という二つの生活史段階が明瞭に分かれていること（Takenaka et al., 1996），
4) 大輪の花をつけ，冠毛にも特徴があるので，開花期と結実期に野外において目立つこと，
5) 土壌中に永続的な埋土種子を持たないことから（倉本ほか，1994；Washitani et al., 1997），地上の植物体を計数すれば個体数を数えられること，
6) 研究の開始時点（1988年）では，絶滅危惧種ではあるものの数万の開花個体とおそらく数十万のロゼット個体が存在し，野生の個体を用いた実験的な研究が可能であったこと，

などである．

15.2.2　種内レベルの多様性に関わるカワラノギクの特性

種内レベルの多様性に関わるカワラノギクの特性として，

7) 局地個体群の存続には種子の発芽による実生の定着が不可欠であること（倉本，1995），
8) 局地個体群は永続しないので，発達と衰退の段階があること（倉本，

1995)，

9) 生育が現在確認されているのは，多摩川，相模川，鬼怒川の三つの礫質の河川であること（倉本，1995），
10) この3河川の個体数はすべて大幅に減少していること（倉本，2003；村中・鷲谷，2001），
11) 対立遺伝子の構成は多摩川と相模川の局地個体群では類似し，鬼怒川の局地個体群は異なっていること（Maki *et al*., 1996），
12) 丸石河原固有種であること（倉本ほか，2000），

が挙げられる．

15.2.3　危機にあるカワラノギク

カワラノギクには開花個体とロゼット個体という二つの生活史段階があり，開花個体は結実後枯死し，ロゼット個体は翌年以降の開花個体となる．ロゼット個体は草丈が低く緑色なので河原では発見しにくいが，開花個体は秋には薄紫色の頭花が目立つ．そこで，これまで毎年秋に多摩川の開花個体数を計数してきた．

1991年秋には，多摩川全体で45,000株であった開花個体数は2002年秋には60株にまで減少していたが，2003年秋には420株に増加した（**図15.1**）．2003年の増加は，多摩川では最大の局地個体群である，あきる野市草花地先の局地個体群（K13）の開花率が高かった（320株の開花個体）ことによるところが大きい．2003年に発見された新個体群H1は，その場所が撮影さ

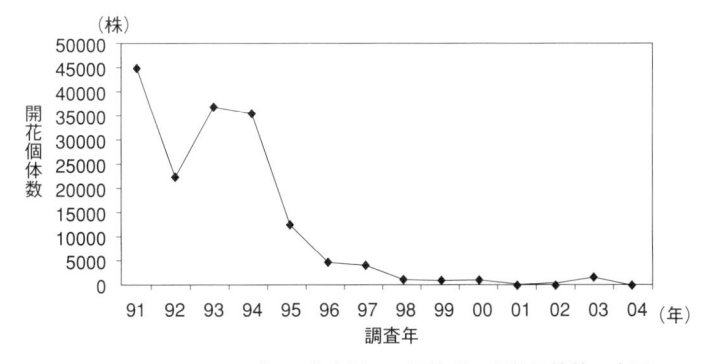

図15.1　カワラノギクの多摩川メタ個体群の開花個体数の変遷
　H1個体群を除く

れた写真から判断すると2002年以降に成立したものであり，2004年1月現在，160株の開花個体と数千のロゼット個体から成る．ただし，この個体群は人工的なものであるとの情報もある．

15.3　カワラノギクの繁殖生態学

15.3.1　ポリネータ

カワラノギクの開花の最盛期は，多摩川では10月下旬から11月上旬である．この時期は多摩川河川敷に生育する植物の中では最も遅い部類に属するので，訪花昆虫は成虫で越冬するものが多い(**表15.1**；Inoue *et al.*, 1994)．訪花昆虫の中で，ポリネータとして最も貢献しているのは体が大きく，数も多いハナアブ類である．

次に，カワラノギクがポリネータ不足に陥っていないかを調べるため，

表15.1　カワラノギクの訪花昆虫（Inoue *et al.*, 1994を改変）

ハナアブ類		チョウ類	
シマハナアブ	13匹	キチョウ	2匹
ハナアブ	6	キタテハ	2
ナミホシヒラタアブ	6	モンシロチョウ	1
オオハナアブ	2	ウラナミシジミ	1
ホソヒラタアブ	1	その他	
クロヒラタアブ	1	ヒメハナバチの1種	1
		ハエの1種	1
		甲虫の1種	1

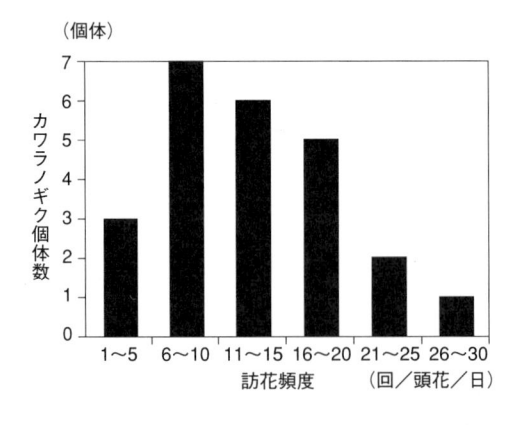

図15.2　ハナアブ類の訪花頻度 (Inoue *et al.*, 1994)

訪花昆虫が活動すると考えられる9時から15時まで，固定した8ミリビデオカメラによって頭花を連続撮影して，ハナアブ類の1日当たりの訪花回数を求めた．多くの頭花が1日当たり数回のハナアブの訪花を受けており，中には30回近い訪花を受ける頭花もあった（**図15.2**）．花蜜を多く分泌していると思われる新鮮な頭花の多くが，1日に10回以上のハナアブ類の訪花を受けていた．この結果から，調査した大規模な局地個体群では，ポリネータ不足が要因でカワラノギクの繁殖が制限されているわけではないと考えられる．

15.3.2 部分的自家不和合性

頭花に袋がけし，自家受粉と対照実験としての他家受粉を行ったところ，対照は70〜100％の結実率であった（**図15.3**）．自家受粉を行った場合は0〜80％の結実率で，40％は全く結実せず，20％は個体当たり数個の頭花に1，2の成熟した種子をつけた．これらは強い自家不和合性に分類された．残りの40％の個体は2〜79％の結実率で，半自家和合性であった（Inoue *et al.*, 1994）．

このような多型が存在することの進化的意味は，自家不和合性が安定であるにもかかわらず，増水による攪乱の結果，個体群が少数になったとき

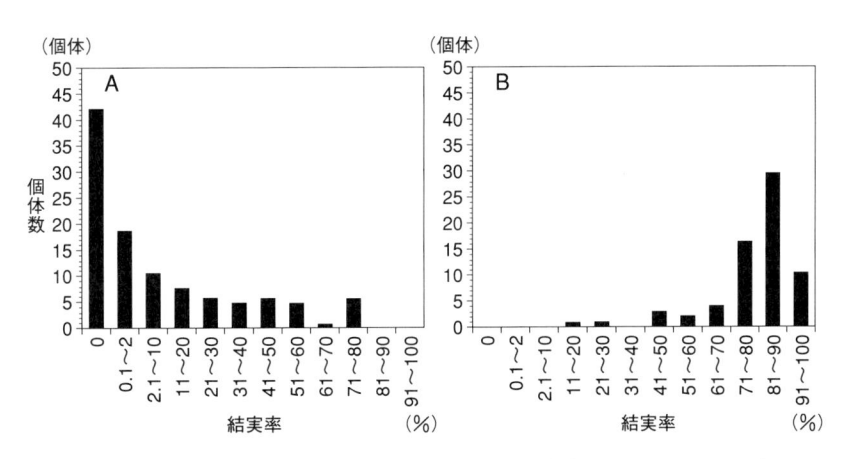

図15.3 自家受粉実験と対照実験による個体当たりの結実率（Inoue *et al.*, 1994）
A：自家受粉による結実率
B：他家受粉による結実率（対照実験）

に自家和合性の個体が有利になるためであると考えられる（Inoue *et al.*, 1994）．このことから，河原という生育地を離れて少数で栽培された場合に，カワラノギクが自家和合性の個体ばかりになることが起こるので，カワラノギクを生育地において保全するという姿勢が望まれる．

15.3.3 地理的変異

牧らは，多摩川から7集団，相模川から2集団，鬼怒川から8集団をサンプリングし（**図15.4**；Maki *et al.*, 1996），アロザイム分析を行った．

遺伝的同一度は，各河川内では非常に高い値を示した．一方，河川間での集団の遺伝的同一度は，多摩川と相模川の間で，鬼怒川と多摩川間，および鬼怒川と相模川間よりも大きな値を示した．これは，多摩川と相模川が地理的に近いためであると考えられる．集団の遺伝的類似図（**図15.5**）を見ると，鬼怒川の集団は一つのクラスターを作り，まとまっているのに対し，相模川と多摩川の集団は単独のクラスターを作らなかった．これは，現在でもこの二つの河川間で遺伝子流動が起きている（ハナアブが花粉を運んでいる）か，あるいは過去の比較的近い時期に遺伝子流動が起きたか（相模川が多摩川に近い場所を流れていた）のどちらかであると考えられる．

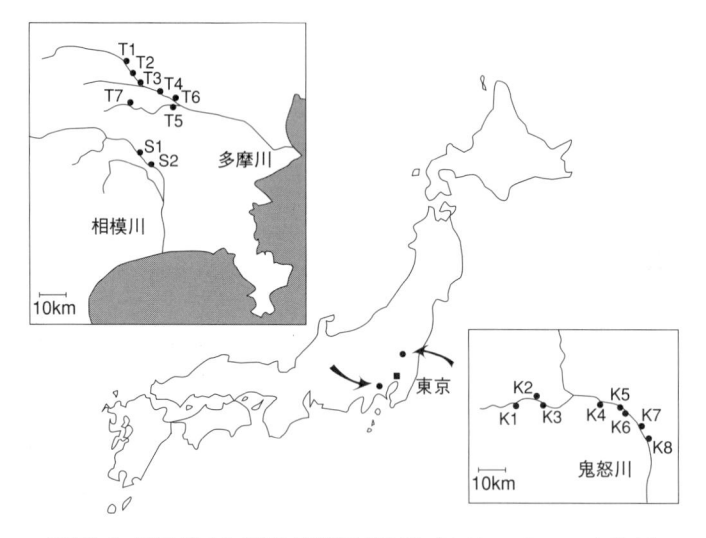

図15.4　アロザイム分析対象集団の位置（Maki *et al.*, 1996を改変）

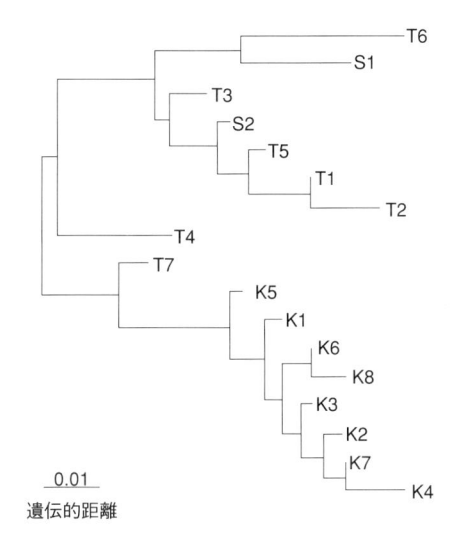

図15.5 カワラノギク集団の遺伝的類似図（Maki *et al.*, 1996）

河川間で遺伝的分化がある程度存在することから，鬼怒川と他の二つの河川の間で種子を含む個体を移動することは，遺伝的攪乱を起こすので行ってはならないと考えられる．

15.3.4 ボトルネック

カワラノギクの生育地は増水による攪乱をたびたび受ける丸石河原であるので，集団のサイズが一時的に小さくなってボトルネック効果を受けることがある．

集団の遺伝的変異量を示すパラメータと実際の集団のサイズとの間には相関が見られなかった（**図15.6**）．その原因は，カワラノギクの集団サイズが発達衰退の段階によって大きく変化するので，現在大きな集団サイズを持つ集団も，近年少数個体から発達した可能性が高いことによる．したがって，大きな集団でも小さな集団でも同様な遺伝的変異量を示すことが起こりうる（Maki *et al.*, 1996）．

先に述べたように，大きな局地個体群ではポリネータ不足は起きていなかったものの，小さな局地個体群はポリネータを引き付けることができるとは限らない．そこで，サイズの異なる局地個体群で，ポリネータの訪花頻度を8ミリビデオカメラによる連続撮影によって調査した（倉本ほか，

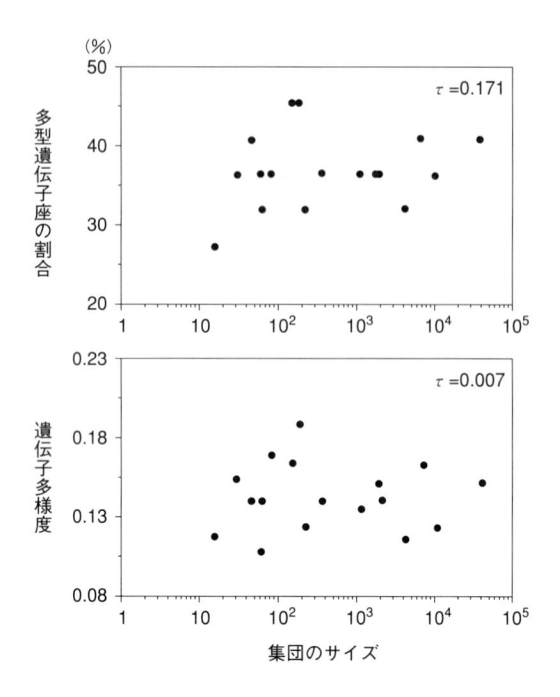

図15.6 集団のサイズと集団の遺伝的変異量を示すパラメータとの関係
（Maki et al., 1996）

1998）．局地個体群の開花個体数の対数値と平均被訪花頻度の間には正の相関が認められ（$r=0.66$, $p<0.01$；**図15.7**），最小の個体群サイズである1株の開花個体から成る局地個体群では結実が進まなかった．個体数の少ない局地個体群の中には，ポリネータ不足によって衰退するものがあると考えられる．

15.4 人工個体群問題と市民

15.4.1 人工個体群問題

保全生物学の立場からは，カワラノギクとその生育地を守ることが要求される（倉本，1995；Pullin，2002）ので，個体群の保全生物学的評価は植物に関するものと生育地に関するものがある．カワラノギクそのものについては，その系統がまず問題となる．次に，カワラノギクの個体群が発達

15.4 人工個体群問題と市民

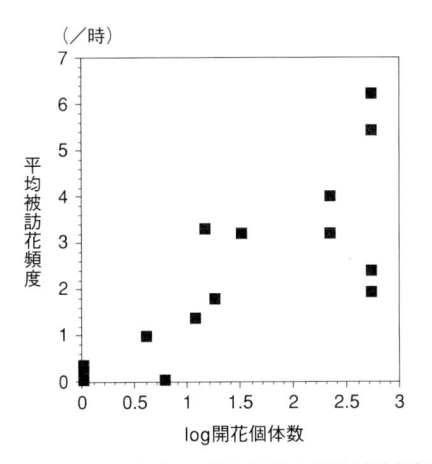

(／時)

図15.7　局地個体群の開花個体数と平均被訪花頻度

と衰退のプロセスを持っていることから，個体群の発達と衰退の段階が挙げられる．最後に，生育地の特性が挙げられる．

系統については，日本緑化工学会の「生物多様性保全のための緑化植物の取り扱い方に関する提言」(2002)の中に地域性系統の確認方法が挙げられており，アロザイム分析を用いた方法が確立しているので，本研究の直接の対象とはしないが，カワラノギクの市民による植え戻しによる遺伝的攪乱については後の節で述べる．

次節では，個体群の発達と衰退の段階について述べ，具体的なデータに基づいて検討する．生育地の特性についても15.4.3で検討する．

15.4.2　局地個体群の発達および衰退の指標の調査

2003年12月に多摩川に存在したすべての自生の可能性のある局地個体群を対象とした．最上流の局地個体群は青梅市友田地先T1（TomodaのT），最下流の局地個体群はあきる野市草花地先K3（KusabanaのK）であり，5kmの区間に存在する．なお，新発見された局地個体群H1（HanishiのH）は羽村市羽西地先に位置する（倉本・古賀，2004）．

局地個体群の発達および衰退の過程は，ロゼット個体数と開花個体数の比が指標となる．開花個体のほうが容易に発見できるので，開花個体を基準にして調査を行った．すなわち，原則として開花個体を10株含む円を描

255

き，円の中の開花個体とロゼット個体の数から，開花個体密度とロゼット個体密度を算出し，比較することとした．個体数が多いH1とK13は3反復でデータを取った．

新発見された局地個体群H1を除き，すべての局地個体群でロゼット個体密度が低かった（**図15.8**）．H1はロゼット個体密度が高かった．K13の中には開花個体密度が高い個体群の一部が含まれていた．

局地個体群の発達および衰退の過程の中で，開花個体密度とロゼット個体密度はそれぞれ一度高まった後に低下する（**表15.2**）と考えられている（倉本，1995）．この仮説に従うと，H1は発達期にあり，K13は衰退期，その他の局地個体群は衰退期ないし消失期にある．

15.4.3　生育地

多摩川河川敷は，大部分が冠水頻度の低い高水敷と，水流がその大部分

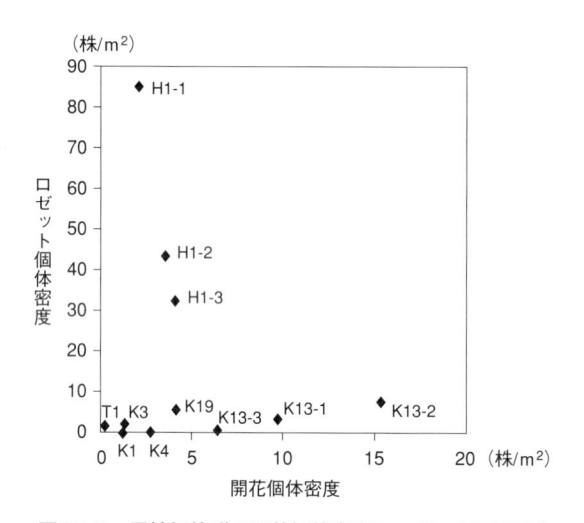

図15.8　局地個体群の開花個体密度とロゼット個体密度

表15.2　局地個体群の発達および衰退の過程

	進出期	定着初期	定着後期	発達期	最盛期	衰退期	消失期
ロゼット個体密度	低	低	低	高	高	低	なし
開花個体密度	なし	なし	低	低	高	高	低

を流れている低水路の二つの部分から成る複断面化が進行している。そこで，ここでは，相観によって生育地を高水敷と低水路に分けることにした．

生育地はH1が低水路であったのに対して，他の局地個体群は高水敷であった．1999年の増水の前には低水路にも局地個体群が見られたので，H1はかつての低水路の局地個体群に対応する個体群であると考えられる．

15.4.4　人工個体群問題を市民活動との関係から検討する

多摩川流域におけるカワラノギクの保全に関する市民活動については，保全生物学的な研究および保全活動のネットワークの中から把握した（倉本・古賀，2004）．こうした団体の活動については，代表者に面会して，いつ，どこに，どのくらい，どこ由来の種子（苗）をどのような方法で導入したのかという「記録」を中心に活動の内容をヒヤリングした．また，連絡のない団体についても，マスコミやミニコミに報道された活動についてはこちらから連絡して，代表者に面会して活動の内容を把握するようにした．

多摩川におけるカワラノギクの市民による保全活動は，野生であることを重視して個体群の衰退・絶滅をじっと見守るものから，個体群の復元を図るものや公園に植栽するものまで，人為の程度に差があった．その中で多摩川河川敷における活動を選んで**表15.3**に示した．最初の復元活動は1987年に開始されており，すでに20年近い歴史がある．三田・鈴木の両氏の活動は，立川市がカワラノギクの命名に用いられた標本の産地であるこ

表15.3　多摩川におけるカワラノギクの市民による復元活動

開始年	活動主体	活動場所	方法
1987	三田鶴吉・鈴木功	立川市域	苗植栽，再生産
1988	野菊愛好会（及川健蔵）	八王子市域	根分け
1993	多摩川の自然を守る会	府中市域	播種（再生産）
1996	はむら自然友の会	羽村市域	苗植栽，再生産
1998	いきいき92＋羽村市	羽村市域	苗植栽，播種
2002	カワラノギクプロジェクト	あきる野市域	播種（再生産）
2003	緑の推進委員＋日野市	日野市域	播種（再生産）
2003	府中市立矢崎小学校	府中市域	播種（再生産）
2004	府中市の野草愛好家	府中市域	播種（再生産）

（注）開始年は多摩川における活動の開始を表す．増殖方法の再生産は河川敷における種子繁殖が行われていることを示す．（再生産）は実際にはうまくいかなかったか，まだ開花数が少ないが再生産を志向していたことを示す．

とから，立川市域にカワラノギクを生育させておきたいという動機で行われたものである．そのほかの活動は，多摩川のカワラノギクを絶滅の淵から救いたいという善意によって行われてきた．導入方法には，種子を播種する方法と，圃場で育てた苗を植栽する方法がある．また，次世代の再生産には，河川敷でカワラノギクが再生産することを期待した方法と，常に圃場から苗を補給し続ける方法がある．

　次に，植栽の持つ問題点について検討する．保全活動に際して，他流域のカワラノギクの種子を多摩川河川敷に播種すれば，遺伝的攪乱を引き起こす可能性がある．実際にアロザイム分析を行ったMaki et al. (1996) によれば，多摩川と相模川の局地個体群の対立遺伝子の構成は類似しているものの，鬼怒川のものは多摩川のものと相違が大きいためである．この点については，日本緑化工学会の「提言」(2002) による地域性系統の判定方法によって検討すること，および，多摩川本川と鬼怒川の局地個体群で完全に置換している遺伝子座Tpi-2を分析することによって判定することが可能である．実際にTpi-2を分析すると，H1は多摩川メタ個体群のバンドパターンを示した（斉藤・倉本，未発表）．

　さらに，同じ流域の中の移動が問題になることがある．むやみにカワラノギクの播種をしたり苗の植栽を行ったりすることによって，野生個体との区別が困難になる．これは，カワラノギクの研究の障害となる．新たに発見された個体（群）一つ一つに対して，まずそれが野生か植栽かを判定することは，時間やコストの面から研究者の負担が大きく，また刻一刻と迫る絶滅の危機に対しても現実的ではない．相模川では，活発なカワラノギクの保全活動によって，野生の個体群が植栽個体群から区別できないことから，植物生態学の研究が断念された事例がある．

　もう一つの問題点は，カワラノギクの生態に関する知識や保全上の留意点を，必ずしも市民が正確に把握しているとは限らないことである．多摩川の流域を離れて，野生では生育することのない公園に栽培されているカワラノギクは，植物と生育地との関係や，生育地である丸石河原の生態系の生物間相互作用が無視されている．これは，カワラノギクの存在は1980年代後半以降，急速に世間に知れ渡り，今では多摩川の自然を守るうえでのシンボル的存在となっているものの，市民とのかかわりの歴史が浅く，

野草にふさわしい扱い方が普及していないからであると考えられる．

しかし実際のところ，こうした遺伝的攪乱に関しては，科学者の価値観にも不統一が存在している．府中市に羽村市の種子を持ち込もうとしたある研究者グループに属する市民たちは，緊急アピール（2000）に地域個体群間の移動を容認する見解を見出して計画を立案した．しかし，緊急アピールに加わっていない河辺植生の研究者からは計画に反対された．緊急アピールでは，河川間の差異を強調しており，河川内の移動には比較的寛容であるが，流程方向の地域個体群間の移動に反対の研究者も存在するのであった．

このような状況の中でカワラノギクの保全活動を継続していくためには，保全のための最低限のルールについて多摩川における合意形成を行う必要がある．研究者と市民が協働して緩やかな合意形成を行い，それを河川管理者が市民一般に遵守させることが現実的である．

15.4.5　新しい局地個体群の発見

今回，多摩川において新しい局地個体群H1が発見された際の情報の流れと役割分担を**図15.9**に整理した（倉本・古賀，2004）．これより，研究者

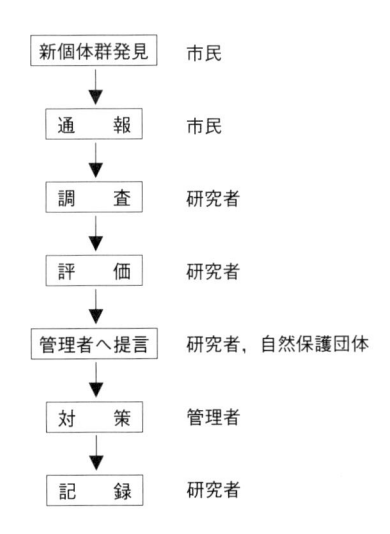

図15.9　多摩川で新しい局地個体群H1が発見された際の情報の流れと役割分担

の役割が大きかったことがみてとれる．

　しかし，研究者個人が記録を管理しているのでは，管理に問題が生じる恐れがある．実際に，営利を目的としてフリーライターがカワラノギクの分布情報をしつこく聞き出そうとしたことがあるように，絶滅危惧植物の採取を目的とする人に記録を提供することは，カワラノギクの乱獲を招く危険がある．また，愉快犯によって遺伝的攪乱が行われる可能性もある．そのため現状では，記録の共有は保全を目的とし保全生物学的な考え方を理解している市民や研究者を選んで行わざるを得ない．情報提供先の選別は恣意的になりかねないので，研究者個人が記録を管理していると適正な提供に問題が生じかねない．記録の管理は，河川管理者と市民と研究者が委員会を作って行うことが望ましいと考えられる．

　今後の課題として，自生個体群に対する遺伝的攪乱は，植栽個体群に由来する花粉の送粉や種子の遠距離散布によっても起こりうると考えられる．このような現象については未だ検討が加えられていないので，現在は記録をできるだけ整備しておいて，検討が可能になり次第調査を行うべきである．

15.5　カワラノギクの野生のあり方をめぐる最近の課題

　多摩川に生育しているカワラノギクの局地個体群のうちで，確実に野生のものは，2005年現在において五つしかない．ところが，増水の対策のために，個体数の比較的多い二つの局地個体群に大きな影響のある工事が検討されている．一つの個体群（K19）は水際の高水敷にあって，増水時に形成される裸地に実生が定着して再生産が行われている．もう一つ（K13）はより内陸にあり，かつては30,000個体の開花個体を有したものの，最近は細粒堆積物が生育地を薄く覆っているために，実生の定着が見られなくなっている．

　これまでの自然保護運動や環境アセスメントにおける自然保護派の意見は，野生の個体群をそのまま守るというものが多かった．野生植物の保全には種とその生育地の保全がともに必要だからである．しかし，K13の場合，すでに生育地の環境は変化しており，現在の生育地をそのまま残しても，

カワラノギクの保全はできないことが予想される．K13に由来する個体群を保全しようとすれば，生育地の環境が好適になるように新たな生育地を創出し，そこにカワラノギクを移動させることが必要になる．このミティゲーション的な手法についての合意形成はまだ途上にあるので，どのような考え方が支配的になるかは，これからの市民，行政，研究者の意見のやりとりにかかっている．

多摩川のカワラノギクの衰退が著しく生育環境がほとんど残っていない現在では，人工的に生育地を整備する必要がある．しかし，私の望みは，植栽起源のものも含む既存のカワラノギクの局地個体群から種子が到達可能な場所に，川の力によって生育地が自然に形成されるようになることである．そして，直接的な人間の働きかけがなくても，カワラノギクが局地個体群の絶滅と新生のバランスを回復することが次の望みである．

私の望みはなかなか実現しそうにない．それまでの間は，多摩川からカワラノギクを絶滅させないために，私たちは主として人工的な局地個体群を対象にして，さらに野生の局地個体群の一部においても，競合植物の除草などの植生管理を行って個体群の消滅までの時間を引き伸ばそうとしている．例えば，多摩川の永田地区では，カワラノギクプロジェクトが，植生管理とカワラノギクの個体数のモニタリングをいっしょにして活動している．

多摩川の自然保護団体の中には，カワラノギクの局地個体群の絶滅をじっと見守っていた団体もある．野生という価値観を徹底すると，絶滅も放置しておくことになるのかもしれない．この価値観に立つと，カワラノギクプロジェクトのような活動もその意義に対して疑問を持たれかねないのであり，活動の難しさの一つもここにある．

15.6　まとめ

野生の植物には生育地があり，生育地の環境の下で常に淘汰を受けている．したがって，野生の植物を分布域外や生育地外に植栽することは保全上の問題を起こす．また，人工的に保護することにも保全の観点から一定の歯止めが必要である．

第15章 カワラノギクの生態・遺伝と個体群の保全・復元における市民活動

それでは，野生と植栽の間に明瞭な境界があるかと言えば，様々な中間的な場合があって明瞭ではない．例えば，河川敷公園に植栽されたカワラノギクの種子が近くの河原で発芽して，結実し，増殖している場合はどちらに入れたらよいのだろうか．中間的な場合が様々に存在するので，野生か植栽かを二者択一的に考えるよりも，生育地の環境下での淘汰にどの程度近いかを考えたほうがよさそうである．

引用文献

Inoue, K., Washitani, I., Kuramoto, N. and Takenaka, A.（1994）Factors controlling the recruitment of *Aster kantoensis*（Asteraceae）I. Breeding system and pollination system. *Plant Species Biology*, **9**: 133-136.

環境庁自然保護局野生生物課（2000）改訂・日本の絶滅のおそれのある野生生物－レッドデータブック－8　植物I（維管束植物），自然環境研究センター，660pp.

倉本宣（1995）多摩川におけるカワラノギクの保全生物学的研究，緑地学研究，**15**: 120pp.

倉本宣（2001）カワラノギク，小川潔・倉本宣，タンポポとカワラノギク－人工化と植物の生きのび戦略－，岩波書店，pp.57-146.

倉本宣（2003）多摩川におけるカワラノギクの保全と研究「野の花・今昔」，千葉県立中央博物館，うらべ書房，pp.156-159.

倉本宣・本田裕紀郎・八木正徳（2000）丸石河原固有植物と多摩川におけるその生育状況，明治大学農学部研究報告，**123**: 27-32.

倉本宣・石濱史子・鷲谷いづみ・嶋田正和・可知直毅・井上健・加賀屋美津子・牧雅之・竹中明夫・増田理子（2000）多摩川のカワラノギク保全のための緊急アピール，保全生態学研究，**5**(2): 191-196.

倉本宣・加賀屋美津子・井上健（1998）カワラノギクの局所個体群の大きさが訪花昆虫の訪花頻度に及ぼす影響とカワラノギクの保全手法，環境システム研究，**26**: 55-60.

倉本宣・古賀陽子（2004）多摩川において新たに発見されたカワラノギクの局地個体群への対応について，日本緑化工学会誌，**30**: 340-343.

倉本宣・篠木秀紀・増渕和夫（1998）多摩川における丸石河原の変遷に関する研究，明治大学農学部研究報告，**118**: 17-27.

倉本宣・野村康弘（2004）多様な市民との協働による絶滅危惧植物カワラノギクの復元における合意形成，日本緑化工学会誌，**29**(3): 408-411.

倉本宣・曾根伸典（1985）多摩川における固有植物群落の保全と河川敷の利用，造園雑誌，**48**(5): 169-174.

Maki, M., Masuda, M. and Inoue, K.（1996）Genetic diversity and hierarchical population structure of a rare autotetraploid plant *Aster kantoensis*（Asteraceae）. *Amer. J. Bot.*, **83**: 296-303.

村中孝司・鷲谷いづみ（2001）鬼怒川砂礫質河原の植生と外来植物の侵入，応用生態工学，**4**: 20-23.

日本緑化工学会（2002）生物多様性保全のための緑化植物の取り扱い方に関する提言，日本緑化工学会誌，**27**(3): 481-491.

Pullin, A. S.（2004）保全生物学－生物多様性保全のための科学と実践（井田秀行・大窪久美子・倉本宣・夏原由博訳），丸善，378pp.

Takenaka, A., Washitani, I., Kuramoto, N. and Inoue, K.（1996）Life history and demographic features of *Aster kantoensis*, an endangered local endemic of floodplains. *Biol. Conserv.*, **78**: 345-352.

Washitani, I., Takenaka, A., Kuramoto, N. and Inoue, K.（1997）*Aster kantoensis* Kitam., an endangered floodplain endemic plant in Japan: its ability to form persistent soil seed bank. *Biol. Conserv.*, **82**: 67-72.

コラム6　園芸植物と野生植物

　大島海浜植物群落に植栽されたトベラについての情報を提供してくれた太田周さんは東京都立大島公園事務所に半世紀勤務し，大島公園椿園のツバキの園芸品種の収集や植生管理を担当した．人口1万1千人だった当時の大島には，ツバキの愛好家が大勢いて，切磋琢磨していた．太田さんもそのような愛好家のネットワークの中にいる人だった．

　伊豆大島にはツバキを見ることを目的に訪れる人が多いので，大島に集められた多数の品種を収集し展示することは意義があることと思われた．太田さんと私は，大島公園の椿園のツバキを300品種から3000品種に充実することを目的として，世界中から新品種の，そして日本の収集家から伝統品種の，接ぎ穂を手に入れ接木した．

　あるとき，太田さんが「野生植物の価値だけでなく，園芸植物の価値も理解できなくては，植物がわかったとは言えない」と教えてくれた．野生植物は長い自然淘汰の結果として生まれてきたものであり，どの種も40億年近くの歴史を持っている．一方，園芸植物は，人間が意図を持って大事に育成してきたものであり，文化や歴史という観点から見ると，高い価値を持っている．私の周囲の生態学者は，野生植物のほうに高い価値を見出しがちであるが，他方には，園芸植物のほうがすばらしいと感じる人々もいる．

　これは，どちらかの価値が高いというものではない．野生植物と園芸植物をごっちゃにせず，仕分けて扱うことが大切なのである．

　なお，園芸植物には流行があるので，かつて繁栄した植物が人気を失って品種が失われることが起こりうる．一時の流行り廃りでせっかくの文化遺産を消失してしまうことはあまりにもったいない．大島公園椿園のような公共の植物園の役割の一つには失われそうな品種の保存が挙げられる．

（倉本　宣）

第16章

自然復元のための整備と管理
── 千葉県立中央博物館生態園の事例

大野啓一

16.1 自然復元の考え方

　在来の自然の多くが失われてしまった今日，その復元を図るために，各地でビオトープづくりなどの様々な試みが行われている．しかし，「自然復元」の捉え方には立場や個人によって差があるように思われる．そこでまず，本論における筆者なりの「自然復元」の捉え方を示しておきたい．

　まず，生物についての「自然復元」とは，損なわれた在来の生物集団を文字通り元に復することだと考える．外見や機能が同一な生物やその集団ならばよいというわけではない．重要なのは，"その地域で古くから生活してきた個体の子孫によって生物集団の再構築を図ること"である．このことにより，その地域で過去からずっと世代を重ねてきたという歴史性が継承される．復元は，その地域の残存個体群からの分布拡大，植物ならば埋土種子の発芽，そして植生の遷移など，自然自体にもともと備わっている能力によって行われる．本稿での「自然復元」はこのような意味で用いる．

　世間で自然復元といった場合，このような意味で用いられているとは限らない．例えば，遠隔地由来の個体や由来不詳の個体を持ち込んだり植栽することは，どうであろうか．たとえそれが「郷土種」であっても，その地域で古くから生活してきた個体の子孫によって生物集団を再構築することではないので，ここでは自然復元とは考えない．むしろ，壊れたカメラを買い換えるのと同様な，外見・機能が同一の代替物で償う"代償"とでも呼ぶべき行為だと考える．街路樹やスギ植林なら代償でも差し支えないだろう．しかし，各地の自然は，古社寺などと同様に文化財的な側面を持っており，代償できない面があるからこそかけがえのないものであり，保

護を要する．このような他からの持ち込みはまた，在来の個体との交雑による遺伝的攪乱，土壌や植物体に付着した外来種の定着など，修復不能な自然破壊を新たにもたらしかねない．したがって，他の地域からの生物や土壌の持ち込みはできるだけ避け，時間がかかっても可能な限り，ここで言う自然復元を図るべきである．

次に，本稿で扱う自然復元の場とは，それを主目的とした特別な場所，例えばビオトープだけにとどまるものではない．むしろ，自然復元を特別な場での特別な行為だと限定的に考えることのほうが問題である．現実には，国立公園などの自然地域や郊外の公園などの半自然地域での園地まわりや道路周辺などにおいて，修景目的で植栽される植物のほうが量的に多く，周囲の自然に及ぼす影響も大きいからである．「ここは自然復元が主目的の場ではないから，復元の考え方には縛られないよ」と，外来種や由来不詳の「郷土種」が持ち込まれれば，修復不能な悪影響を周囲の自然に及ぼしかねない．自然復元に関する考え方は，できるだけ広範囲の場や事業において念頭に置かれるべきものと考える．

自然復元の成否は，在来自然の要素の残存程度にかかっている．残存程度が多く，自然の損傷程度が小さければ，お金も労力もほとんど要さず比較的短期間で元に復することができる．ただ，ふつうは，復元の阻害要因を除去したり復元の過程を管理するうえで，お金と労力も不可欠である．お金と労力をかけるならば，それが望ましい復元につながらなければならない．本稿での望ましい方向とは，希少種を含めて，その地域本来の生物種および遺伝的系統がなるべく多く保たれた状態，つまり，在来種の多様性を高める方向を想定する．そのための整備や管理について考えてみたい．

16.2　自然復元の二つの段階と二つの立地

自然復元にはふつう長期間を要する．プロジェクトとして行われる場合，望ましいか否かは別として，大きく分けて二つの段階を踏むことが多い．最初は当初の整備段階であり，土地を整形したり植物を多数植栽する段階である．通常，相当の工事予算をもって造園業者などに委託し，短期間で実施する．次はその後の管理段階であり，時間の経過とともに変化してい

く動植物の集団を望ましい方向へ誘導したり，望ましい状態を維持する段階である．細々とではあっても，長期にわたって継続的な取り組みが必要である．管理スタッフが常駐する場合や業者に不定期に管理を委託する場合など，管理の形態は様々である．

　この二つの段階で採られる手法は，乾性立地と湿性立地とでは異なるように思われる．台地や丘陵斜面などの乾性立地では，本来，主に森林群落が成立し，裸地から極相群落である森林への遷移には長期間を要する．一方，水辺や湿地などの湿性立地には，本来，極相として草本群落や疎林群落が成立し，その形成までの所要期間は森林よりはるかに短い．遷移に伴う在来種の多様性は，乾性立地では時間の経過とともに増すのに対し，湿性立地では造成初期に最も高いという傾向がある．すなわち，乾性立地では，遷移初期には外来種が多数を占め，年月とともに木本を中心とする森林性の在来種が増えていく．これに対して湿性立地では，裸地に近い遷移初期に小形で短命なテンツキ類などの草本種の多様性が高いが，まもなくヨシなどの高茎草本が優占して在来種の多様性は低下する傾向がある．したがって，在来種の多様性を高めるような自然復元を図るうえでのポイントは，多くの場合，乾性立地では遷移の促進，湿性立地では遷移の抑止または部分的な再裸地化であり，両者は全く相反する．

　本稿で述べるのは，乾性立地における自然復元を企図した整備段階と管理段階における課題である．筆者の関わった，千葉県立中央博物館生態園の事例を植物・植生面を中心に述べる．今日，自然復元のプロジェクトや場所の多くには，ビオトープというカタカナ語が付けられる傾向がある．しかし現状では，ビオトープのほとんどは湿性立地につくられている．本稿の内容は，湿性立地のビオトープの整備・管理にはそのまま応用できないことをあらかじめお断りしておきたい．

16.3　生態園とは

　1989年に開館した千葉県立中央博物館には，本館に隣接して面積6.6haの生態園という野外観察施設が造られた．千葉市中部の住宅地に囲まれた，県立青葉の森公園という都市公園の一角に位置している．生態園は，房総

の自然誌をテーマとする本館の室内展示と，実際の生の自然である房総の山野との橋渡し的な役割を持っている．そこで，房総の代表的な陸上生態系をタブ林やススキ草地などの群落型で代表させて，モデル的に再現して展示することが企図された．そのための場所である植物群落園は旧畜産試験場の牧草地であったところで，遺跡発掘調査や造成工事などのため，土地の大部分がいったん裸地にされ，そこに大小約1万本に及ぶ様々な樹種の苗木が植栽された．植栽された樹木には，造園業者が通常の苗木流通ルートで仕入れた"購入木"と，筆者を含む博物館職員などにより，近隣や県内各地から山採りされた"移植木"とが含まれる．植物群落園には園路が巡らされ，樹木などに種名板が付けられるなど，博物館の野外観察の場として活用され，年間約9万人（2003年度）の来園者を迎えている．

　敷地内には，この植物群落園をはじめとする造成・植栽によって整備された区域のほか，開園以前から当地にあった池や樹林も一部に残されている．舟田池と呼ばれる池は，面積が約1haあり，谷津地形を利用して水を溜めた近世の溜め池に由来する．その岸辺には野鳥観察舎が設けられた．池を囲む斜面には，イヌシデ，コナラ，エノキ，ムクノキなどの自生植物から成る雑木林と，畜産試験場時代に植栽されたニセアカシア（別名ハリエンジュ）の樹林地が残されている．池と斜面林の大部分は，野鳥や在来植生の保全の場として，人の立ち入りが制限されている．以上のような生態園の概略は**図16.1**に示した．また，生態園の整備の経過については，中村・長谷川（1994，1996）にくわしく述べられている．

　このように，生態園は県立の施設であり，野外展示や都市公園としての側面と，千葉市のこの場所在来の自然を保全したり復元する場としての側面の二つを併せ持っている．

16.4　整備段階の課題

　乾性立地での自然復元では，整備段階で多数の樹木を植栽することが多い．本来成立する森林群落を当初から模した景観をつくったり，森林への遷移を早めるためである．

　生態園での経験から，この整備段階の植栽においては以下のような点が

16.4 整備段階の課題

図16.1　千葉県立中央博物館生態園の概要
（案内看板に使用したものを一部改変）

重要だと考えられる．その地域在来の植物相や植生を復元する，すなわち，その地域で古くから生活してきた個体の子孫によって植物の集団を再構築しようとするなら，造園業者が規格に沿った苗木を市場から調達して植栽するという通常の植栽工事方法は推奨できない．ならば，どうするか？以下の①～③の方法を組み合わせることを提案したい．

　①立木の植栽は必要最小限とし，地元で生産している樹種の苗木を植える．ここで言う地元の範囲は難しいが，旧郡レベルが一つの目安かもしれない．県では広すぎ，市町村では現実問題として苗木の調達が困難だからである．その樹種は復元しようとする対象種ではなく，当該地域に自生しない造園樹種から逸出影響の少ないものを選ぶ．例えば，イチョウ，マテバシイなどであり，地域によって異なる．この樹木は，当初の見てくれを確保すると同時に，在来樹種の移入や成長を助ける保護樹と考え，何年か後に役割を終えたら次第に間引いて最後にはすべて除伐する．地元産の苗木にこだわるのは，苗木自体に付着したり，根のまわりの土（根鉢）に混入して，遠隔地産の生物が多数持ち込まれるのを避けるためである．また，地域に自生しない造園樹種とするのは，在来の個体と交雑する恐れがないこと，万一逸出してもそれとわかること，それぞれの地域で苗木が生産されている見込みが高いこと，などのためである．

　②近隣に森林（雑木林や植林）があれば，自然破壊につながらない範囲で，その中から移植可能な樹木，例えば，林縁や低木層の稚樹の移植を図る．造成や伐採予定の森林があれば，できうる限り樹木や表土を移植する．いずれも近所からでなければならない．

　③近隣の自生木から種子を採取して育苗する．遺伝的多様性に配慮して，同じ種でもなるべく多くの個体から採種する．

　以上の①～③は造園業者に委託することができれば好都合で，それが必須な部分もあるが，自分たちで細々と行うことのできる部分もある．

　以上の提案は，生態園での負の教訓に基づく．生態園の整備には自然復元という面で大きな問題点があった．その詳細についてはすでに論じた（大野ら，1994；大野，1994; 1996; 2001）が，概略は次の通りである．

　まず，通常の植栽工事の方法で業者が植えた樹木の多くは由来不詳の個体で，千葉市にふつうに自生する樹種（例えばタブノキ）であっても，そ

の苗木は九州など遠隔地由来のものが含まれていたと考えられることである．これにより，地元個体との交雑による遺伝的攪乱の恐れが生じてしまった．

次に，整備に際して持ち込まれた土壌に多数の植物種が混入していたことである．生態園開園前後（1986～1992年）に，搬入された土壌や植栽木の根鉢に混じって意図せずに持ち込まれた植物（人為的移入種）は，185種に達すると算定された．これは意図的に植えた種139種を大きく上回る（**図16.2**）．人為的移入種は三つに大別できる．すなわち，

　（ア）近隣から運ばれた土壌から生じた種，

　（イ）遠隔地から運ばれた土壌から生じ，当地にもともと分布しない種，

　（ウ）遠隔地からの土壌から生じ，当地にもともと分布している種，

の三つである．（ア）のうちの在来種は当地の自然復元に貢献したと言えるかもしれないが，（イ）は当地在来の植物相を改変し，（ウ）は地元個体への遺伝的攪乱をもたらしかねないという問題点がある．いずれも，年月の経過とともに被陰などによってその多くが自然に消滅したが，（イ）に相当するミヤコザサなどのように，現在でも旺盛に繁茂している種もある．また，土壌や植栽樹木に付着した陸産貝類や菌類の持ち込みも起きたことが記録されている（黒住，1994；吹春ら，1994）．

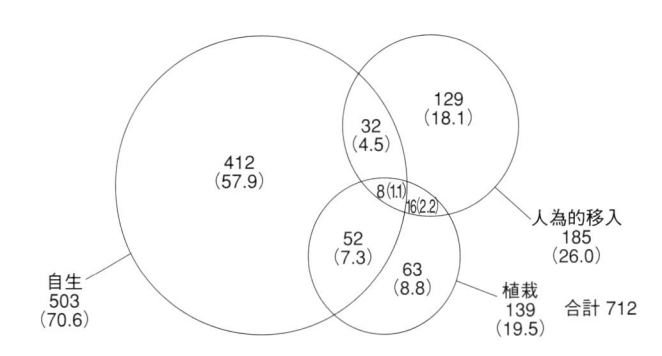

図16.2 開園前後（1986～1992年）に生態園で記録された植物の由来別構成
（大野ほか，1994）
数字は種数，（ ）内は構成比（％）．"自生"とは，自然的な要因で進入・定着して生育したと考えられるもので，外来種や栽培種の逸出である場合もある．"植栽"とは，意図的に植えられたもの．"人為的移入"とは，生態園の整備に際して，植栽木の根鉢や客土等に混じって，意図せずに園外より持ち込まれたと考えられるもの．変種以上を1種として扱う．本館の外構部分も調査範囲に含む．

植栽工事に伴う，こういった意図しない生物の持ち込みや遺伝的攪乱への危惧は，当時も抱いていた．しかし，一人の新米公務員であった筆者が，既定の植栽工事のルーチンや契約の中で地元原産の由来の確かな苗木を大量に確保することなど現実には不可能で，業者の理解と協力を得ることも困難であった．由来不詳の個体が多数植栽されてしまったことは，本書の著者として全く慚愧に絶えない．

それでも，コナラ，イヌシデ，エノキなど隣接した造成予定地などに生育している樹種については，表土を含めてできるだけ移植した．この移植と表土まきだしは結果的には成功し，移植個体は定着し，表土からは多数の実生（前述のアに相当）が成長した．ハンノキなどは近隣に自生していた実生苗を移植して，成林させた．また，コナラ，クヌギ，イヌシデ，タブノキ，アカメガシワ，アカガシなどは，園内や近隣から種子や実生を採取して育苗し，その後に稚樹を園内に補植した．現在では，その多くは大きく成長している．

16.5　管理段階の課題

16.5.1　時の経過を待つ

当初の整備が一段落した後は，状況を見ながら適切な管理を行うことが課題となる．遷移による森林への発達と在来植物種の多様化は，いくつかの条件と10～20年といった年月の経過があれば，自然に相当程度実現できると考えられる．逆に，2～3年の短期で焦ってこういったことの実現を図ろうとしても困難である．時の経過をじっくり待つ，という態度が何よりも必要である．

生態園の植物は，この16年間でおよそ次のような経過をたどった．開園当初は，荒れ地に貧相な植栽木が林立し，雑草と支柱ばかりが目立つ状態だった（**図16.3-a**）．スダジイ林区域，アカガシ林区域といった植生展示上の設定にかかわらず，当初はメヒシバやシロザなどの一年草，およびネズミムギなどの畜産試験場時代からの牧草が優勢であった．数年を経ると，セイタカアワダチソウやススキなどの多年草が優占するとともに，ヌルデなどの先駆性樹木が所々で樹冠を形成した．この頃には，定着した植栽木

a：1991年9月．植栽されたモミが見えるが，セイタカアワダチソウなどの高茎の雑草が繁茂しており，まだ林の体をなしていない（写真：千葉県立中央博物館蔵）．

b：2004年11月．植栽樹や自然進入の樹木が育ち，林らしくなった．高茎の雑草は消滅し，ムクノキ（左端）やクマノミズキ（右手）などの進入した落葉樹が成長している．

図16.3　生態園内同一場所の経時変化

の成長も旺盛になるとともに，野鳥や風によって自然に進入してきた樹木の稚樹が，植栽樹の隙間や林縁部で目立つようになってきた．自然に進入した樹種は，アカメガシワ，ヒメコウゾ，ヤマグワ，ムクノキ，エノキ，ヤマザクラ，ウワミズザクラ，クマノミズキ，イヌシデ，コブシなどの落葉樹で，園内や近隣の自然木から散布されたと考えられる．また，タブノキ，シロダモなどの常緑樹も多数進入してきた．

開園後16年を経過した現在，植栽木とこれらの自然進入木によって，生態園では高さ10～20mのほぼ閉鎖した林冠が形成されている（**図16.3-b**）．かつて優占していたセイタカアワダチソウなどの雑草は園路脇などに限られるようになり，ヌルデも約半数が自然に枯れた．このような群落の経時

変化は，千葉周辺の照葉樹林帯の遷移系列にほぼ沿ったものである．当初，森林への遷移促進に頭を悩ませたが，現在ではかえって，「森が暗くて怖い」という来園者の声があったり，下枝が枯れ上がって園路の周辺に観察しやすい枝葉が見られなくなる，といった弊害が起きているほどである．

図16.4は，アカガシ林区域とモミ林区域の一部について，2003年における高さ2m以上の樹木の位置を示したものである．これらの区域では1988年12月にカシ類などの常緑樹が多数植栽されたが，当初の枯死率が高く，特に樹高3m以上のアカガシは植栽個体の80％以上が枯れてしまった．図16.4には1990年までに枯れた個体は示されていないが，図中の左上などに植栽生存個体（黒丸）が少ない部分が多いのはこのためである．その後も，図中の×印が示すように，アカガシ，スダジイなどが枯れた．

一方，開園前後に植栽された2m以下の稚樹の多くは，定着して2m以上に成長してきた．これら植栽成長個体（図中で灰色の丸）の多くは，アカガシ，サカキ，ヒサカキなどの常緑樹である．また，自然に入ってきて2m以上に成長を遂げた自然進入個体（図中の白丸）も多数見られることがわかる．そのほとんどは，エノキ，ムクノキ，クマノミズキ，イヌシデなどの落葉樹で，鳥散布や風散布の種子をつけ，生態園内に母樹がある樹種である．すでに高さ10m，胸高直径30cmに達している個体も見られる．このようにして現在，アカガシ林区域とモミ林区域では，植栽された常緑樹と自然に進入した落葉樹とが混交した林相をつくっている．

十数年で以上のように森林が発達し，自然の進入も起きた背景には，次のような条件があったと考えられる．

（a）植栽木自体が定着して成長するだけでなく，それによって自然な植物の進入が促進され，定着適地も生み出されたこと．すなわち，植栽木が野鳥の止まり木となり，鳥散布種子の散布機会を高めた．また，植栽木による光・風の遮蔽や落ち葉の供給が，散布された種子の定着に適した環境をもたらしたと考えられる．

（b）種子供給源となる在来植物の残存個体群が園内や近隣にあったこと．生態園内には池を囲む斜面に在来の比較的発達した樹林が残されており，そこに生えるイヌシデ，エノキ，ムクノキなどの樹木をはじめ多くの種の種子供給源となっている．また，半径1km以内にも在来の樹林が点々と残さ

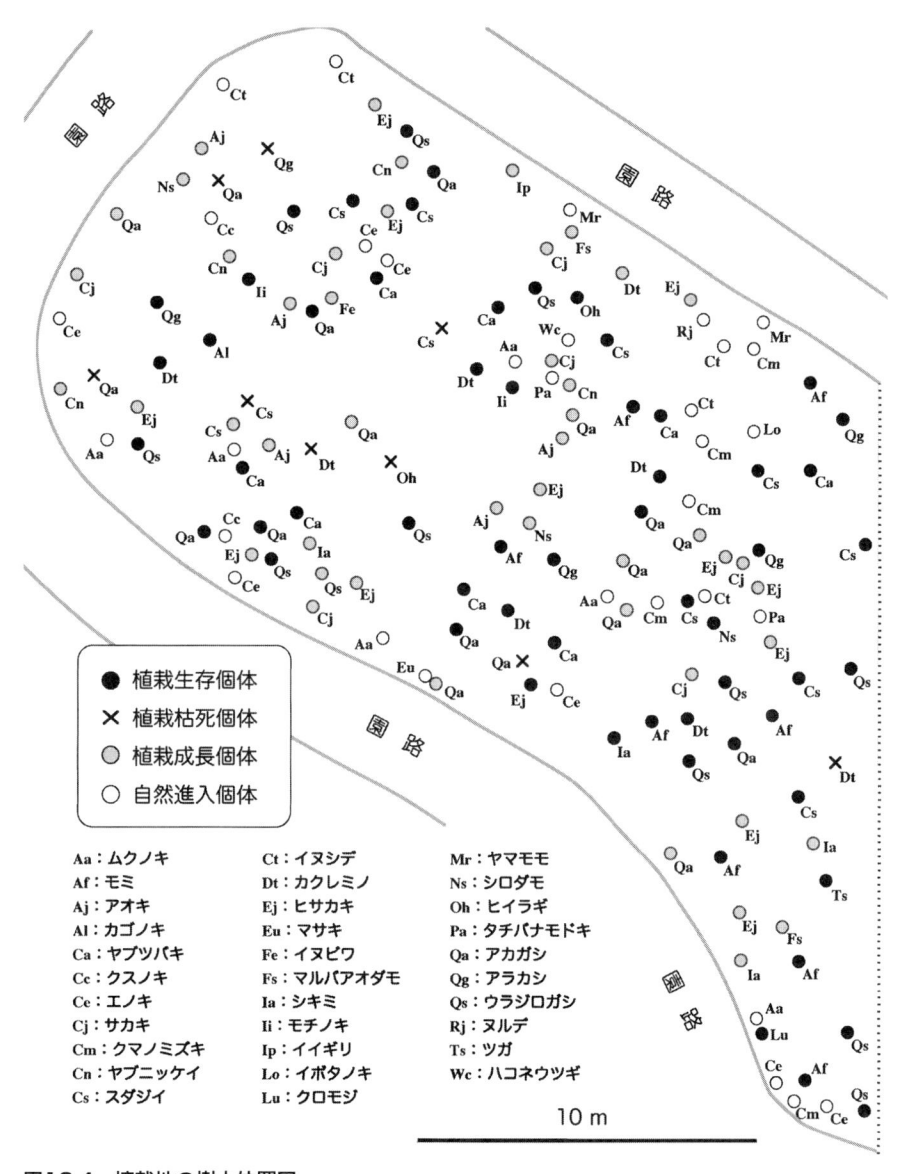

図16.4 植栽地の樹木位置図
アカガシ林区域とモミ林区域の一部．1990年と2003年の調査に基づき，2m以上の個体と樹種を示す．"植栽生存個体"とは，開園時に植栽した個体で，1990年に2m以上あり，2003年にも生存していたもの．"植栽枯死個体"とは，開園時に植栽した個体で，1990年に2m以上あり，2003年には枯死していたか発見されなかったもの．"植栽成長個体"とは，開園時に植栽した個体で，1990年には2m以下であったが，2003年には2m以上に成長していたもの．"自然進入個体"とは，植栽した個体ではなく，自然に進入・定着し，2003年には2m以上に成長していたもの．現在の林は，植栽生存個体に植栽成長個体と自然進入個体が混交している．本文も参照．

れている．種子散布を助けるヒヨドリなどの野鳥も豊富である．

（c）管理によって望ましい植物の成長が図られたこと．以下に述べるように，植栽地の管理に際しては，絡み付いたクズなどを定期的に刈る一方で，自然に進入し定着した稚樹は意図的に残すようにした．補植した稚樹のまわりの雑草やつる植物も適宜取り除いた．

16.5.2　管理方針の策定――自然の過程を尊重する

　自然の復元を図ったり，在来生物の多様性を高めるためには，生物の自然な進入・定着および消滅を尊重した管理が望ましい．当然のことのようであるが，具体的な現場の管理では，机上で策定された当初の事業計画に縛られるのが普通で，当たり前のことが現実にはなかなかできない．こういう束縛から自由に，現場の状況変化に順応した管理を図れれば理想だが，それが無理であっても，事業上の束縛と現場の状況進展との両立を図るような工夫が必要である．

　生態園での当初の事業計画の束縛とは，例えば，区域ごとの植生型の設定である．一方で，現実にはこの設定に関わりなく，各区域の諸条件に沿って生物の進入・定着や植生の遷移が進む．こういった状況の進展を踏まえ，生態園では当初の管理方針を2002年に改訂し，その中で，管理の目標として次の3点を挙げることとした．

　（A）地域本来の生物相が永続的に保全されるよう，在来の自然の維持を図るとともに，多様な在来生物の自然な進入や定着を促し，生態園および周辺における土着生物の多様性を全体として高める．

　（B）来園者が，千葉県内の代表的な植生や自然について学べるよう，各型の植生型の発達，およびその維持を図る．

　（C）来園者の安全と観察の利便を図る．

　開園当初，貧相な植栽木が雑草群落の中に支柱と共に林立しているような状態では，（B）が強く意識されていた．そして，植物管理の担当者としては補植などによって（B）の実現に努めた．由来不詳の植栽木を，由来の確かな補植木にできるだけ置き換えたいという意識もあった．しかし，管理によって机上の計画に合わせるように植生（だけ）を誘導すること自体の不自然さが，次第に強く意識されるようになった．現実的にも，外来植

物を多く含む雑草や，自然に進入してくる生物を，管理によって制御することはなかなか困難であった．植物・植生は多少なりとも操作できようが，動物ではほぼ不可能である．そこで，最近の管理方針では，地域在来の生物相や多様性の保全や発達を重視して（A）のような目標項目を新たに設け，管理方針をややシフトさせた．それでも，（B）の展示植生型の誘導や維持は，生態園の設置目的でもあるので，放棄したり，なおざりにすることはできない．

この（A）と（B）とは時に矛盾する．例えば，設定されている植生型と相容れない在来種の定着などである．対応策としては，園内を区域分けして管理目標の重点の置き方を変える，同一区域内で両者の両立を図る，当初の計画を一部変更する，などのことが考えられる．

まず，区域分けの例としては，房総の代表的な植生型の展示を図る植物群落園では設定された植生型を重視していることである．例えば，海岸から離れた生態園に海岸植生を再現して展示するために，イソギクなどの海岸植物を植栽したり，非海岸生の雑草を除去している．一方，在来の樹林が残されている池周囲の斜面林では，人の立ち入りを制限するなど自然のプロセスに委ね，在来生物相の保護に重点を置いている．

また，二つの目標の両立を図る場合も多い．植物群落園においても，設定した植生型が森林である区域では，自然の遷移を尊重している．自然に進入・定着する植物は，設定された植生型の構成種以外であっても，外来植物であっても，原則として除去していない．これには以下の理由がある．まず，雑草の除去がかえって遷移の進行を遅らせること．次に，展示したい自然や観察会で実際に話題として取り上げられる対象は，完成された植生型や植栽された樹木というよりは，時間とともに移り変わる生物やその集団の動的な姿であること．そして，作業量的にも能力的にも選択的除去は困難なためである．ただし，ニセアカシアなどの一部の外来樹種やクズ（在来種）は，植栽・自生両方の植物への悪影響があるので除去している．

この方針で約16年を経て，植物群落園の大部分では，植栽されたアカガシなどの植生型の代表的構成種と，エノキ，ムクノキなどの自然に進入し成長を遂げた落葉樹種との混交林状態となっている．アカガシ林などの常緑広葉樹林にこれらの落葉樹が混交した状態は，千葉県北部では珍しくな

いことなので許容している．いずれも，一つの場所で前述の（A）と（B）の目的をオーバーラップさせる形で両立させる方法である．

　さらに，当初の計画を，現場の条件に合わせて一部変更した区域もある．"スギ・ヒノキ林"として計画された区域は，当初の立地がそれらの植栽に適さないため，コナラ・クヌギが植栽され，現在は雑木林として維持されている．"湿原"についても，当初はモウセンゴケなどが生える低茎の湿生草原が想定されていたが，現場の水環境ではその実現が見込めないために，ヨシなど高茎草本が優占する千葉市内の低湿地を想定することとした．これに伴い説明看板を付け替えた．

　本来，自然復元では，動物・植物にかかわらず生物の自然な進入・定着・衰退を正しく認識し，それらをどう生かすか，ということが管理の基本姿勢であると思われる．動物は自然の過程に委ねる（委ねざるを得ない）のがふつうなのに，植物では整備段階，管理段階とも，個体を「植える」，雑草を「刈る」といった人為的操作が当然視されている．人為的操作は必要としても，必要最小限かつ自然の過程への補助的なものと考えるべきである．自然に進入・定着した生物は，その時点におけるその土地の環境条件の生物的表現である．照葉樹が植わっていてもその間に外来雑草が繁茂していれば荒れ地ということであり，雑草を刈っても照葉樹林にはなり得ない．当初の計画に沿って無理矢理に生物を排除するのではなく，可能な限りそれを受容して生かすことも考えるべきである．例えば，生態園では，植栽木の間に繁る外来植物であっても，観察会などでの活用を図った．必要なのは，むやみに草刈りをすることではない．説明の表示や雑草の種名板の設置，観察会などの解説実践によって，たとえ草ぼうぼうであっても，それが怠業のためではなく，教育や管理のうえで有意義なためであることを社会に対して示すことが重要である．

　以上の生態園の事例，すなわち植生の展示と在来自然の復元との矛盾調整は特殊な例のように思われるかもしれない．しかしこの事例は，一般の緑化地や公園，植林，さらには個人の庭においてさえも，それぞれの目的にオーバーラップさせる形で，生物多様性や在来自然の復元・保全の場としての機能を組み込むことが十分に可能なことを示唆する．自然に進入・定着した在来種を，除去せずに，植栽種と共存させればよいだけである．

たとえその場所が自然復元の場とはなり得なくても，そこで生育を許された自然木が別な場所の自然復元の種子供給源となるかもしれない．地域在来の自然の復元は，何もその目的のための特別な土地がなければできないことではない．そのような場所が得にくい地域においても，自然復元の役割をできるだけ組み入れていくことが望ましい．また，そうでなければ，復元のための土地が得られたとしても復元は進まないと考えられる．

16.5.3　日常管理の立案と実施

1) 多くの生物の視点から臨機応変に

自然復元に向けた日常の管理では，多様な生物の視点に基づくこと，現況に根ざし臨機応変であること，の2点が重要だと思われる．管理の際，処置の対象となるのは多くは植物であるが，動物（鳥類，哺乳類，昆虫類）など他の生物の視点もぜひ組み入れていく必要がある．また，管理には継続性が必要であるが，画一的なマニュアルを定めるのではなく，現場の状況を常にモニターしながら柔軟に管理を行うことが望ましい．

生態園では，前項のような管理方針はあっても，細かい管理マニュアルはつくられていない．担当者が常に現場を見て考え，議論しながら，きめ細かく，また臨機応変に管理を進めている．ただ，これが可能なのは，開園当初からほぼ同じメンバーが継続して管理に従事していることや，植物，野鳥，昆虫，小動物，水中微生物などの様々な専門分野の職員が関与していることなどの好条件に（現在までは）恵まれているためであろう．具体的にはおよそ次のようである．

各職員は，現場に出てその専門とする生物の視点で常に状況の把握に努める．机に座ってばかりいてはダメである．現況情報は必要に応じてメーリングリストや口頭で関係者間での共有化を図る．「どこそこでタヌキを目撃」，「ハンノキ林でミドリシジミ発生」，「池でカイツブリが育雛中」，「どこそこの園路脇でヒロヘリアオイラガが発生」などといったことである．

一方，関係職員と作業スタッフとを交えた生態園管理会議が原則隔週で開かれ，ここで2週間分の作業項目の立案や日程調整，新たな事態への対応が協議され決定される（16.5.4参照）．緊急を要する場合は会議を経ずに，関係者間で協議のうえ処置がなされる．これらの立案や調整に際しては，

第16章　自然復元のための整備と管理

上記のような現況情報を踏まえたうえで，多様な生物の視点に立つことが必要である．ある生物（例えば植物）の生息や観察に必要な管理作業が，別の生物（例えば野鳥）の生息や観察に支障をもたらす場合もあるからである．このような際，管理方針に照らしながら，できるだけ多様な在来生物が定着し，安全に観察できるように調整を図っている．いわば，職員が様々な生物や来園者の代理となって互いに主張し合い，それらの利害調整を行うのである．

これまでに実際にあった調整の例として，三つを紹介する．

①ススキ草地は，その維持のために毎年冬に全面的に刈り取りを行う．この植生管理に対し，小動物を専門とする職員から，「ススキの冬枯れの株は昆虫の越冬場所となっているので，全面的な刈り取りは避けて欲しい」との指摘があった．これを受けて，その後は数株については株の地際50cmほどを刈り残すようにした（**図16.5**）．その株脇には説明の表示をつけた．

②池に張り出した枝が野鳥観察の視野を遮るので切除してほしいと要望があった．これに対して，プランクトンを専門とする職員から，この枝によってできる日陰の水中には特有のプランクトンが生息しているので切らないでほしいとの反論が出た．結局，切除をせずにひもで枝を牽引して，最低限の野鳥観察の視野を確保するとともに，視野が十分でないことの説明とそのプランクトンの紹介とを野鳥観察舎に掲示した．

③園路の直上にある太い枯れ枝が落下すると危険なので，枝下ろしを計画した．しかし，その枝にはコゲラが営巣中なので，巣立ちまでは枝下ろ

図16.5　刈り取り管理を行った冬のススキ草地
中央の三つの株は，昆虫の越冬場所として地上約50cmを刈り残してある．ススキ草地の刈り取り管理や刈り残しの意図を中央左の看板に解説してある．

しを待ってほしいとの要望が鳥類専門の職員から出た．この園路には迂回路があったので一時通行止めとし，巣立ち後に枝下ろしを行った．通行止め表示には，コゲラ営巣中の旨を説明した．

　これら三つの事例でわかる通り，重要なのは，両立へ向けた相互の努力と来園者向けの対外的な説明である．こうした調整の中には，いったん経験すればある程度予想がつき，定型の作業の中に予め組み込める事項と，予期せぬ状況が発生する都度調整を図らねばならない事項とがある．上記の①は前者で，②，③は後者である．

　地味な植物・植生が多い生態園の中で，野鳥観察舎から見る舟田池の水鳥は，一つのハイライトである．そのため，池への水鳥の定着のために様々な配慮が加えられている．まず，池をとりまく斜面へは職員の立ち入りも必要最小限としている．来園者にも関わる点としては，園路が池際を通過する区域は午前中閉鎖とし，午後も20人までに入場を制限し，池岸にかかる橋は池側は通行禁止としていることである（**口絵写真**）．また，スタッフの管理や調査に際しても，池周辺への立ち入りは原則午後とする，2方向から同時には入らない，池周辺での草刈りには騒音が出る機械を使用しないことを原則としている．さらに，立ち入りに際しては，直前に野鳥観察舎に問い合わせて，カイツブリの営巣といった配慮すべき状況が発生していないかを確認している．それでも，池の水質や生物のモニター調査，さらには水質改善のための水干しなどの必要はあり，水鳥への影響は避けられない．当事者どうしの事前の調整，関係者への早めの周知，来園者への説明などがたいへん重要である．

　生態園以外の多くの現場では，専門知識を持たない担当者が2年程度の短期で現場管理を担当するケースも多いだろう．生態園でも職員の異動により，小動物関係が手薄となってしまった．そのような場合には，事前に管理方針に沿ったマニュアルを作成して引き継ぎを図ることも必要となろう．同時に，職員以外の専門家やアマチュアとのコミュニケーションをとることなどによって，多くの生物の視点からの現場情報を集め，臨機応変な管理を心がけるべきである．

2）モニタリング調査

　上記のような現場のモニターに際しては，計画的・網羅的に記録を行い，

出現種のリストや種数などの経年変化を論文・報告書にまとめられれば理想的である．他の現場や将来の参考にもなる．しかし，現実にそれが可能なほどの時間や活力，能力がある現場は少ないだろう．時間や労力が限られている場合，モニタリングは，論文執筆や科学的データをとるためというよりは，適切な管理を行うためのものと考えたほうがよいと思われる．例えば，全域を年2回くまなく歩いて網羅的に植物相を記録するのは時間的に困難だとしても，刈り取りに先立ってその現場に留意すべき種がないかを確認することなら可能なはずである．たとえ記録を印刷物上に残せなくても，実物を育てて現場に残すというのでも，十分に有意義である．

　重要なのは，管理の目標（16.5.2参照）に照らして，場の現状がどうなのか，また管理の結果がどうなのかを把握し，以後に生かすことである．現場を常に巡回していれば，どの場所にいつ頃，要保護種や要除去物などの留意対象が生じるかは，ある程度見当がつく．ただ漫然と巡回するのではなく，そういった対象を意識しながら継続的に見て，管理に生かすことも，広い意味でのモニタリングだと考える．その際，デジカメ写真や野帳へのメモなど，断片的であれ記録を残すことも心がけるべきだろう．

　生態園では，開園当初，動物・植物等生物相の調査がなされ，その結果は，整備経過とともに報告書や単行本としてまとめられた（中村・長谷川，1994; 1996）．植物関係では，樹木個体についての位置，樹種，由来，サイズ等の毎木調査，園内区域ごとの植物相調査，固定枠での植生調査などが行われている．

　しかし残念ながら，この報告書や本の出版後，調査活動は先細りとなってしまった．2003年末より樹木個体の再調査に着手したが，同一項目の再調査や経年変化の解析は十分にはできていない．この原因は，担当職員の減員や，博物館内外での職員の仕事量が増加したこと，そうした中でも頑張ってモニタリング調査を続けようというモチベーションが何らかの理由で下がってしまったことにある．上記のようなモニタリング調査は，労力の割に知的発見の喜びに乏しく，同定能力などの面で第三者の助力も得られにくい．「モニタリングは大切だ」と識者が言う割には，他者からの評価は得られない．現場職員として反省すべき点は多々あり，植物相調査なども再開したいが，個人の努力だけでは解決できない問題があるのもまた事

実である．

3）地図と樹木個体番号

　生物の位置情報の記録や伝達，および作業範囲の指示などに際して欠かせないのが，地図である．また，位置を特定するためのマークが現場にあって，地図上にもそれが記されていると現場確認に便利である．

　生態園では，整備時の設計図面とは別に，開園後まもない1990年に業者委託で測量を行い，500分の1と250分の1の地図を作成した．この地図には建物，園路，街灯などの構造物と等高線が描かれている．また，当時樹高2m以上の樹木のすべてに4桁の番号札をつけたので，250分の1版の地図にはその個体の位置と番号も記入されている．樹木の番号札は，本来，成長・枯死・新加入のモニターといった樹木管理のためのもので，樹種・由来・サイズなどは1991年頃に調査して台帳化してある．地図にその個体の位置が記されていることによって，園内での現在位置をピンポイントで特定したり，それを伝達するためのよいガイドにもなっている．これらの地図は，その後の今日に至るまでの管理の基盤として不可欠なものとなっている．例えば，作業範囲の指示や確認の書類，スタッフ相互の情報共有の媒体，予算要求等の見積もり資料，補修工事の際の基図，生物調査のベースマップなどとして多方面に活用されている．

　さらに2003年には，園路杭に森林調査用のナンバリングテープを付け（**図16.6**），園路沿いについては，より細かい位置情報がわかるようにした．これにより，例えば，「A630-631に水たまり；左右どちらかに落とせないか？」といった処置の依頼・報告や，「A466-467とA475-476にオキナクサハツが発生」などの生物情報の共有が，スタッフ間でやりやすくなった．

16.5.4　スタッフと作業内容

　管理作業の立案・監督と，現場での作業とはふつう分業で行われる．作業メニューを立案したり監督するのは正規の職員，現場で作業するのは業者や外部委託の作業スタッフという場合が多い．したがって，管理の成否は，立案されたきめ細かな作業メニューを作業スタッフがどれだけ的確に実行できるかにかかっている．

　課題は大きく二つある．一つは，作業スタッフにきめ細かな作業を的確

第16章　自然復元のための整備と管理

図16.6　園路杭のナンバリング
園路と植栽地との境には，木杭にロープを張ってある．この木杭にビニールの番号ラベルを打ち，園路沿いの位置を示す指標としている．

に実行してもらうための段取りや準備である．作業スタッフは生物の専門家ではない．また，雇用形態が正規職員と異なることや委託契約の事情等により，望ましい人材，事情に通じた人材が継続的に作業に従事できるとは限らない．この面をカバーするシステムが不可欠である．もう一つの課題は，自然復元の管理作業がどのような内容であるのかを委託に先立って見定めておくことである．美観の維持や植栽植物の育成に重点のある都市公園の管理と，自然復元の管理とは異なる．しかし，類例が乏しいために，委託契約の仕様書が，ふつうの都市公園管理に準じた草刈り，灌水などの作業項目と面積ベースの作業量によって作成されてしまいがちである．これでは本当に必要な作業が依頼できず，不必要な作業が行われることにもなりかねない．

　生態園を担当する博物館職員は約10名であるが，管理職や本館業務に重点のある者，来園者応対・教育・普及の担当者を除くと，園内の管理に常時携わっているのは実質3〜4名である．日常管理の段取りはおよそ次のようである．現場の管理作業は，都市公園の管理を専門とする県の財団法人（千葉県まちづくり公社）に委託されており，屋内清掃スタッフを除くと4名がほぼ常勤で従事している．前項でも触れた隔週の管理会議では，関係職員と作業スタッフ代表が集まり，約半月分の作業項目やその実施スケジュールを決めるとともに，注意点を確認したり調整を要する点を協議する．管理会議で決まった作業項目ごとに，作業スタッフ代表が作業仕様書をつ

くり，その中で細かな作業内容，手順，範囲，注意点などを文書化する．作業スタッフ代表には，職員の依頼する作業項目を天候等を勘案しながらスケジュール化してもらうのはもちろん，不明点に対する質問や現場説明が必要といった要望を出してもらわねばならない．作業を的確に実行してもらうためのキーパーソンだと言ってよい．生態園では，幸い作業スタッフと担当職員とは隣接した部屋にいるので，質問や要望，細かな打ち合わせは毎日顔を合わせる中で随時行うことができる．

　また，必要に応じて，作業開始時に担当職員が現場に立ち会い，範囲や対象についての細かな指示や確認を行う．特に，植物の種類の識別を要するような場合は，事前に担当職員と作業スタッフ代表とで現場に印をつける．例えば，刈り残すべき稚樹に赤いひもを付けたり，草本の脇に青いポールを立てるなどである．作業途中や完了時にも，随時担当職員が現場に立ち会う．さらに，作業スタッフには日誌をつけてもらい，どういう作業が実施されたのかを記録に残している．

　以上のように，作業スタッフに細かな管理作業を間違いなく実施してもらうには，「適当にお願いします」という態度は禁物で，上記のように，日常のコミュニケーションや事前の段取り，現場での準備や立ち会いなどが必要である．言うは易いが，面倒がらずに現場に足を運び確認するのには心がけを要する．

　一方，生態園の管理作業項目は，およそ**表16.1**の通りである．これは最近の実績で，開園当初には，これらに加えて樹木への番号札付けやその計測，および育苗などがあった．作業項目がきわめて多岐にわたることは，おそらく通常の都市公園管理と異なる．また，除草も，園路柵より内側は最小限としたり，低い草はわざと残したり，場所により刈り取りや抜根，あるいは機械使用と手作業を分けるなど，きめ細かく行っている．下刈りでは，在来樹木の稚樹は原則として刈り残している．通常の都市公園に比べると，刈り取りの面積や頻度はずっと少なく，このため作業スタッフからは，最初は刈り残すことに違和感を持ったとの感想を聞く．管理作業の委託に際しては，これらの実際必要な作業項目・作業量をできるだけ組み込むとともに，予期できぬ作業項目が発生することを見越して，担当職員の指示，担当職員との緊密な協議などといった事項を仕様書に盛り込む必

表16.1 生態園管理の委託作業項目と作業量（2001年度の実績）

項目	人·日/年	実施時期	主な内容
園内除草	125	5～11月，3月	園路とバックヤード域の除草（年2～3回），特定区域（海岸植生区，巡回路など）の除草（年1～2回），植栽区域のクズの除去（年1～2回）
外構域除草	103	5～12月，3月	除草（年2～3回），植え込み低木の剪定，ウツギ徒長枝の結束
ススキ草地管理	23	12～1月	刈り取り
雑木林管理	35	1～3月	下草刈り，落ち葉掻き，堆肥作成，一部の林分の伐採更新
除間伐・枝下ろし	21	3，6，11月	竹林の除間伐，植物分類園の保護樹の除伐と枝下ろし
温室管理	25	必要に応じて	培養土管理，毎日の窓開閉，ガラス清掃，除草，温室内整理，鉢の整理，気温測定
支柱撤去	16	冬期	定着した植栽木の支柱撤去
園路メンテナンス	70	必要に応じて	毎日の巡回，園路ロープと木杭の補修と交換，木道等の腐朽部補修，排水改良と排水路メンテ，歩行に支障ある枝の剪定
案内サイン等補修	11	必要に応じて	剥離した文字等のタッチアップ，順路看板の交換，解説板の清掃
屋外展示物準備	38	必要に応じて	展示植物移植，展示物の作成・設置・搬入，案内看板等の設置
支障木伐採	6	必要に応じて	建物や施設を傷める恐れのある樹木の伐採
用具の補修・整備	18	主に雨天時	作業車・刈払機・鎌・チェーンソー・剪定鋏等の手入れ，置き場の整理
散水	23	必要に応じて	移植木や苗木を対象，建物外構の植え込みには夏期毎週実施，散水栓の点検
木工	15	主に雨天時	園内使用の木製バリケード，展示場の踏み台，立看板の製作
建物清掃	524	通年，毎日	オリエンテーションハウス・野鳥観察舎・管理棟の室内と窓等の清掃
屋外清掃	98	通年，毎日	毎朝に周辺のゴミ拾いを実施
水槽・濾過槽清掃	19	必要に応じて	濾過槽ゼオライトの除去，実験用水槽の清掃
建物補修	12	必要に応じて	雨樋の補修・新設，野鳥観察舎の床の補修
湿原管理補助	12	毎月曜	湿原水位の計測
書類作成	45	必要に応じて	作業仕様書，会議資料，日誌，その他
打ち合わせ・会議	81	必要に応じて	博物館職員との打ち合わせ，作業員間の打ち合わせ
服務管理	43	必要に応じて	公園センターとの連絡を含む

計1,363人・日/年

要がある．

16.5.5 種の導入と除去

1）種の導入の指針

　自然復元に際して，当面の目標植生の主要構成樹種は（望ましいかどうかは別として）当初整備の際に植栽されることが多い．それ以外の種，特に林床生の低木や草本は当初は植栽されない．これは，日陰や土壌などの生育環境が整わなければ，植栽しても枯れてしまうためである．しかし，植栽木が定着して生育環境が整ったとしても，種を人為的に導入することには慎重であるべきである．植物も動物と同じように，本来，時間はかかっても，できるだけ自然の進入・定着によって再生や復元を図るほうがよい．

　生態園の当初整備の際には林床植物は全く植栽しなかった．しかし，林冠の発達とともに自然の進入と思われる種が見出されるようになった．低木種では，イボタノキ，サンショウ，ガマズミ，ムラサキシキブ，ヤツデ，キヅタなどが，草本種ではヤブラン，ホウチャクソウ，ヤブコウジ，シュンラン，マヤラン，アスカイノデ，テリハヤブソテツ，コバノカナワラビなどである．これらは，種子が鳥や風によって運ばれる種で，園内や近隣にも自生があるので，自然の進入だと考えられる．今後も従来通り，自然の進入・定着を優先する予定である．

　人為的な導入そのものを否定はしない．その地域本来の生物多様性の復元を図ったり，教育的効果を高めるうえで有効な場合があろう．しかし近年，生物の導入や外来種による在来生態系の攪乱および種の遺伝的攪乱が，大きな学術的・社会的問題となっている．導入を検討する際には，この点に照らしての十分な吟味が必要である．生態園の管理方針では，以下の6条件をすべて満たす場合に動物や植物の意図的な導入を行うこととした．かなり厳しい条件だと言える．

　①生態園への自然な分散と定着が見込めないこと．
　②導入後，自然に定着する確実性が高いと判断されること．
　③千葉市内の生態園近隣地域に生育・生息しているか，あるいは近い過去には生育・生息していた記録があり，かつ教育的効果の高い種．または，

各植生区の植物群落や植物分類園等の構成上，必要不可欠な植物種．

④導入によって，生態園とその近隣地域の生態系攪乱および種の遺伝的攪乱を起こす恐れのないこと．

⑤導入のための採取・捕獲によって，採取・捕獲地の地域個体群や生態系に保護上，重要な影響を及ぼさないこと．

⑥管理やモニタリングを行え，十分な記録を残せること．

これまで，生態園にホタルやカタクリ，クマガイソウなどを導入してはどうかという声が内外からあったが，以上の基準に照らして導入を控えてきた．過去に当地周辺に自生していたという情報がないことや，現在の環境で定着できるかに疑問があるからである．また，コウホネなどの由来の確かな個体が緊急避難として生態園に植栽されたこともあったが，結局は維持できなかった．現在は，屋外の実験用水槽などに一部の水草が育てられているに過ぎない．確かに現在では，絶滅危惧植物の生きたジーンバンクといった場所も必要だろうが，それは今の生態園とは別な施設や管理体制を要する．

導入した際に，いつ，どこから，（さらには，誰が，どういう状態で，等々）持ってきたのかを記録し，どの個体がそれなのかをわかるようにするのは，きわめて重要なことである．しかし，現実にその記録を継承し，100年後にもそれとわかるようにするのは実はとても難しい．生態園では，台帳をつくってこれらの事項を記録し，樹木には札をつけているが，台帳やこれを電子化したファイルは，時が経ち，管理する個人やセクションが変われば所在不明となったり利用不能となったりする恐れがある．また，番号札や立て札は年月とともに劣化する．さく葉標本のように，標本それ自体にラベルが添付され，保存に適した状態で管理されるのとは訳が違う．「持ってきたら記録を残しなさい」と言うのはたやすいが，その記録の継承は，組織的なシステムづくりを含めた検討を要する課題である．

2）持ち込まれる種

自然復元のための場所やビオトープでは，一般の人によって種が意図的に持ち込まれることがある．いやむしろ，ビオトープなどと掲げること自体が種の持ち込みを助長するようである．絶滅に瀕した種などの復活を願っての善意に基づく行為であっても，由来不詳の個体を植えるのは自然保

護上はもちろん問題であり，管理者に黙って植えたり播種することは，社会常識のうえでも問題がある．

生態園の植物では，これまで，オミナエシ，フジバカマ，オランダガラシ（別名クレソン）がこのようにして無断で持ち込まれた．前二者は園路脇にあるため，持ち込まれた望ましからざる種として看板を立て展示した（**図16.7**）．フジバカマは自然に絶えたが，オミナエシは種子で繁殖しており，増殖分については除去している．オランダガラシもすべて除去した．このほか，「生態園にはこの種はないようだが，これを植えてもらえませんか」という，株を持参しての善意の申し出もある．自然の推移を重視していることや，持ち込みは慎重に行っていることなどを説明して，原則的に丁寧にお断りしている．

3) 植物を導入する際の配慮

事情により遠隔地から植物を導入する場合には，それに付随して他の生物をなるべく持ち込まない工夫が必要である．この工夫には，例えば次のようなものがある．

(a) できれば種子で導入する．種子ならば他の生物が付随している恐れはなく，原産地の自然を破壊する恐れもない．

(b) 株を持ち込む場合には，いきなり現場に地植えするようなことはせず，いったん鉢植えにして目の届きやすいところで育てる．これは，地植えする前に根鉢の土に含まれている目的外の種を事前に除去するためであ

図16.7　誰かが播種したオミナエシ
一見，自生状だが播種の目撃情報がある．よく成長して毎年花を咲かせ，実生も見られる．実生は除去しており，全面的に除去することも考えられるが，有名な植物でもあり，由来不詳の植物を持ち込むことは問題であるとの解説板を立てて，来園者の啓発を図ることとした．

る．また，移植により傷んだ株を養生することも兼ねる．

　（c）鉢植えなどの持ち込んだ株は，できれば温室などの他から多少なりとも隔離された場所で育てる．これは，持ち込んだ株が野外に種子を散布したり，在来の同種と交雑することを最小限にするためである．

　生態園には，ブナ科やクスノキ科樹種を各地から集めて植栽した，植物分類園と称する区画があるが，その際の他地域からの植物の導入に際しては，上記のような配慮を行った．また，研究目的で育てている植物も，鉢植えにして，いつも目の届く場所に置いてある．

4）外来種の除去

　自然の進入・定着を尊重するといった場合に問題となるのが，外来種の扱いである．外来種は，もともとその地域になかった種なので，その生育は望ましくはない．しかし，都市近郊などのオープンな場所であれば，その進入や繁茂を防ぐことは不可能である．問題の大きい種から取り除く努力をすることが現実的な対処となろう．

　生態園の外来種は，便宜上，草本と木本とに分けられる．草本の外来種のほとんどは，国外から入ってきたいわゆる帰化植物で，セイタカアワダチソウ，ネズミムギ，アレチギシギシなど荒れ地を好む雑草が多い．これらについては，特に積極的な除去を行っていない．刈ったり抜いたりすること自体が，さらなる繁茂を招くからである．せいぜい観察会などで取り上げて活用している．遷移が進行して暗くなった場所からは，自然に消滅しつつある．

　一方，木本については，逃げ出した植栽種と，もともとこの地に生えていた外来種とがある．植栽種の多くは鳥散布の種子をつけ，近隣の公園や街路の植栽木から野鳥によって種子が運ばれたものだと考えられる．トウネズミモチ，タチバナモドキ，トキワサンザシ，ナンキンハゼ，クスノキ，センダン，シュロなどである．外国産の種だけでなく，斑入りのアオキなども含まれる．

　また，生態園の整備以前から生育している外来樹種は，ニセアカシアとシンジュである．生態園では現在，この2種については積極的に除去に努めている．これらは，地下を這う根からの萌芽により侵略的に周囲へと増殖し，すばやく成長して大木になるなど，影響が大きいからである．しかし，

両種ともに，伐根や根からの萌芽をたびたび除去してもなかなか株が枯死せず，除去は容易ではない．トウネズミモチなどの緑化樹由来の外来樹木も，除去に努めるべきであるが，着手できていない．ニセアカシアとシンジュに比べると，成長が遅かったり増殖しにくかったりで，問題がまだ小さいためである．

16.5.6 在来種の多様化を図るための工夫

1）落ち葉，伐採木，枯れ木の処理と活用

管理に伴って発生する刈り草，落ち葉，伐採木，剪定枝は，なるべく現場で土に還るようにするか，現場で活用することが望ましい．とりわけ木材は，カミキリムシなどの食材性昆虫の餌や生息場所となる．これらを搬出して管理区域内に集積してもなかなか土には還らず，ゴミとなって有償で場外処分することになりかねない．

生態園では，枯れ木や倒木は原則としてそのままとし，園路の通行に支障や危険がある枯れ木や枝（生きている枝を含む）のみ切除して，現場付近に安全に放置している．園内数カ所には自然に枯れ落ちたり切除した材をわざと積む場所を設け，説明板を立てて昆虫の発生・観察のポイントであることを示している．また，遷移の進行に伴って立ち枯れたヌルデのうち，園路沿いにあるものには，遷移の進行やパイオニア樹種について説明した札を付けてある（**図16.8**）．

特殊な例としては，池に面した斜面のニセアカシアを除伐した際に，その枝を水抜き中であった池内にビーバーの巣状に積み上げ，ミジンコの隠れ場所とした．ミジンコが魚に捕食されにくい場を設定して，池の浄化機能を高めることを企図したものである．なお，材線虫によって枯死したマツは，隣接の公園への影響もあることから，伐採して搬出処分をした．

雑木林の林床管理で集められた落ち葉は，落ち葉溜めに集積している．このうちの一部は堆肥として園内で活用し，また一部は，落ち葉が堆肥になる様子（断面）が見られるような野外展示としている．さらに，園内の雑木林の空き地に新たに落ち葉溜めをつくり，カブトムシなどが発生する場となることを期待している．

図16.8 枯れたヌルデ
開園後15年前後で枯れる個体が多く見られるようになった．伐採除去するのではなく，解説札をつけ，ヌルデの性質やパイオニア樹種などを説明している．

2）害虫発生への対応

　自然復元をめざす管理では，"害虫駆除"という考え方をしないのが原則である．自然に進入・定着し，植物の葉を食べる植食性昆虫は生態系の一部だからである．外来種はともかく，在来種であれば歓迎すべきであっても排除する対象ではない．また，発生した植食性昆虫を選択的に除去することなど現実的にも困難である．

　生態園では，たとえ木が枯れるようなことがあっても，原則として植食性昆虫の駆除をしない．これまで，ハンノキやマユミがそれぞれハムシとガの幼虫に食害されて丸裸状態に至ったことがあったが，木は枯死することはなかった．虫の大発生は一時的なものであり，特に最近の生態園では，野鳥や寄生昆虫によって大発生に至ることはほとんどない．

　ただし，来園者に被害が及ぶ恐れが高い昆虫には対策を立てる必要がある．生態園では，これまで次のような昆虫は取り除いてきた．ツバキ，サザンカにつくチャドクガや，クヌギ，ニガキ，サクラ類などにつくヒロヘリアオイラガ，アズマネザサにつくタケノホソクロバの幼虫である．いずれも触れると皮膚炎を起こす毛虫なので，早めの発見に努め，園路沿いについてはコロニーをなしている枝葉ごと取り除いた．園路から離れていれば，関係者に発生位置を周知をしたうえで放置した．また，コウモリガが植物分類園で育苗している希少な樹木に加害した場合や，園内で調査中の植物の観察部位にアブラムシを含む植食性昆虫が加害した場合も，取り除

いている．いずれも，手作業での除去である．農薬は千葉県の都市公園施設では使用禁止となっていることもあり，使わない．

植食性昆虫ではないが，オオスズメバチをはじめとするスズメバチ類も管理上注意すべき昆虫である．5月頃，ヤナギ類の樹液に女王蜂が集まるので，園路沿いについてはガムテープで樹液漏出箇所を塞いだことがある．また，園路近くに巣が見出されれば除去する必要がある．8～11月には，草刈り等の作業や調査のための藪への立ち入りには十分注意すべきである．付近に清涼飲料水の自動販売機がある場合，屋外へのゴミ箱設置は，捨てられた空き缶にスズメバチ類が集まりやすいことから危険である．

3) 望ましい林型への誘導・転換

在来種の多様性を高めるために，林の樹種構成を変える必要が生じることがある．スギ・ヒノキ植林を広葉樹の混交林に転換するなどの場合である．このような際には，当面目標とする林型の構成樹種の稚樹を林床で育て，ある程度成長した段階で上木を除伐する．ふつうスギ植林の下には，自然に進入した在来広葉樹の稚樹が生育しており，植栽をする必要性は小さい．望ましい稚樹にひも等で印をつけ，その付近のスギ上木を択伐するなどで，その成長を期待できる．しかし，以下の生態園での例のように，自生の稚樹が乏しい場合には，種子から稚樹を育て，現場に植え込むことが必要となる．いずれも，5～10年を要する息の長い作業である．

生態園では，旧畜産試験場の時代に植栽されたニセアカシアが池を囲む斜面の一部に林をつくっている．しかし，本種は北米原産のマメ科の外来樹種であり，長く這う根からの萌芽により侵略的に周囲へ拡大するだけでなく，枝に刺(とげ)があること，窒素固定により土壌条件を変えることなどから，園内での存在は望ましくない．そのため，コナラなどの在来樹種から成る雑木林への誘導を企図した．

ニセアカシア林の下には，自然に進入した在来樹種の稚樹はごくわずかしか見られなかった．そこでまず，園内や周辺からコナラ，クヌギの種子を採取して植木鉢で育苗し，2～3年後に高さ約1mに達した苗木をニセアカシア林の林床に移植した．その後は毎年1～2度，苗木の周囲を刈り払い，絡み付いたつる植物などを除去した．疎開地に植えた苗木はつる植物の繁茂が著しいために枯れたものが多かったが，約10年を経過し，多くは3～

5mほどの稚樹に成長した．そこで，2003年冬に池に面した斜面下部のニセアカシアを除伐した（図16.9）．その切り株からの萌芽も随時除去している．今後も稚樹の成長を待って除伐を進める予定であるが，ニセアカシアの中には直径70cmにも達する大木もあり，どのように安全に伐倒するかが課題である．

4）除草

除草は最小限でよい．園路や建物外構，一部の苗木の周囲は除草の必要があるが，それ以外では特に理由がなければ除草しない．雑草は，刈ったり抜き取ればすぐにまた生えてくる．過度の除草は遷移の進行を妨げるだけである．また，雑草群落やアズマネザサの藪は，バッタ，カマキリ，クモなどの昆虫類や，タヌキ，ノウサギなどの哺乳類の生息場所・隠れ場所としても意味がある．ただし防火のため，屋外での禁煙を徹底する必要がある．

生態園では，海岸植生区と園路のほか，植栽した苗木の周囲は定期的な除草を行ってきた．直径2〜5cmの苗木は，周辺に雑草が多いとコウモリガの被害を招きやすいからである．しかし，その他の植栽地は原則として草木が自然に生えるに任せている．園路では，開園後しばらくの間は年2回程度の除草が必要であったが，現在では樹木（特に常緑樹）の成長によって暗くなり，背の高い草はほとんど生えなくなった．そのため，定期的な除草を必要としない範囲が増えた．

図16.9　雑木林への林相転換
池の周囲の一部には，生態園開園以前からのニセアカシア林（開花中なので白っぽい林冠）がある．その下にコナラなどの実生苗を植え込んだ．苗が2〜3mに成長したので，斜面下部のニセアカシアを除伐したところ．

園路ではまた，通行に支障のない範囲で路傍や林縁の雑草の生育を許容している．例えば，園路と植栽地の境界である縁石までは除草範囲であるが，縁石から園路側50cm付近までは，オオバコ，ヤブヘビイチゴ，コナスビ，チドメグサなどの背丈の小さい草はなるべく残し，高茎の雑草だけを刈るようにしている．縁石より植栽地側でも，セイタカアワダチソウなどの背丈の高い草で，雨天時に園路側に倒れてきて通行の支障となる個体は刈っている．このような管理によって，自然の山道に形成されるような林縁のソデ群落や踏み跡群落が誘導される．放置された植栽地の林床では，暗くなったり，アズマネザサが繁茂してくるために，次第に草本が生えなくなる．園路沿いなどに意識的に林縁性の植物の生育場所を確保する必要がある．

　一方，徹底して制御する必要があるのはクズである．在来種で秋の七草にも数えられるつる性の木本であるが，だからといって放置すべきではない．共存を図ろうなどというのは甘い考えである．当初はクズを放置した生態園では現在，その制御に悩まされている．

　半日陰の樹林地ならば，年1〜2回，木に絡み付いたつるを地際から切除する程度で，本種の制御が可能である．樹冠の発達で林床が暗くなれば，クズは自然に消滅するか，おとなしくなるからである．

　しかし，林縁や草地では早めに根絶を図るべきである．この際，注意すべきなのは，単なる刈り取り管理ではかえってクズの繁茂を促進することである．生態園のススキ草地では，3年前まで草刈り機による刈り取りによってクズの繁茂を抑えようとした．しかし，刈り取り後，再生してくるつるの数は増え，その成長速度は他の植物に比べて圧倒的に速い．しかもオープンになった地表をつるが長く匍匐するため，節から発根して新たな成長拠点を増やしてしまった．結果的には，クズの株が無数に増える一方，ススキの株は半数ほど失われたり，隣接した林縁部の樹木の樹冠がクズに覆われるなどの事態となった．クズは地際で茎を刈ったり，ちぎったりしても，すぐに再生してくる．実験的に，出てきた再生枝の除去を約1カ月に1回行ってみたが，日向では年内は再生し続けた．クズを除去するには，地表から約5cmほど掘り下げた位置で根を切断することが必要である（**図16.10**）．主根上部を取り除けば再生しないことは実験的に確認した．根

図16.10　クズの根切り
クズは樹木やススキなどを覆い尽くすほど繁茂するので制御する必要がある．地際でつるを切除してもすぐに再生してくるし，根を抜き取ることも困難だが，刈り込み鋏等を用いて地表下約5cmで主根を切断すれば再生してくることはない．

の掘り取り，抜き取りは困難なので，現在は刈り込み鋏等を用いてこの方法でクズの密度を減らすことを図っている．

5) 雑木林とススキ草地の管理

　雑木林とススキ草地といったかつての里山の植生は，放置されると別の群落に遷移してしまう．これらを維持したり再生するためには，伝統的な方法に準じた管理を加える必要があるとされる．雑木林の伝統的管理方法としては，10～15年ごとの伐採と萌芽更新，成林後の下刈り・落ち葉掻きなどがある．また，ススキ草地は毎年の刈り取り管理が必要である．しかし，このような考え方を画一的・全面的に当てはめることには賛成できない．

　生態園の雑木林で，伝統的な管理を加えているのは現在ごく一部だけである．これはおよそ次のような考え方に基づく．

　①構成樹種や林床の種組成を見極めたうえで，必要なエリアでは伝統的な管理をする．

　②伝統的な管理を施す雑木林だけではなく，放置された雑木林もまた配置し，管理方法の異なる林のモザイクとする．

　③管理によって発生する木材や落ち葉などは，生物の餌や住み場所として活用するが（前述），園内で活用しきれないほど大量には発生しないようにする．

　生態園の雑木林は大きく3型に分けられる．一つは当地在来の林で，池を

取り囲む斜面に残されている．二つ目は近隣よりの移植木より成るもので，植物群落園内の斜面に位置する．三つ目はポット苗を植えてつくったもので，植物群落園内の台地上にある．

　これらのうち，在来の雑木林の一部では冬期に下刈り，落ち葉掻きを行っている．この管理は，生育しているキンラン，ホソバヒカゲスゲ，ケスゲ，ニオイタチツボスミレ，カントウタンポポ，アキカラマツなど，明るい林床を好む草本種を保全することを目的として行っている．これらの草本が生育しておらず，また斜面方位などから見て潜在的にも生育しない雑木林は放置している．また，下刈り，落ち葉掻きを行う林分でも，林縁部は意識的に低木やアズマネザサを残し，マント群落の維持を図っている．

　二つ目の移植木から成る雑木林も放置しており，現在はアズマネザサの藪となっているところが多い．もともと萌芽能力が低いイヌシデ，エノキが多いこと，これらに混じるコナラやクヌギも老齢木が多いので萌芽能力が低下していると考えられること，などから，伐採による萌芽更新の予定はない．また，この藪状の雑木林は園内を対角線状に横切る斜面域に当たり，タヌキやキジなどの生息場所や移動経路としても有意義だと考えている．

　一方，クヌギとコナラのポット苗を植えてつくった雑木林は，植栽後13年を経た2002年冬に半分の区画を伐採し，萌芽更新を図った．現在は伐根から発生した萌芽と，伐採前から進入していたイヌシデなどの稚樹とがともに成長している．残りの半分の区画も2005年冬に伐採した．この伐採は，伝統的な雑木林の姿と更新の様子を展示するために行ったもので，園路沿いに伐採の趣旨についての解説板を設置してある（**図16.11**）．

　ススキ草地については，毎冬に刈り取りを行っているが（**図16.5**），前述のようにクズの繁茂が著しく，まずその制御が課題となっている．

16.6　まとめに代えて

　以上のような，千葉県立中央博物館生態園の整備・管理の事例は，読者にどう映ったであろうか？　恵まれた「例外中の例外」の事例と受け取られたかもしれない．

第16章　自然復元のための整備と管理

図16.11　雑木林の萌芽更新
整備時に植栽したコナラ・クヌギのポット苗により雑木林が成林した．2002年早春に，その半分を伐採して萌芽更新を図った．右上の丸印が萌芽再生枝．ムクノキ（中央右の幹）など種子により進入した稚樹も成長している．園路脇には，ここが雑木林の萌芽更新を図っている場所であることを示す看板を立てている．

　確かに，生態園のように比較的多くの専門職員が自然復元の現場で整備段階から管理段階まで継続的に従事し，作業スタッフも数名が常駐してきた事例は日本ではほとんどないであろう．一方，自然復元や自然観察の多くの現場では，ごく少数の職員が2～3年で交代しながら繁多な業務の中の一つとして管理もこなし，作業スタッフがいない場合も多いだろう．今日の経済効率重視の流れの中では，予算や人はまず現場に近い側から削減され，今後，専門職員はおろか人も金もない現場はますます増えていくことが懸念される．近い将来，生態園でもそのような事態が十分に予想される．こういった現実から見れば，本事例で述べたことは「理想論」，「絵空事」，「できるはずがない」と思われるかもしれない．しかし，果たしてそうであろうか？　以下の2点を強調しておきたい．

　在来種の多様性を高めるような自然復元を図るには，必ずしも研究者である必要はないにせよ，多様性を認識できるような専門的人材の関与は絶対に必要である．病人が健康を回復するのに，医者が必要なのと同じである．理想論であったとしても，この点は曲げられない．

　一方，拙稿で述べたことの多くは，「（専門的な知識・技能に基づき）あれもこれもしなさい」というのではない．むしろ，「自然の過程を尊重して，余計なお世話はやめましょう」ということである．具体的には，「立木の植栽は必要最小限」，「時の経過をじっくり待つ」，「現場の状況変化に順応」，「種を人為的に導入することには慎重」，「刈り草などはなるべく現場で土に

還るようにする」,「原則として植食性昆虫の駆除をしない」,「除草は最小限でよい」,「雑木林で,伝統的な管理を加えているのは現在ごく一部」などと記した.いずれも,多数の専門職員・作業スタッフ,多額の予算を必要とするものではない.拙稿の内容を取り入れるのに障害となるのは,むしろ公園管理のルーチンや固定観念であり,これらから自由でありさえすれば,今すぐにでも現場で取り入れることのできる内容は多いものと思う.

参考文献

吹春俊光・腰野文男・小沼良子(1994)生態園の大型菌類,中村俊彦・長谷川雅美編,生態園の自然誌 I－整備経過と初期の生物相の変化,千葉県立中央博物館自然誌研究報告特別号,**1**: 87-93.

黒住耐二(1994)導入植生への陸産貝類の分散について,中村俊彦・長谷川雅美編,生態園の自然誌 I－整備経過と初期の生物相の変化,千葉県立中央博物館自然誌研究報告特別号,**1**: 235-244.

中村俊彦・長谷川雅美編(1994)生態園の自然誌 I－整備経過と初期の生物相の変化－,千葉県立中央博物館自然誌研究報告特別号,**1**,354pp.

中村俊彦・長谷川雅美編(1996)都市につくる自然－生態園の自然復元と管理運営－,信山社,186pp.

大野啓一(1994)生態園の植栽樹木－自然復元のための植物導入方法を考える－,中村俊彦・長谷川雅美編,生態園の自然誌 I－整備経過と初期の生物相の変化－,千葉県立中央博物館自然誌研究報告特別号,**1**: 113-128.

大野啓一(1996)自然復元での植物導入の問題点,中村俊彦・長谷川雅美編,都市につくる自然－生態園の自然復元と管理運営－,信山社,pp.77-87.

大野啓一(2001)植生の復元と在来自然の保全,植生情報,**5**: 45-49.

大野啓一・平田和弘・腰野文男(1994)生態園の植物相,中村俊彦・長谷川雅美編,生態園の自然誌 I－整備経過と初期の生物相の変化,千葉県立中央博物館自然誌研究報告特別号,**1**: 55-75.

コラム7　除草の文化

　わが国（湿潤アジア）の農耕が，中耕除草を特徴としていることは，多くの農学者によって語られてきた．雑草が生えると丁寧に草取りするという，わが国では当たり前の作業は，西洋人にとっては理解できない遅れた文化と映る．彼らの三圃式農耕は，牧畜と休耕を，耕作サイクルに組み込むことによって，システムとして不要な植物を低減する．さらに，家畜を用いたスキ起こしを行って雑草を除く．わが国より乾燥した気候では，その程度の作業で除草可能なのである．

　一方，わが国の水田では，スキ起こし・湛水・水落としといった環境の劇的変化を人工的に起こすことによって，雑草の種類を限られたものに低減する．それでもなお，人力による丹念な田の草取りが不可欠だったのである．畑ではもちろん言うまでもない．かくしてわが国民は，草取りをいとわない，世界でも希有の民族に育った．

　オーストラリアやニュージーランドで発達した外来植物規制は，農林水産省が主管している．すなわち，農耕雑草の導入規制が基本にある．日本と同様の湿潤暖温帯に西洋式の農法を導入した彼らの農耕スタイルでは，雑草の混入が大きな問題になる．それを予防するために雑草の導入規制が厳密に行われている．一方，わが国では，微生物や昆虫・動物に対しては厳密な検疫が行われるのに対して，高等植物に対する植物防疫制度はない．「雑草はあって当たり前であり，それをどうコントロールするかが農業である」と，考えてきたのではないか．

　筆者は，「河原を占有して在来種を駆逐するので外来種は根絶すべきである」といった意見に，心から賛同できないでいるのだが，その心理の根っこには百姓根性があるようだ．「河原の植物が大事なのなら，除草の努力をすべきではないか．その努力を怠ってはダメですよ」と．

　振り返って，わが国には「上農は草を見ずして草をとり，中農は草を見て草をとり，下農は草を見て草をとらず」という古い言葉もある．わが国の農耕でいかに除草が重要か示す言葉とされるが，「上農は草を見ずして……」とは「雑草種の導入や残存に注意し，耕作法も工夫して，その発生を未然に防ぐ」という意味だとの解釈がある．だとすると，この百姓の言葉は雑草予防の重要性を説いた実に科学的・先見的な見解ということになる．

　植物をよく見ること，侵略的な植物の侵入は未然に防ぐこと，こうした原理は，農の達人にとって，洋の東西を問わず普遍的なようである．

（小林達明）

あとがき

　1992年，リオデジャネイロで地球サミットが開催され，生物多様性条約が採択された．その後の日本政府の動きは急速で，生物多様性国家戦略の策定，環境基本法をはじめとした様々な関連法案の改定・制定が矢継ぎ早に進んでいった．わが国にも，やっと「本物の環境の時代がやってきた」という実感がした．そのような社会の動きの中で，緑化の分野では，「自然回復」「樹林化」「ミティゲーション」などの取り組みが始まった．

　その一方で，自然保護の立場から，「緑化植物が地域の生態系を攪乱している」という批判も始まった．批判を受けて，特に法面緑化や治山緑化の現場の技術者からは困惑の声が聞かれた．過去の法面緑化・治山緑化では，荒廃地を地域の生態系に戻すために，手助けとして外来の牧草が多く用いられてきた．どんな地域でも同じような先駆性の植物が使われるが，それは自生の後継種に置き換わっていくという単線的な生態遷移の理屈の上に技術は位置付けられていたといえる．

　しかし，生物の世界や地域の多様性を認め，自然の歴史性を尊重するように，社会の考え方は変わってきた．緑化技術を，関連する制度も含めて，生物多様性の概念の上に位置付けし直す必要性が生じたのである．

　そのような声を聞いて，この問題は本腰を入れて対処しなくてはならないなと感じた．個体群生態学や集団遺伝学といった生物多様性科学の基礎になる分野を担える人材は，緑化の世界には少なかった．私はそのような分野をかじったのちに緑化の世界に入ったので，この仕事を与えられた使命だと感じた．そこで，保全生態学を造園・緑化の世界に導入された倉本宣先生に声をかけ，以前より造園植物の呼称のあり方について提言されるなど種の問題に心を砕いておられた亀山章先生にお世話をお願いして，日本緑化工学会で検討会を始めることにした．

　官界・業界の各団体から推薦いただいた方々に集まっていただいた第一回検討会が行われたのは，1999年9月10日だった．緑化の世界での生物多様性関連用語が定まっておらず，問題に対する見解も立場によって様々であ

あとがき

り，議論は一筋縄ではいかないことがわかった．しかし参加者の熱意は高く，関連のシンポジウムを毎年行い，検討会を繰り返すうちにガイドライン的なものが次第にできあがっていった．

その結果，2002年，日本緑化工学会誌に「生物多様性保全のための緑化植物の取り扱い方に関する提言」を発表することができた．この提言には反響があり，「ぜひ，次は実践例を見せて欲しい」と要望された．本書の企画は，そのころ提言を読まれた本書の編集者，塩坂比奈子さんから持ち込まれた．その後，2004年に「外来生物法」が制定された．その基本方針策定，特定外来生物リストアップ作業の進展に伴い，政府委員会や関連学会の議論はさらに展開していった．議論の展開をフォローしなくてはならない一方で，編者の2名は大学の役職を当てられてしまい，本書の編集に十分な時間を割くのが難しくなり，もっと早く出す予定だった本書の刊行が遅れてしまった．出版を心待ちいただいた読者，早くからご準備いただいた著者各位には，深くお詫び申し上げる．

このように，本書の成立までには，たくさんの方々のご意見とご助力をいただいた．すべての方々のお名前を挙げることはできないが，「提言」を起草した当時の日本緑化工学会植物問題検討委員，小板橋延弘，中野裕司，中島慶二，則久雅司，藤原宣夫，森本幸裕，山田一雄各氏のお名前は記して，特に感謝申し上げたい．

編集を担当いただいた塩坂さんには，育児の多忙な時間を工面しながら，本書の仕上げに格闘いただくことになってしまった．しかし，その心配りは原稿の隅々まで及び，監修・編者とも敬服している．最後に，氏に感謝申し上げる．

2006年1月

監修者・編者を代表して

小 林 達 明

用語解説

　ここでは，本書で使われた専門的用語で，本文中では説明が十分でないものを解説する．他の用語については，索引を用いて本文を参照されたい．

亜種　生物分類体系において，種の下に置かれる階級であり，固有の特徴を共有し，特定の地域に分布する集団全体を示す．一般に動物でよく用いられるが，植物ではあまり使われない．

遺伝子間領域　DNAやRNAのうち，タンパク質をコードし，形質を支配する領域を遺伝子領域というのに対し，タンパク質をコードせず，適応的には意味のない領域を遺伝子間領域という．遺伝子間領域は自然淘汰が働かないため，その変異は確率に支配され，中立的に進化する．それだけ過去の情報を忠実に保存しており，生物集団間の類縁性の分析に有用で，分子系統の推定によく用いられる．

遺伝子分化係数（G_{ST}）　集団間分化程度を表す係数で，全集団の遺伝子多様度（H_T）に対する分集団間の平均遺伝子多様度（D_{ST}）の比によって示す．分集団内の平均遺伝子多様度をH_Sとすると，それらの関係は以下の通り．

　　　$G_{ST}=D_{ST}/H_T$　ただし，$D_{ST}=H_T-H_S$

　複数の遺伝子座においてそれぞれ対立遺伝子頻度を算出し，ホモ接合度が低くヘテロ接合度が高い集団で遺伝子多様度は大きくなる．そのようにして算出された分集団内の遺伝子多様度に対して，全集団の遺伝子多様度が高いほど遺伝子分化係数は高くなる．

遺伝子流動　集団間に起きる継続的な遺伝子交流のこと．自然界の植物では，遺伝子流動は，花粉の運搬と種子の散布によって起きる．移動・分散によって相互に連関する局地個体群の集まりをメタ個体群と言うが，その範囲内では遺伝子流動が認められる．

遺伝的攪乱（遺伝子レベルの攪乱）　地域外から生物が導入され，地域の同種集団と交配することによって，集団が持っていた特徴的な対立遺伝的構成が失われること．生態型など，環境適応上意味がある形質の場合，遺伝的攪乱は集団の環境適応性を低下させることがある．また，地域の集団が持つ特徴的な遺伝子構成が失われることにより，植物集団の分子系統などの研究に支障が生ずる．

海洋島嶼と大陸島嶼　海洋島嶼は大洋島とも言い，太平洋などの海洋中に形成された火山島や珊瑚島で大陸とは一度も陸続きになったことがないものを言う．一方，大陸の一部が断層・海食などにより大陸から分離され，付近の海

用語解説

底が隆起して生じた島嶼を大陸島嶼という．小笠原は海洋島嶼であり，日本列島との地質的類縁性がない．

協働　協力して働くことだが，専門領域の違う個人や行政と市民など立場の違う個人が，共通の目的に向かって，それぞれの能力を生かしながら働くことをいう．したがって，同質の個人が協力する場合は，特に協働とは言わないし，異質な個人どうしでも，共通の目的を有さない場合は協働とは言わない．まちづくりや自然再生などで市民と国や地方自治体が協力し合って事業を進める場合などによく用いられる．

クローン　挿し木・組織培養などの人工的増殖や栄養繁殖によって生ずる，母個体と遺伝的に同一な個体．大量の苗木を技術的に急速生産できる反面，特定の遺伝子構成を増殖するため，集団の対立遺伝子構成に影響を与える危険性もある．

系統　①生物の種あるいは属・科などのグループにおける進化の過程での系譜．形態的類縁関係や分子遺伝学的類縁関係などを基礎に作成された系統樹によって表現される．②祖先を共通にし，遺伝子型をほぼ等しくする同種集団のこと．もともと育種分野で用いられていたが，分子遺伝学の発達によって，自然集団でも系統が同定できるようになってきた．

系統地理学　種や属などの系統的な生物グループの地理的な分布を見ることで，それらの進化や地域の生物相の形成を解釈しようとする学問．現在では，発達した分子遺伝学的手法を用いた分子系統地理学が進歩している．その手法により，従来は難しかった種内系統の地理的分布の解釈も進んできている．

固有種　特定の地域に分布が限られた生物種．地史的過去には広い分布を持っていた種が，その後の環境変化や競合種の登場で，分布域が限定されたものを旧固有種と言う．一方，種分化によって新たに形成された種で，分散が十分でなく，分布域が限られているものを新固有種と言う．

コリドー　ランドスケープ（景観）を構成する要素の一つで，細長い形態のもの．生物保護区が島状に分布している場合，そこをすみかとする生物種の絶滅危険性が高くなるが，コリドーによって生物保護区が結ばれていれば，新たな個体群の移入が期待でき，絶滅が起きにくくなると考えられている．

ジェネラリストとスペシャリスト　生物間相互作用のうち，特定の種と結びついているものをスペシャリスト，複数の種と結びついているものをジェネラリストと言う．例えば捕食関係では，捕食者のうち，特定の餌種と密接に結びついているものがスペシャリスト種であり，広いレンジの種を捕食する種がジェネラリスト種である．

資源　生産活動のもとになる物質・エネルギー・労働力などの総称だが，生態学的には，生物の生存・成長・繁殖にとって必要であり，かつ消費によって利

用能（availability）が低下するもののことを言う．必要な資源を奪い合う競争的な生物間関係と，直接に生物間で生ずる捕食関係によって，生物群集は成立していると考える．

自然環境保全地域　自然環境の保全を図るため，「自然環境保全法」に基づいて指定された地域．原生状態が保たれ，保全が特に必要な指定地域を原生自然環境保全地域と言い，工作物の新改築などは原則禁止されている．特に必要がある場合は，立入制限地区を指定することもできる．それ以外の自然環境で，保全が必要な指定地域を自然環境保全地域と言う．

自然公園　「自然公園法」に基づいて指定され，自然保護のための各種規制を受ける地域．そのうち特別地域は，自然公園の風致を維持するために，工作物の設置，木竹の伐採，土石の採取などが許可の対象となる行為として規制を受ける地域である．特に優れた自然景観や原始状態を保持している地区をさらに特別保護地区とし，この地区内では木竹の植栽や落ち葉の採取などの行為までも厳しく規制される．

種　生物分類の基本単位．ただし，その考え方には，様々な概念がある．分類学的種とは，形態に基づいて類型的に区別することを基準において認識される種である．生物学的種とは，互いに交配できない単位を別種とみなす考え方であるが，植物には該当しない場合も多い．最近の分子系統学的研究によると，従来同種と考えられていたグループでも，実は複数の種の集まりだったというケースが報告されている．このように，種の実体は解明の途上にあって，その科学的認識は未だ不安定である．

集団間分化　遺伝子流動のない集団間では，遺伝的浮動が生じるとおのずと遺伝的組成が異なってくる．このことを遺伝的な集団間分化あるいは集団分化と言う．遺伝的浮動は集団間分化を促し，遺伝子流動は逆に妨げる．もう一つの遺伝的変異要因である突然変異は，自然淘汰を促す要因に違いがなければ，集団間分化にはニュートラルである．すなわち，隔離された小集団では集団間分化が生じやすい．

対立遺伝子の構成　対立遺伝子とは，メンデルが実験したエンドウの「しわ」と「まる」など対立する形質に対応する遺伝子で，相同の遺伝子座を占める．集団における対立遺伝子それぞれの割合を対立遺伝子頻度と言う．いくつかの遺伝子について，地域集団の遺伝子頻度を調べることにより，その集団の特徴を示す対立遺伝子の構成を知ることができる．

（淘汰に対して）中立な変異　自然淘汰に有利でも不利でもない突然変異．木村資生が提唱した概念で，DNAの大半はそのような領域によって占められている．DNAは進化のゴミ溜と呼ばれるゆえんである．しかし，そのような確率的に変異する中立的領域があるおかげで，DNAによる普遍的な分子系統分析

が可能になり，分岐年代の推定なども行われるようになった．

ニッチ もともとは花瓶などを置く壁のくぼみのこと．はじめ生物種が占有する生息地の単位を示す概念として提案されたが，次第に捕食関係や競争関係によって決まる生態的地位のことを示すようになった．分類学的な概念である「種」に対応する生態学的・機能的概念と言え，それぞれの種は固有のニッチを持っていると考える．ある種が潜在的に利用する生活資源や環境要因の範囲を基本ニッチと呼び，他種との競争によって制限された実際のニッチを実現ニッチと言う．

根の共生 植物根はしばしば細菌や真菌の宿主となり，それらにエネルギーや炭素源を供給するとともに，それらを通して栄養塩や水などの無機資源を得ている．そのような共生関係のうち，真菌の菌糸が根の細胞内に入らないものを外生菌根，細胞の内部に入り込むものを内生菌根と呼ぶ．マメ科植物などの根と細菌が共生して形成されるものを根粒と言う．根粒は大気中の窒素を固定し，植物に供給する．外生菌根はリン酸など植物が利用しにくい無機栄養分の供給を促進する．それらの働きにより，他の植物に比べて，菌共生を行う根を持つ植物は資源利用能に優れる場合がある．

ハビタット 動物のすみ場所または植物の生育場所．種は固有のハビタットを持っていると言われる．一方，一つのハビタットは複数の種によって利用される場合があり，そのような種のグループをハビタットギルドと言う．また，一つの種でも，動物では，生活史段階において異なったハビタットを利用することも多い．

瓶首（ボトルネック）効果 一時的にも個体数が著しく減少すると，遺伝的浮動の影響が極端に強くなり，対立遺伝子構成は単純化しがちである．そのようなプロセスで低下した遺伝子多様性は，個体数が回復しても残存する．そのような効果を，瓶の細くなった首になぞらえて，瓶首（ボトルネック）効果と呼ぶ．

プライマー 現在の分子遺伝学的分析にはPCR（Polymerase Chain Reaction）法がよく用いられる．PCRは，DNAの物理的性質とDNAポリメラーゼを利用して，DNAの特定部位を数百万倍に増幅する方法である．現在は専用の機械が比較的安価で手に入るようになり，手法として普及した．ところで，増殖したいDNA特定部位を抽出するには，その始まりと終わりを示す遺伝子配列を与える必要がある．その遺伝子配列がプライマーである．葉緑体DNAやミトコンドリアDNAでは汎用的なプライマーが公表されている．核DNAはそれらオルガネラDNAに比べてゲノムサイズが大きいため，解析は簡単ではなく，種や植物群によってプライマーの塩基配列を変えなければいけないことが多い．

分子マーカー（遺伝マーカー） 遺伝実験の際に標識となる，種や集団や個体で，

はっきり区別ができて検出が容易な分子レベルの形質，特定領域の塩基配列のことを言う．生態遺伝学では，RFLP, SSR, STS, CAPS, RAPD, ISSR, AFLPなど，核DNA，葉緑体DNA，ミトコンドリアDNAを対象としたマーカーがよく用いられる．アロザイムは酵素であり，厳密には分子マーカーではないが，核DNAの変異を反映しているので，広義には分子マーカーとして扱われる場合もある．

変種 植物命名規約上の亜種と品種の間に位置する分類階級で，大きさや毛の有無など複数の形質において，他と異なる変異型のこと．

母性遺伝 核とは別に存在する葉緑体やミトコンドリアのDNAは，核DNAの支配を受けずに独立して遺伝する．多くの植物の葉緑体DNAやミトコンドリアDNAは，受精のプロセスを経ずに，もっぱら母方の細胞質を通じて遺伝することが知られている．中にはマツ科のように，葉緑体DNAは母性遺伝するが，ミトコンドリアDNAは父性遺伝する植物も知られている．

ポリネータ 植物花粉の送受粉（ポリネーション）を媒介する生物．

マルチング 苗の根元をビニールや敷き藁などによって覆うこと．土壌水分保全効果，雑草抑制効果などがある．

マント群落とソデ群落 森林が裸地や水面と接する場合，林縁の低木・つる植物から成る群落をマント群落と言う．ソデ群落はマント群落の外縁を縁取る草本群落である．

（野生）品種 植物命名規約上の変種より下位の分類階級．花の色など単一形質の変異型や，軽微な形態変化を示す変異型に適用される．なお，栽培品種は，栽培植物の実用形質に関して，他の集団とは区別しうる遺伝的特性を持った集団である．

山採り 実生や挿し木などによる人工的繁殖および育苗を経ずに，自生産地から苗木を直接採取する行為．繁殖・育苗に要する時間をかけずに，需要のある植物を供給できる長所がある反面，移植後の活着率は一般に低く，稀少植物では産地の生物資源を消耗する危険性がある．

量的形質遺伝子座 エンドウのしわは質的形質で単一の遺伝子に支配されているが，身長や体重は量的形質であり，一般には複数の遺伝子により支配されている．それら量的形質を制御する複数の遺伝子がDNA上に占める位置，あるいはその場にある遺伝子そのものを量的形質遺伝子座と言う．その意義などは本文 p.71を参照のこと．

緑化 屋上緑化，都市緑化，治山緑化，砂漠緑化等々，様々な意味で，緑化は使われる．国土緑化など運動の標語としても用いられるが，科学的に最も広い概念としては，植物群落が持つ様々な環境機能を利用するために，その定着および発達を人工的に促すことである．考え方は，古く寛文6年（1666年）

用語解説

に江戸幕府が発布した「諸国山川掟」に遡り，水源山地の草木根の掘り取り禁止，植林事業の促進によって，増加していた土砂災害の防止を図った．これ以降，永く「ハゲ山緑化」の時代が続くが，第二次世界大戦後，高度経済成長期の土木工事拡大で生じた広大な法面（人工斜面）の浸食防止工法として，芝草種子を肥料や土質基材とともに混合播種する緑化工法が普及した．経済的に豊かになった1970年代以降は都市の修景的緑化が進むとともに，「鎮守の森」を目標理念とした生態学的緑化法も発達した．現在は，温暖化ガス吸収をはじめとした環境サービス機能を高めるとともに，地域の生物多様性や景観を保全する緑化が求められていると言える．

事項索引

p.14～15の「基本的な用語の定義」，およびp.303～308の「用語解説」にくわしい説明がある語は，そのページをゴシック体で示した．

【あ 行】

亜種　14,113,**303**
安房峠道路緑化　142
アポミクシス　87
アレロパシー　32
アロザイム　42,67,79,82,83
　——分析　8,23,78-79,81,82,85,252
　——法　43

維管束植物　229
「生きもの技術としての造園分科会」　7
育苗業者　121
維持管理　206
移住率　79
異数体　241
委託生産　51,142,148,150,153,237,240
　——管理　238
　——コスト　239
　——作業　237
一次遷移性先駆種　146
一年生　61
　——草本　173,176,179,231
1層吹付　162,163
遺伝子　77
　——型　37,43,85,113
　——分布　38
　——間領域　80,85,**303**
　——構成　103
　——構成保護地域　23,237
　——座　79,83,258
　——資源　101,141,142
　——多様性　62,63
　——頻度　84,87

　——プール　15
　——分化係数　60-63,79,82,**303**
　——流動　22,36,67,252,**303**
　——領域　**303**
遺伝子レベル
　——の攪乱　5,7,16,25,26,**303**
　——の生物多様性　236
遺伝の解析　149
遺伝の攪乱　22,54,78,80,81,87,117,131,149,253,258-260,266,271,272,287,**303**
遺伝的隔離　42,149
遺伝的距離　42,79
遺伝的系統　152
遺伝的構造の攪乱　54
遺伝的勾配　65,69,70
遺伝的性質　148,150,151
遺伝的多様性　51,65-67,84,87,270
　——確保　153
遺伝的同一度　42,252
遺伝的浮動　42,65,66,80,82
遺伝的分化　42,60,61,64,65,67,78-81,84,253
　——程度　60,61,66,83,85,87
　——パターン　82
遺伝的変異　60,70
遺伝的変異性　77,78
遺伝的変異量　253
遺伝的類似図　252
遺伝マーカー　→分子マーカー
移入種　**15**
入会　97

　——地　100
陰樹　158
インベントリー　186

ウイルス病　110,112
植え傷み　216
植え戻し　105,112
永続的シードバンク　189
永年生　61
栄養繁殖　31,87,248
エコトーン　229
　——形成　229
　——としての機能　230
エコプランター　145,146
エコロジカルインベントリー　186
枝下ろし　280,286
塩基多様度　62
塩基配列
　——多型　85
　——の逆位　60
　——の欠出　60
　——の挿入　60
　——の置換　60
　——の重複　60
　——の転座　60
園芸植物　261
園芸品種　5,113
縁石　295

王滝村ダム浚渫土法面緑化　143
大島公園　1
屋上ビオトープ　226
落ち葉掻き　296,297

309

事項索引

オルガネラ 36
── DNA 36,37,41,42,61, 62,67,78,80
── DNAの分析 80
── DNA変異 37
温帯植物 60

【か　行】

ガーデニングブーム 116
外種皮 161
害虫 292
海洋島嶼 33,**303**
外来種 3,**14**,17,290,300
──管理地域 24
──対策における予防原則 19
──の除去 232
侵略的── 3,7,13,**15**,16, 18,26,27,47
外来生物法 14,26,30,58
改良型遷移度 211,212
回廊 →コリドー
花冠 91
核ゲノム 78,79,85
核DNA 42,43,61,67,69,78
攪乱 18,45,173,187,212,251
──環境 31
──頻度 33
隔離 40,42,149
──分布 61,67
仮根系 214
風散布 60,274
活着 217,233
株分け 108,109
花粉 78,87
──媒介者 60
──流動 69
茅敷き 144
茅場 97
カルス培養 241,242
枯山水 214
カワラノギクプロジェクト 261
簡易編柵 190
環境アセスメント 260

完熟種子 110,114,115
環状剥皮 208
灌水 284
乾性立地 267
──における自然復元 267
乾燥貯蔵 134
──型種子 159,160
関東ローム層 91
神流川ダム原石山跡地緑化 145
管理単位 26
管理方針 276
偽陰性 84
機械施工法 157
帰化植物 290
希少種 171,173,174
希少植物 105
気象予報地域区分 130,131
季節的シードバンク 189,197
既存樹林 210,211
貴重種 131,220
ギデンズ 116
基本ニッチ **306**
客土 271
──種子吹付工 157
ギャップ 46
休耕田
──管理 173,176,185
──管理区 172-175
──管理の課題 174
休止（種子の） 189
急速緑化工法 197
休眠 109,189
──性 162
──タイプ 160
──発芽特性 189
偽陽性 84
行政区単位 63
共生体 113
共生発芽 109
競争者 17
協働 259,**304**
郷土種 3,**15**,47-49,266
郷土植物 →郷土種

共優性 78
──遺伝マーカー 79
極相 267
──群落 267
──種 158
局地個体群 248,249,251,253, 255-259,261
──の発達および衰退 255, 256
切土法面 132,135,224,225
近縁種 68,69
杭根効果 156
空気圧縮機 157
クライン →地理的勾配
クラスター 252
クリープ 167
クリプトモス 108,113
クレード 37
グローバリズム 116
グローバリゼーション 116
クローラ式 206
クローン 51,**304**
群集生態学的相互作用 17
景観 14,132,268,**304**
──形成 232,233,236,242
形態 59
形態形質 70
──変異 59
茎頂分裂組織 242
系統 37,**304**
──地理学 15,**304**
──保全地域 23,45,237
下農 300
ゲノム 62,78,85
──サイズ 80
──の変異 78
堅果 189
現況植生 178,179
原石山 145
現場産資源 52

合意形成 186,259,261
公共緑化事業 54

耕作放棄水田　171,177
　　——のローテーション管理
　　　模式図　178
交雑　149
　　浸透性——　5,7,20,34,35,
　　　68,104
光周期認識シグナル　71
厚層基材吹付工　157,162
　　——2層吹付システム　162
高速道路緑化　口絵,129
酵素多型　67,85
交配　101
　　——様式　60,61
候補遺伝子　71
高木性遷移後期種　146
高木性先駆種　146
小型分解性植栽基盤柵
　　145,146
国際自然保護連合　28
国土区分　33,44,140,152
国内在来種　34
国立公園　30,44,266
　　——特別保護地区　40
コスモポリタン社会　116
コモンズ（共有地）の悲劇
　　100
固有種　3,33,**304**
コリドー　32,33,46,**304**
コロイド母材　144
コロニー　292
根系　156,217,220
混交林　293
コンプライアンス（遵法精神）
　　127
コンプレッサ　157
根萌芽　→ルートサッカー

【さ　行】

最終氷期　36,39,65,67
再生産　257,258,260
再生枝　295
サイトカイニン　111
栽培履歴　126
細胞内小器官　36
在来種　**15**,80,187,300

——の種子　158
国内——　34
さく葉標本　288
ササマット工法　201
挿し穂　122
雑種　5,68,101,102
　　——形成　7,20
　　——地帯　69
　　F₁——　69
雑草　214
　　——性　28
　　——リスクアセスメント
　　　19-20
『雑草学』　214
里地　243
里山　45,47,243,296
三圃式農耕　300
山野草採取　53

シードソース　236,242,243
シードトラップ　193
シードバンク
　　季節的——　189,197
　　土壌——　187-190,196,244
シードレイン　193-194
ジーンバンク　101,288
ジェネラリスト　17,18,**304**
自家受粉　251
自家生産　142
自家不和合性　251
識別
　　——材　163
　　——子　123
　　——情報　127
　　——単位　126
　　——番号　123-125,127
敷き藁　144
軸組織　161
資源　17,**304**
　　——保全利用林　53
市場購入　150
自殖性　60
自生　271
　　——個体　5
　　——個体群　91

——種　5,**15**
——分布域　93,95,97,101
自生地　91,103,105
　　——復元　115
地生ラン　109
自然回復緑化　160,169
　　——手法　157
自然環境保全地域　**305**
自然環境保全法　44
自然公園　44,**305**
　　——における法面緑化基準
　　　47
　　——法　44
自然再生　147,154,206
　　——型　145
　　——事業　49
自然再生推進法　116
自然誌　268
自然指数　211
自然進入　273,274
自然度　211,212
自然の地域性　116
自然復元　265,266,278
　　——の場　279
自然保護　2,44,247
　　——運動　260
　　——指定地域　44
　　——地域　45
下刈り　285,296,297
湿原　278
実現ニッチ　**306**
湿潤貯蔵型種子　159,160
湿潤低温貯蔵　159
湿生植物群落　171
湿生草原　278
湿性立地　267
湿地　229
　　——植物　230
　　——の植生復元　220
　　——表土ソッド　222
ジベレリン　134
市民　247
　　——意識　101
　　——活動　247,257
　　——参加　247

311

事項索引

蛇籠　235
斜面樹林化
　——技術協会　159
　——工法　157,160
種　14,113,**305**
　——間交雑　16,35,101
　——多様性　146,171,173,
　　174,184
　——多様度　174,175
　——内系統分布　38
　——内多型　80
　——内変異　35,36
　——の遺伝的多様性　59
　——の除去　287
　——の定義　20
　——の導入　287
　——保全地域　24,45
　　生物学的——　**305**
　　分類学的——　**305**
集団遺伝学　79,87
集団間分化　59,**305**
集団間変異　82
集団分化　**305**
重力散布　60
　——型種子　149
樹冠　295
種子　78,87
　——供給源　279
　——採取人　123,124
　——散布形態　61
　——散布工　15
　——散布様式　60
　——生産者　120
　——選別法　196
　——層　163
　——の調整・貯蔵　159
　——配布範囲　81
　——吹付工　129,139
　——保護材　163
種皮　110
樹林化　132
順化苗　112
準固有種　3
象形散布図　5,6
上農　300

上胚軸休眠　189
商品のトレーサビリティ　124
情報のトレーサビリティ　124
照葉樹林帯　274
常緑広葉樹林　164
　——の形成事例　165
常緑落葉混交林　167
　——の形成事例　168
除間伐　286
植栽　271
　——基盤　23
　——工　156
　——個体　5
　——済み植生マット　240
　——済み植生ロール　240
　——設計　140
　——木　156
植食性昆虫　292,299
植生　270
　——型　277
　——管理　157
　——管理区　172,174
　——基材吹付工　157
　——基盤　236
　——工　157
　——現況——　178,179
植生護岸　231-236,242
　——技術　229
　——の形成　230
　——の工法　234
植生遷移
　——系列上における法面緑
　　化方法の位置づけ　158
　——後期種　142
植被率　211
食品のトレーサビリティ・シ
　ステム　118,119
植物生態学　258
植物相　→フロラ
植物版レッドデータブック
　171
植物分類園　290
植物ホルモン　111,162
除草　294,300
除伐　294

人為的移動　236
人為的移入種　271
進化の重要単位　25
人工個体群問題　254,257
人工施工法　157
人工繁殖　105
新固有　3
心土　221
　——詰め土嚢　220,222
浸透性交雑　5,7,20,34,35,68,
　104
　——のモデル　21
針葉樹　80
侵略種　→侵略的外来種
侵略性　18,28,31-33,45,49
　——の判定　28,54
侵略的外来種　3,7,13,**15**,16,
　18,26,27,47
　——の定着・増加　19
　——の防除　27
　——リスト　28
　——ワースト100　28
『侵略の生態学』　16
侵略リスク　31
森林表土利用緑化工法　187,
　188,190,195-197

推移帯　229
水位調整　173
水田雑草　183
巣植え　142,144
スキ起こし　300
スギ・ヒノキ林　278
スペシャリスト　17,**304**
炭焼き　97

生育基盤　157,162,234
　——材　157
　——層　163
生育地　252
生活史　248
　——形質　83
生態園　267
生態系
　——攪乱のリスク　58

——の攪乱　77
——の多様性　177
生態遷移　47
生態的隔離　149
生態的侵略　16,17
生態的性質　59
生態的地位　**306**
生態的特性　60
生態的被侵略性　54
生物学的種　**305**
生物間相互作用　258
生物相　186
生物多様性　1,**15**,105,116, 145,278
　——・景観のリージョナリズム　116
　——資源　186
　——ネットワーク計画　186
　——の確保　26
　——保全　46,53,55,77,117, 129,188,198,201,236
　——保全地域　45
　——保全地域計画　54
　——保全のための重要地域　44
　——緑化　**15**,54,247
　——を脅かす問題　16
　——を損なう問題　7
　自然再生型の——　145
生物多様性条約　27
　——締結国会議による指導原則　27
「生物多様性保全のための国土区分試案　34
「生物多様性保全のための緑化植物の取り扱い方に関する提言」　8,23,55,77, 237,255
生物多様性緑化の基本指針8 カ条　8
生分解性短繊維　163
生理的性質　59
ゼオライト　163
積算優占度　177,211
雪田草原　221

絶滅危惧種　32,45,106,229
絶滅危惧Ⅰ類　173
絶滅危惧ⅠB類　247
絶滅危惧Ⅱ類　173
遷移　267
　——後期種　145
　——中後期種　142,149,158
先駆種　158
　一次遷移性——　146
　高木性——　146
　二次遷移性——　146
先駆性樹種　142,149
先駆性樹木　272
洗掘　220,235
選択的除草　173

造園学　1
霜害　218
早期発芽力検定
　——値　160
　——法　口絵,160-162
雑木林　278,293,296,297
遡及　118,119
粗朶柵　235
ソデ群落　**307**

【た　行】

ダーウィン，チャールズ　59
第一次環境ブーム　96
大径木重機移植　207,208
堆肥　291
退避場所　25
大洋島　**303**
大陸島嶼　33,**303**
対立遺伝子　68
　——の構成　8,249,258,**305**
　——頻度　23,24,26,**305**
田起こし　口絵,171,173,174, 179,184
他家受粉　251
多型遺伝子　254
多型性　82
他感作用　32
他殖性　60
縦型ユニット　139

多年生植物ソッド　215
多年生草本　176,231,247
溜め池　268
多様性
　——－安定性仮説　16
　遺伝的——　51,65-67,84,87, 270
　種内レベルの——　248
短期的保全指数　45
湛水　300

地域間変異　36
地域性系統　**15**,51,52,117,141, 142,148,151,188,237
地域性種苗　44,45,47,49-55, 118-123,126,241
　——の委託生産に基づく生産・供給過程　52
　——の市場生産・供給過程　52
　——の生産と供給　50
　——の生産・流通体制　117
　——のためのトレーサビリティ・システム　124,127
　——の入手　236
　——の必要性　236
　——の流通のプロセス　122
地域生態系保全　186
地域性苗木　41,43,130-132, 134,141,149,150,153
　——の育苗の工程　134
　——の委託生産　148
　——の自家生産　145
　——の仕様　147
　——の生産・施工一体化システム　129,140
地域性苗木適用のための国土区分試案　40
地域ボランティア　148,243
地球温暖化問題　129
地形タイプ　186
治山緑化　35,49,77,84,155
置床処理　161

313

事項索引

窒素固定　293
池塘　221
チトクローム遺伝子　71
着生ラン　109
中央自動車道コンクリート法面樹林化工事　138
抽水植物　230
中農　300
中立　87
　——的　83
　——的な分子マーカー　82,87
　——マーカー　83
　——な変異　60
　（淘汰に対して）——な変異　305
長期的保全指数　45
丁張り　146
直営栽培　131
直接計数法　196
地理区分　33
地理的隔離　40,67,149,152
地理的勾配　14,70
地理的な遺伝変異　59,60
地理的変異　70
沈水植物　230
追跡　118,119
つる植物　31,33,206,276,293
つる性　32

低温処理　110
適応的な形質　81
テトラゾリウム試験　134,160,161
電気泳動　79
天敵不在仮説　17
点突然変異　60
天然林　69

頭花　251
凍上害　220
淘汰　60
　——圧　60
逃避地　→レフュジア

動物散布　60
　——型種子　194
動物媒　60
登録認定機関　124,125
登録番号　123
道路緑化樹木　130,131
　——の適用条件　131
特定外来生物　26,27
特定外来生物による生態系に係る被害の防止に関する法律　→外来生物法
特定国内希少野生動植物種　106
土壌
　——攪乱　179
　——シードバンク　187-190,196,243
　——層位別分布　202
　——微生物　202
土中埋蔵　159
突然変異　60
　——率　60
土手草地　223
トラッキング　118
鳥散布　274,290
　——型　218
トレーサビリティ　118,119,124-127,235
　——・システム　50,117-127
　食品の——　118,119
トレーシング　118
トレースバック　118
トレースフォワード　118

【な 行】

内種皮　110,161
苗木
　——植栽工　154
　——生産　99
苗床　238
「中池見 人と自然のふれあいの里」口絵,171
ならん年　147
なり年　48,147

2次元バーコード　127
二次遷移先駆種　146
2層吹付　163
ニッチ　**306**
庭資源　91

ヌタ場　220
沼田の遷移度　210

根株　215,216
　——移植　53,218,219
　——を用いた植生復元　216
根切り　184,205,206,296
熱帯植物　60
ネット
　——効果　156
　——張工　162
根の共生　**306**
根鉢　207-210,270
根曲がり　167
根廻し　207,208

ノズルマン　162
法面　132
　——樹林化　131,132,156
　——樹林化技術　129
　——の緑化・樹林化　129
　——防災　155
　——保護工　132,142,144
　盛土——　129,132,135,144
法面緑化　33,49,70,155,156,158
　——工　132
　——方法の分類　157
　切土——　132,135,224

【は 行】

バーク堆肥　209
パイオニア樹種　291,292
配植　151
倍数性　79
倍数体　241
播種
　——工　156,157

314

事項索引

——木 156
——緑化 13
地域性苗木の—— 136
鉢栽培 107
発芽促進処理 138,162
発芽同定法 178
発芽率 160
抜根 285
ハビタット 31,35,42,43,54,306
——ギルド 306
ハプロタイプ 37,38,65,66,68,86
——分布 38
張り芝 224
半自家和合性 251
繁殖生態学 250
繁殖様式 60
晩霜害 218

ビオトープ 33,265,267,288
——タイプ 186
屋上—— 226
非共生発芽 109
——法 109
非雑草性 28
被子植物 61,80
被侵略性 28,31,32
被度 164
被覆率 192
病害抵抗性 81
氷河期 25
表土 201,202,215
——保全工法 202
表土ソッド 215,220,221,223,224,226
——移植 222
——移植工法 220
——の生産と利用 225
表土ブロック 204
——移植 201-203,208,212
——移植の手順 203
平型ユニット 139
品種 264,307
瓶首効果 65,253,306

風化土層 156
風媒 60,67
フォルマ 43
復元樹林 210,211
復田 176,178
腐植 201,215
父性遺伝 80
不稔個体 240
浮葉植物 230
プライマー 43,306
ブラキストン線 33
ブラックマーケット 100
プランクトン 280
「ふれあいの里」 171
ブロック区分 152
プロトコーム 口絵,111
フロラ 3,36,270
分化パターン 82,83
分子遺伝学 36,71
——手法 43
——的系統 40
分子マーカー 62,67,80-84,87,152,306
分布変遷 59
分別流通 119
分離同定法 178
分類学的種 305

平均遺伝子多様度 303
ヘテロ 78
変種 113,307

ホイール式 206
萌芽 205,217,218,291,293,294
——更新 296,297
——枝 218
訪花昆虫 43,250-251
カワラノギクの—— 250
牧草 272
保湿低温貯蔵 134
母樹 50,141,153
——園 50
——主義 141
捕食者 17

母性遺伝 36,61,67,69,78,80,85,307
保全 261
——生物学 247,248,254,257
——繁殖学 114
ポット上げ 238
ホットスポット 45
ポット苗 135,136,297
ボトルネック効果 →瓶首効果
ホモ 78
ボランティア 243
ポリネーション 307
ポリネータ 102,250,253,307

【ま 行】

マイクロサテライト 82,83
——法 43
埋土種子 53,171,178,179,183-185,187-189,220,248
——試験 177-179,183
——の密度 196
毎木調査 282
前処理 162
丸石河原 249,258
マルチング 136-137,144,145,307
マント群落 297,307

幹挿し 210
未熟種子 110,115
実生 100,235,272
——出現法 196
——苗 238
——発生法 196
水落とし 300
水極め 210
水辺 229
——林 230
水辺植物
——の委託生産 237
——の地域性種苗 229
水辺緑化 229,230
——における維持管理

315

事項索引

241
――用植物　233
水干し　281
「ミツバツツジの里づくり」
　運動　93,99-101
ミツバツツジ保護条例
　99,100
ミティゲーション　129,261
ミトコンドリアDNA　62,69,
　78
ミニマムスパンニングネット
　ワーク図　86
未判定外来生物　27
三宅島の治山緑化　84

無機質　201
無性繁殖　60

メタ個体群　91,249,**303**
メタ分析　83
面取り採取　143

戻し交雑　20,21
モニタリング　117,173,203,
　206,216,261,281,282,288
盛土法面　129,132,135,144
森のお引越し　201,207,210
モルタルコンクリート吹付機
　157

【や　行】

ヤシ繊維　234
野生　247,261
　――植物　264
　――品種　43,**307**
谷津　268
藪化　241
　――の調整　242
山採り　53,93,95,98,100,114,
　150,268,**307**
　――苗　142,145,233

有機質肥料　163
有機物　201
優性　78

――遺伝マーカー　79
有性繁殖　60
ユニット苗　135-137,139
　――の施工　136

幼根　161
陽樹　158
幼植物体　111
葉緑体DNA　62,78,80,85
　――変異　85
余剰資源仮説　16
予防原則　19,58

【ら　行】

落葉広葉樹林　167
　――の形成事例　166
ラン菌　109
ランドスケープ　**304**

リージョナリズム　116
リスク　116
　――管理　27,119
　――評価　27
　――分析　27
流域　33
両性遺伝　61,67,69,78,85
量的形質　81-83
　――遺伝子座　71,**307**
　――変異　81
緑地の設計　46
緑化　**307**
　――ガイドライン　59,78,
　　87-88
　――基礎工　132,157
　――工　157
　――工学　1
　――工事　129
　――事業　80
　草本類による――　158
　道路――　130
　道路――樹木　130,131
　マメ科低木による――　158
緑化植物　13
　――のトレーサビリティ
　　117

林冠　273,287,294
　――ギャップ　198
林型　293
林試法　209
林床　293
　――植物　287
林相　294
林道整備　70

類似係数　193
類似度　190
ルートサッカー　31,32

レッドデータブック　45,247
　植物版――　171
レフュジア　25,36,40,64
連鎖地図　71

露地栽培　107,108
ロジスティック曲線　19
ロゼット　248,249,255,256
　――個体密度　256

【わ　行】

渡瀬線　33

【欧　文】

A層　201
A₀層　201
AFLP法　43,79,85
Amplified Fragment Length
　Polymorphism　→AFLP法
B層　201
bottleneck effect　65
Braun-Blanquetの被度・群度
　164,179
C層　201
DNAマーカー　71,149
DS　210
D_{ST}　**303**
ESU　25,35,37,41,43
evolutionary significant unit
　→ESU
false negative　84
false positive　84

F_{st} 63,81
F_1雑種 69
F_2 71
genetic cline 65
genetic drift 65
G_{st} 60-63,79,82,85,**303**
H_T **303**
ICタグ 127
Identity Preservation →IP
in vitro 111
introgression 20
invasibility 28
invasiveness 28
IP 118
　——機能 126

——システム 119-123,127
——ハンドリング 123
IUCN 28
life history trait 83
management unit →MU
meta-analysis 83
MU 26,35,42,43
native species 80
PCR 80,112
——法 **306**
Polymerase Chain Reaction → PCR
QTL 71
Quantitative Trait Loci →QTL
refugia 64

RAPD 82
RFLP 82
SDR_2 177
seed bank 188
seed zone 81
soil seed bank 188
Sørensenの類似係数 190,193
SSR法 43
weed 214
Weed Risk Assessment →WRA
WRA 20,29,30,58
——質問票 28,30
——モデル 28,54,58

生物名索引

【ア行】

アオキ　61,290
アオダモ　135
アカガシ　272,274,277
　――林　272,274,277
アカギ　30
アカシデ　195,216
アカマツ　35,144,193,195,202
　――林　192,207,210
アカメガシワ　190,198,272,273
アキカラマツ　297
アキグミ　167,169
アスカイノデ　287
アズマネザサ　292,294,295,297
アゼスゲ　232,233
アゼナ　179,184
アツモリソウ　口絵,105-110,112
　――属　105,106
アブラムシ　292
アメリカセンダングサ　231
アレチギシギシ　290

イソギク　277
イタチハギ　155
イチモンジセセリ　226
イチョウ　270
イトトリゲモ　173
イヌザンショウ　195
イヌシデ　195,216,268,272-274,297
イヌビエ　231
イノシシ　220
イボタノキ　287
イロハモミジ　167,169
イワイチョウ　221
イワツツジ　95

ウィーピングラブグラス　→シナダレスズメガヤ
ウチョウラン属　109,114
ウマスギゴケ　214
ウラジロモミ　142,143
ウワミズザクラ　273

エゴノキ　216
エゾコザクラ　40
エノキ　268,272-274,277,297
エビネ属　109,114

オオカマキリ　226
オオキンケイギク　4
オオシマツツジ　5-7
オオシマハイネズ　4
オオシラビソ　61
オオスズメバチ　293
オオニガナ　185
オオバコ　295
オオバヤシャブシ　84,85,87
オオブタクサ　231
オオムラサキ　5,6
オオヨモギ　49
オキナクサハツ　283
オニウシノケグサ　→トールフェスク
オニグルミ　192,193
オミナエシ　289
オランダガラシ　289
オンツツジ　102

【カ行】

ガ　292
カイツブリ　279,281
カエデ属　146
カサスゲ　232,233
カシワ　35
カタクリ　288
カタバミ　226
カトレヤ　109
カバノキ科　167
カブトムシ　291
ガマ　231-233
カマキリ　294
ガマズミ　287
カミキリムシ　291
カラフトアツモリソウ　106
カラマツ　69
カワラノギク　口絵,42,189,247-255,257-262
　――個体群の復元　247
　――の保全　257
　――の保全活動　259
カントウタンポポ　297

キカシグサ　179
キジ　297
キタゴヨウ　68,69
キヅタ　287
キバナアツモリソウ　106
キブシ　37-39
キヨスミミツバツツジ　口絵,91,93,95,99,101-104
キンラン　297

クサギ　135,190,192
クズ　49,276,277,295,296
クスノキ　290
　――科　290
クヌギ　272,278,292,293,297,298
クマガイソウ　106-108,288
クマシデ　195
クマノミズキ　195,273,274
クモ　294
クリ　216
クレソン　289
クロホシクサ　179
クロマツ　4,35

生物名索引

ケイヌビエ　231
ケスゲ　297
ケンタッキー31フェスク　155

コアツモリソウ　口絵,106
コウゾ　187,190,192,193,195
コウホネ　288
コウモリガ　292,294
コガマ　233
コゲラ　280,281
コゴメウツギ　218
コシヒカリ　125
コショウノキ　39
コナギ　179,183,184
コナスビ　295
コナラ　22,189,202,216,268, 272,278,293,297,298
　――亜属　35
　――属　68
　――林　207
コハウチワカエデ　144
コバノカナワラビ　287
コブシ　273
コマツナギ　13,164,167,169
コマルハナバチ　102,103
コムカデ目　218
コムギ　116

【サ 行】

材線虫　291
サカキ　274
サギソウ　口絵,220-222
サクラ
　――属　35
　――類　292
ササラダニ　211
サザンカ　292
サヤヌカグサ　231
サンカクイ　175,176
サンショウ　187,287
サンショウモ　173,176

シデ類　216

シナダレスズメガヤ　3,28,29, 155
シバ　225
シマホタルブクロ　3,21,22
シャリンバイ　3,164,167,169
シュロ　290
シュンラン　287
　――属　109
ショウジョウスゲ　221
シラカシ　149
シラカンバ　142,143,167
シロザ　272
シロダモ　273
ジングウツツジ　102
シンジュ　290,291

スカシユリ　4
スギ　64,69,202,293
杉苔　214
スゲ類　225,231,233
ススキ　187,193,225,226, 272, 280,296
　――草地　268,280,296
スズメノヤリ　225
スズメバチ類　293
スダジイ　8,22-24,49,274
　――林　272

セイタカアワダチソウ　16, 272,273,290,295
セイタカゼクサ　29
センダン　164,290

【タ 行】

タイワンクマガイソウ　107, 108
タカクマミツバツツジ　102
ダグラスファー　71
ダケカンバ　167
タケノホソクロバ　292
タチツボスミレ　193
タチバナモドキ　290
タテヤマリンドウ　221
ダニ
　――目　218

　――類　202
タニウツギ属　35
タヌキ　294,297
タブ
　――林　268
タブノキ　270,272,273
タラノキ　218
タレスズメガヤ　29

チガヤ　225,226
チドメグサ　226,295
チャドクガ　292
チョウジタデ　179
チョウセンキバナアツモリソウ　106

ツツジ　5
　――属　35,36
　――の園芸品種　5,7
ツバキ　264,292
ツユムシ　226
ツルヨシ　232,233

テリハヤブソテツ　287
デンジソウ　171
テンツキ類　267

トウゴクミツバツツジ　103
トウネズミモチ　13,164,290, 291
トールフェスク　13,143,155
トキソウ　220,222
トキワサンザシ　290
トサノミツバツツジ　102,103
トダシバ　226
トビムシ
　――目　218
　――類　202
トベラ　3,4,264
　――の葉の形態　4

【ナ 行】

ナナカマド　167
ナミアゲハ　226
ナワシロイチゴ　226

319

ナンキンハゼ　290

ニオイタチツボスミレ　297
ニガキ　292
ニセアカシア　13,58,268,277,
　　290,291,293,294
　　――林　293,294
ニリンソウ　2

ヌマガヤ　221,222
ヌルデ　190,192,193,195,218,
　　226,272,273,291,292

ネコハギ　225
ネズミムギ　272,290
ネズミモチ　169
ネムノキ　195

ノウサギ　294
ノコンギク　226
ノシバ　167,223,224

【ハ 行】

ハイマツ　61,64,67-69
ハギ　139
　　――類　48
ハクサンコザクラ　221
バクチノキ　39
ハチジョウイタドリ　84-86
ハチジョウイボタ　3
ハチジョウススキ　84-86
ハッコウダゴヨウ　68,69
バッタ　294
ハナアブ　252
　　――類　250,251
ハマカンゾウ　4
ハムシ　292
ハリエンジュ　→ニセアカシ
　　ア
ハンノキ　272,292
　　――林　279

ビーバー　291
ヒカゲツツジ　99
ヒサカキ　274

ヒノキ　69,202,293
ヒメガマ　171
ヒメコウゾ　273
ヒメシダ　231
ヒヨドリ　276
ヒロヘリアオイラガ　279,292

フジ　218
フジバカマ　289
ブナ　14,37-39,61,64-66,70,
　　149,167
　　――科　149,189,290
フヨウ　169

ヘビイチゴ　226

ホウチャクソウ　287
ホソバヒカゲスゲ　297
ホタル　288
ホタルブクロ　21,22
ホテイアオイ　27
ホテイアツモリソウ　105-108
ポプラ　71
ホルトノキ　39,40

【マ 行】

マイヅルソウ　70
マコモ　171,232
マツ　291
　　――属　35,68,69
マテバシイ　270
マメ科　139,293
マヤラン　287
マユミ　292
マルハナバチ　226
　　――類　21
マルバノサワトウガラシ
　　179

ミクリ　185
ミジンコ　291
ミズアオイ　171
ミズオオバコ　173
ミズトラノオ　185
ミズナラ　35,144,167

ミズワラビ　179
ミゾソバ　231
ミゾハコベ　179,183
ミツバウツギ　135
ミツバツツジ　口絵,91-95,98,
　　99,101-104
　　――節　91,101,104
　　――類　91,93,94-98,100
ミドリシジミ　279
ミノボロスゲ　222
ミヤコザサ　271
ミヤマイヌノハナヒゲ　222
ミヤマシキミ　135

ムクノキ　268,273,274,277,298
ムラサキシキブ　287

メヒシバ　272

モウセンゴケ　220,222,278
モミ林　274

【ヤ 行】

ヤシャブシ　48
ヤチカワズスゲ　221-223
ヤツデ　287
ヤナギ
　　――科　189
　　――属　35
ヤナギヌカボ　173
ヤブコウジ　287
ヤブツバキ　61
ヤブヘビイチゴ　295
ヤブラン　287
ヤマグワ　273
ヤマザクラ　216,273
ヤマツツジ　102,216
ヤマトシジミ　226
ヤマハギ　167
ヤマハゼ　口絵,161,169
ヤマハンノキ　167
ヤマブキ　135
ヤマホタルブクロ　21

ユキグニミツバツツジ　102

ヨーロッパアカマツ　70,82
ヨシ　171,174,184,231-233,
　　241,242,267
ヨツバシオガマ　40
ヨモギ　48,49,225,226

【ラ　行】

レブンアツモリソウ　口絵,
　　106-108,111

【ワ　行】

ワタスゲ　221,222

ワレモコウ　225

【欧　文】

Aster kantoensis Kitamura　247
Cypripedium calceolus　106
Cypripedium debile　106
Cypripedium guttatum　106
Cypripedium japonicum　106
Cypripedium macranthos　105
Cypripedium macranthos var.
　　hoteiatsumorianum　105-
　　106
Cypripedium macranthos var.
　　rebunense　106
Cypripedium yatabeanum　106
Elymus glaucus　81
Nassella pulchra　81,82
Pinus sylvestris　82
Spartina alternifolia　20
Spartina anglica　20
Spartina maritima　20
Spartina × *townsendii*　20

執筆者一覧 (執筆順)

■監　修　　亀山　章（東京農工大学農学部）

■編著者　　小林達明（千葉大学園芸学部）
　　　　　　倉本　宣（明治大学農学部）

■著　者　　津村義彦（森林総合研究所森林遺伝研究領域）
　　　　　　岩田洋佳（中央農業総合研究センター農業情報研究部）
　　　　　　古賀陽子（㈱地域まちづくり研究所）
　　　　　　三吉一光（秋田県立大学生物資源科学部）
　　　　　　松田友義（千葉大学大学院自然科学研究科）
　　　　　　上村惠也（東日本高速道路株式会社東北支社）
　　　　　　髙田研一（髙田森林緑地研究所）
　　　　　　吉田　寬（東興建設株式会社土木事業部技術開発部）
　　　　　　中本　学（大阪ガス㈱材料事業化プロジェクト部）
　　　　　　関岡裕明（㈱テクノグリーン環境技術部）
　　　　　　細木大輔（国土交通省国土技術政策総合研究所環境研究部）
　　　　　　河野　勝（西武造園株式会社設計技術部設計技術課）
　　　　　　養父志乃夫（和歌山大学システム工学部）
　　　　　　辻　盛生（小岩井農牧株式会社技術研究センター）
　　　　　　大野啓一（千葉県立中央博物館）

口絵写真提供者一覧

■p.1
「中池見 人と自然のふれあいの里」,田起こし,体験学習／関岡裕明
表土ソッド移植後1年目,移植後3年目／養父志乃夫
サギソウの花／中島敦司

■p.2-3
ミツバツツジの風景,ミツバツツジとキヨスミミツバツツジの中間型／
　　小林達明
カワラノギクと保全・復元活動（計4点）／倉本　宣
アツモリソウ濃色個体,コアツモリソウ,レブンアツモリソウのプロトコー
　　ム／三吉一光
早期発芽力検定法／日本樹木種子研究所

■p.4
高速道路緑化における地域性苗木を使用したユニット苗の施工例（計4点）／
　　中日本高速道路株式会社八王子工事事務所
自然復元のための管理事例／大野啓一

生物多様性緑化ハンドブック
豊かな環境と生態系を保全・創出するための計画と技術

2006年3月1日　初版第1刷 ©
2007年1月25日　初版第2刷

監　修　亀山　章
編　集　小林達明・倉本　宣
発行者　上條　宰
発行所　株式会社　地人書館
　　　　〒162-0835　東京都新宿区中町15番地
　　　　電　話　03-3235-4422
　　　　FAX　03-3235-8984
　　　　郵便振替　00160-6-1532
　　　　URL　http://www.chijinshokan.co.jp/
　　　　e-mail　chijinshokan@nifty.com

編集協力　永山淳子
印刷所　モリモト印刷
製本所　イマヰ製本

Printed in Japan.
ISBN978-4-8052-0766-6 C3061

JCLS 〈㈱日本著作出版権管理システム委託出版物〉
本書の無断複写は著作権法上での例外を除き禁じられています。複写される場合は、そのつど事前に㈱日本著作出版権管理システム（電話 03-3817-5670、FAX 03-3815-8199）の許諾を得てください。